普通高等教育软件工程"十二五"规划教材

12th Five-Year Plan Textbooks
of Software Engineering

JSP 网络程序设计与案例开发教程

杨谊 喻德旷 ◎ 主编

聂莹 马景新 苑俊英 ◎ 副主编

JSP Web Application Design Case Tutorial

人民邮电出版社

北京

图书在版编目（CIP）数据

JSP网络程序设计与案例开发教程 / 杨谊, 喻德旷主编. -- 北京：人民邮电出版社, 2014.9（2022.12重印）
普通高等教育软件工程"十二五"规划教材
ISBN 978-7-115-36118-9

Ⅰ. ①J… Ⅱ. ①杨… ②喻… Ⅲ. ①JAVA语言—网页—程序设计—高等学校—教材 Ⅳ. ①TP312 ②TP393.092

中国版本图书馆CIP数据核字(2014)第172918号

内 容 提 要

　　JSP是目前流行的网络程序开发技术，熟练掌握该技术是计算机软件应用及相关专业学生的必备技能之一。本书以实际开发需求为主导，以目前主流的MyEclipse+Tomcat为开发平台，以网络购物系统的设计与实现为主线，辅以多个小实例为从线，通过任务驱动模式进行内容编排，由浅入深、循序渐进地介绍JSP开发方法和实用技术，详细展示了各个实例和综合案例的开发过程，以帮助初学者系统地了解JSP开发所需的基础知识和技术，快速掌握JSP网站设计的基本技能和编程技巧，培养初学者实际动手开发网络程序的应用能力。

　　全书分10章，内容包括JSP概述、网页设计基础、JSP语言基础、JSP内置对象、JavaBean技术与应用、Servlet技术与应用、MVC设计模式、JSP数据库操作、JSP高级程序设计、课程设计。本书的特色是每章知识点与应用实例密切结合，围绕着应用系统的设计与实现进行核心要点讲解和操作展示，从无到有逐步完成一个网络购物的综合案例，帮助读者快速入门，掌握JSP网络程序开发的核心技能与当前最新网络编程技术，以及系统设计实现的全过程，以应用于工作实践。

　　本书可作为高等学校计算机应用及相关专业的JSP网络程序设计教材，也可作为JSP爱好者和网站开发人员的参考用书。

◆ 主　编　杨　谊　喻德旷
　　副主编　聂　莹　马景新　苑俊英
　　责任编辑　许金霞
　　责任印制　彭志环　焦志炜

◆ 人民邮电出版社出版发行　北京市丰台区成寿寺路11号
　　邮编　100164　电子邮件　315@ptpress.com.cn
　　网址　http://www.ptpress.com.cn
　　北京虎彩文化传播有限公司印刷

◆ 开本：787×1092　1/16
　　印张：19.75　　　　　　　　2014年9月第1版
　　字数：521千字　　　　　　2022年12月北京第12次印刷

定价：42.80元

读者服务热线：(010)81055256　印装质量热线：(010)81055316
反盗版热线：(010)81055315

前 言

我们生活在一个日新月异的时代，以计算机和网络为代表的新兴技术迅猛发展给人类生活方式带来了根本性的变化。互联网上无穷无尽的信息让我们目不暇接，方便丰富的服务给我们的生活带来了莫大便利和美好享受。Internet 技术的发展和应用成为计算机产业中一个重要的技术热点。学习和掌握网络应用程序开发的知识和技能，是计算机软件应用及相关专业人员的必备技能之一。

JSP（Java Server Pages）是由 Sun Microsystems 公司倡导、许多公司参与共同建立的一种动态技术标准。JSP 页面由 HTML 代码和嵌入其中的 Java 代码所组成。服务器在页面被客户端请求以后对 Java 代码进行处理，然后将生成的 HTML 页面结果返回给客户端的浏览器。JSP 具备了 Java 技术的简单易用、完全面向对象、平台无关性、安全可靠、面向因特网等所有特点，将网页逻辑与网页设计的显示分离，支持可重用的基于组件的设计，使基于 Web 的应用程序的开发变得迅速和容易。自 JSP 推出后，众多大公司都推出了支持 JSP 技术的服务器，JSP 迅速成为商业应用的服务器端语言。

本书面向高等学校计算机软件应用专业教学，以实际开发需求为主导，结合学校教育要求进行内容的组织安排，融合作者的开发经验，以目前主流的 MyEclipse+Tomcat 为开发平台，以网络购物系统的设计与实现为主线，辅以多个小实例为从线，通过任务驱动模式进行内容编排，由浅入深、循序渐进地介绍 JSP 实用技术的基本内容，详细展示各个实例和综合案例的开发过程，系统讲述 JSP 核心应用技术和最新技术。

全书分 10 章，内容包括：

第 1 章 JSP 概述，包括网络程序开发技术的发展、主流动态网页技术分析与比较、JSP 运行原理、JSP 开发环境的建立和 JSP 网络应用程序的编写运行方法。

第 2 章 网页设计基础，包括 HTML、CSS、JavaScript 脚本语言和 Java 语言的基本知识和运用。

第 3 章 JSP 语言基础，包括 JSP 的组成、脚本元素、常用的指令和动作的运用。

第 4 章 JSP 内置对象，包括 request、response、session、application、out 等常用内置对象的运用。

第 5 章 JavaBean 技术与应用，包括 JavaBean 的概念、属性、创建方法和在网络程序中的运用。

第 6 章 Servlet 技术与应用，包括 Servlet 基础知识、工作原理、API 编程常用接口与 Servlet 技术运用。

第 7 章 MVC 设计模式，包括 MVC 开发模式的基本原理、在 JSP 网络程序设计中的应用、模式的评价。

第 8 章　JSP 数据库操作，包括数据库管理系统、JDBC 概述、JDBC 常用接口、连接数据库、数据库操作技术等。

第 9 章　JSP 高级程序设计，包括 AJAX/JQuery 技术原理与应用、EL 表达式、JSTL 标签的作用与核心标签库的应用。

第 10 章　课程设计，实现新闻发布系统网站的常用功能，包括需求分析、系统设计、详细代码实现的全过程。

从 1998 年诞生至今，JSP 技术一直在快速发展，内容越来越丰富。作为初学者，没有必要也不可能去掌握 JSP 的全部，需要掌握的是软件系统的开发设计思路方法与语言的核心知识技能。最有效的入门方式是以简单而具体的例子为导向，带着任务去学习和探索，踏踏实实地写代码，调试实现每个小例子，而不是去逐条学习繁多的语法规则。JSP 网络程序设计的方法原理和技术本身并不艰深，但要做到扎实掌握和灵活运用却不是一件容易的事。很多初学者花费了大量精力，但始终在周边徘徊，未能领悟网络编程的实质。

本书正是以实用性为出发点，带领读者轻松地进入和掌握 JSP 网络编程的核心技术。本书开篇即提出网上商城的开发任务，读者带着问题开始学习，有需求有动力，具有明确目标的学习效果一定会比泛泛而览好很多。全书紧扣网上商城主干案例，把复杂繁多的知识点与具体运用密切结合，围绕开发要点的内容进行实战讲解，把繁多零碎的语法和操作有机地嵌入多个实例之中，既突出基本核心要点，又兼顾应用扩展，从无到有、由简单到完善，逐步完成一个网络购物的综合案例，展示网络程序开发部署的全过程。各个实例均围绕着总体目标进行，同时又可独立运行，可为不同应用系统所复用。读者通过学习本书，不仅能够快速掌握网络程序设计的实用技术和操作方法，而且能够学会运用软件开发的一般原则和规律，去分析问题和解决问题。希望读者在动手实现的同时多加思考，体会案例中的技术用法和开发风格，吸收之后转化为自己的东西，从而切实提高网络程序设计开发能力。本书的内容并不面面俱到，示例所用的知识和技术要点也不追求全面，但求"授之以渔"。读者在掌握本书内容之后，可以更为自如地探索学习更多的深入技能。

本书可作为高等学校计算机应用及相关专业的 JSP 网络程序设计教材，也可作为 JSP 爱好者和网站开发人员的参考用书。

本书第 1 章、第 2 章、第 4 章、第 6 章由杨谊编写，第 3 章由聂莹编写，第 5 章由马景新编写，第 7 章由苑俊英编写，第 8 章～第 10 章由喻德旷编写。全书由杨谊统稿。

由于作者水平有限，书中难免存在错漏之处，敬请读者批评指正。

编　者
2014 年 5 月

目 录

第1章 JSP 概述 ……………………………… 1
1.1 JSP 简介 …………………………………… 1
1.1.1 开发需求 …………………………… 1
1.1.2 Web 应用开发 ……………………… 2
1.1.3 JSP 技术特点 ……………………… 5
1.1.4 JSP 运行原理 ……………………… 6
1.2 JSP 环境安装配置 ……………………… 7
1.3 编写测试第一个 JSP 应用程序 ……… 11
本章小结 ………………………………………… 14
习题 ……………………………………………… 14

第2章 网页设计基础 ……………………… 15
2.1 HTML 语言基础 ………………………… 15
2.1.1 HTML 语言的基本结构 …………… 15
2.1.2 HTML 文件头部 …………………… 16
2.1.3 HTML 文件体部 …………………… 17
2.1.4 文字与段落 ………………………… 17
2.1.5 图像标签 …………………………… 18
2.1.6 音乐标记 …………………………… 18
2.1.7 链接标签 …………………………… 19
2.1.8 HTML 注释 ………………………… 19
2.1.9 特殊符号 …………………………… 19
2.1.10 style 属性 ………………………… 19
2.1.11 div 标签 …………………………… 20
2.1.12 表格 ………………………………… 20
2.1.13 列表 ………………………………… 21
2.1.14 表单和输入 ………………………… 22
2.1.15 HTML 5 的新增功能与特性 …… 26
2.1.16 应用举例：网上商城的页面设计 …… 28
2.2 CSS 简介 ………………………………… 32
2.2.1 CSS 基本语法 ……………………… 33
2.2.2 CSS 盒子模型 ……………………… 34
2.2.3 CSS 定位和浮动 …………………… 34
2.2.4 CSS 样式表 ………………………… 36
2.2.5 布局简介 …………………………… 37
2.2.6 导航栏设计 ………………………… 39
2.2.7 应用举例：网上商城的 CSS 格式控制 …………………… 41
2.3 JavaScript 基础 ………………………… 47
2.3.1 JavaScript 标记和语句 …………… 48
2.3.2 JavaScript 的变量与数据类型 …… 48
2.3.3 JavaScript 常数 …………………… 49
2.3.4 表达式与运算符 …………………… 49
2.3.5 语句 ………………………………… 50
2.3.6 函数 ………………………………… 51
2.3.7 对象 ………………………………… 52
2.3.8 事件驱动 …………………………… 53
2.3.9 应用举例：网上商城的用户登录 …… 54
2.3.10 应用举例：网上商城动态商品介绍效果 ………………… 57
2.4 Java 语言基础 …………………………… 60
2.4.1 面向对象程序设计思想 …………… 60
2.4.2 类的声明 …………………………… 61
2.4.3 对象的创建和使用 ………………… 61
2.4.4 类的继承 …………………………… 62
2.4.5 类的多态 …………………………… 62
2.4.6 标识符和关键字 …………………… 62
2.4.7 数据类型及之间的转换 …………… 63
2.4.8 变量和常量 ………………………… 64
2.4.9 运算符和表达式 …………………… 65
2.4.10 流程控制语句 ……………………… 66
2.4.11 数组 ………………………………… 68
2.4.12 字符串 ……………………………… 69
2.4.13 集合类 ……………………………… 70
2.4.14 异常处理 …………………………… 72
2.4.15 应用举例：网上商城的商品类表示 ……………………… 73

本章小结 ………………………………… 74
习题 ……………………………………… 74

第 3 章　JSP 语言基础 ………… 75
3.1　JSP 基本语法 ……………………… 75
3.1.1　JSP 注释 ……………………… 76
3.1.2　JSP 声明 ……………………… 77
3.1.3　JSP 表达式 …………………… 78
3.1.4　JSP Scriptlet ………………… 78
3.1.5　应用举例：网上商城页面中显示当前访问次数 …………… 78
3.2　JSP 指令 …………………………… 79
3.2.1　include 指令 ………………… 79
3.2.2　page 指令 …………………… 79
3.2.3　taglib 指令 …………………… 81
3.3　JSP 动作 …………………………… 81
3.3.1　jsp:include 动作 …………… 81
3.3.2　jsp: forward 动作 …………… 83
3.3.3　jsp: param 动作 …………… 83
3.3.4　jsp: plugin 动作 …………… 84
3.3.5　jsp: fallback 动作 ………… 84
3.4　应用举例：网上商城的页面跳转和文件包含 ……………………… 84
本章小结 ………………………………… 88
习题 ……………………………………… 88

第 4 章　JSP 内置对象 ………… 89
4.1　JSP 内置对象概述 ………………… 89
4.1.1　JSP 的 9 个内置对象 ……… 89
4.1.2　内置对象作用范围 ………… 90
4.2　request 对象 ……………………… 91
4.2.1　request 对象的主要方法 … 91
4.2.2　request 对象的应用 ……… 92
4.3　response 对象 …………………… 95
4.3.1　response 对象的主要方法 …95
4.3.2　response 对象的应用 …… 96
4.3.3　Cookies 的运用 …………… 97
4.4　session 对象 ……………………… 99
4.4.1　session 对象的主要方法 … 99
4.4.2　session 对象的应用 …… 100
4.5　application 对象 ………………… 102

4.5.1　application 对象的主要方法 … 102
4.5.2　application 对象的应用 … 103
4.6　exception 对象 ………………… 104
4.6.1　exception 对象的主要方法 … 104
4.6.2　exception 对象的应用 … 105
4.7　out 对象 ………………………… 106
4.7.1　out 对象的主要方法 …… 106
4.7.2　out 对象的应用 ………… 106
4.8　其他内置对象 …………………… 107
4.8.1　config 对象 ……………… 107
4.8.2　page 对象 ……………… 108
4.8.3　pageContext 对象 ……… 108
4.9　应用举例：网上商城的登录名显示、访问量计数 …………… 109
本章小结 ……………………………… 111
习题 …………………………………… 111

第 5 章　JavaBean 技术与应用 …… 112
5.1　什么是 JavaBean ………………… 112
5.2　创建 JavaBean …………………… 113
5.3　在 JSP 中使用 JavaBean ……… 115
5.3.1　通过 page 指令导入 …… 115
5.3.2　<jsp:useBean>动作 …… 116
5.3.3　<jsp:setProperty>动作 … 116
5.3.4　<jsp:getProperty>动作 … 119
5.4　JavaBean Scope ………………… 120
5.4.1　page 范围的 JavaBean … 120
5.4.2　request 范围的 JavaBean … 121
5.4.3　session 范围的 JavaBean … 122
5.4.4　application 范围的 JavaBean … 123
5.5　应用举例：网上商城中使用 JavaBean 技术 ……………………… 124
5.5.1　使用 JavaBean 处理用户登录信息 … 124
5.5.2　使用 JavaBean 处理购物车 … 127
5.5.3　使用 JavaBean 解决中文乱码和特殊字符的显示 …… 139
本章小结 ……………………………… 141
习题 …………………………………… 142

第 6 章　Servlet 技术与应用 …… 143
6.1　Servlet 概述 ……………………… 143

6.2 Servlet 工作过程与生命周期 ················144
6.3 Servlet 的接口和类 ················145
   6.3.1 Servlet 接口 ················145
   6.3.2 HttpServlet 类 ················146
   6.3.3 HttpSession 接口 ················147
   6.3.4 ServletConfig 接口 ················148
   6.3.5 ServletContext ················148
6.4 Servlet 的创建与配置 ················149
   6.4.1 创建 Servlet ················149
   6.4.2 配置 web.xml ················152
   6.4.3 Servlet 3.0 中的改进 ················155
6.5 Servlet 的应用 ················158
   6.5.1 Serlvet 接收数据与显示 ················158
   6.5.2 JSP+Servlet+JavaBean 实现留言板 ················159
   6.5.3 应用举例：网上商城中使用 Servlet 实现购物车 ················163
本章小结 ················167
习题 ················168

第 7 章　MVC 设计模式 ················169
7.1 JSP、Servlet 与 JavaBean ················169
   7.1.1 JSP 与 Servlet ················169
   7.1.2 JSP 与 JavaBean ················170
   7.1.3 JavaBean 与 Servlet ················171
7.2 MVC 模式 ················171
   7.2.1 JSP 网络程序开发模式 ················171
   7.2.2 MVC 模式的组成 ················172
   7.2.3 MVC 模式在网络程序设计中的应用 ················173
本章小结 ················174
习题 ················174

第 8 章　JSP 数据库操作 ················175
8.1 数据库管理系统 ················175
   8.1.1 数据库（Database） ················175
   8.1.2 数据库管理系统（DataBase Management System） ················176
   8.1.3 结构化查询语言（SQL） ················177
8.2 JDBC 技术 ················177
   8.2.1 JDBC 简介 ················177
   8.2.2 JDBC 中的重要类与接口 ················178
8.3 JDBC 驱动 ················182
   8.3.1 JDBC-ODBC 桥 ················182
   8.3.2 JDBC Native 桥 ················182
   8.3.3 JDBC Network 驱动 ················182
   8.3.4 纯 Java 的本地 JDBC 驱动 ················183
8.4 JSP 对 MySQL 数据库操作 ················184
   8.4.1 安装配置 MySQL ················184
   8.4.2 MySQL 基本命令 ················188
   8.4.3 应用举例：网上商城的商品后台管理 ················189
8.5 数据库连接池 ················202
   8.5.1 连接池的基本原理 ················203
   8.5.2 Tomcat 中配置连接池 ················204
8.6 应用举例：网上商城系统数据库连接与操作 ················205
   8.6.1 网上商城系统数据库连接 ················205
   8.6.2 网上商城系统中的商品查询 ················213
本章小结 ················214
习题 ················215

第 9 章　JSP 高级程序设计 ················216
9.1 AJAX 技术 ················216
   9.1.1 同步交互与异步交互 ················216
   9.1.2 AJAX 工作原理 ················217
   9.1.3 AJAX 所使用的技术 ················218
   9.1.4 AJAX 的处理过程 ················218
   9.1.5 XMLHttpRequest 对象 ················219
9.2 jQuery 技术 ················224
   9.2.1 jQuery 技术简介 ················224
   9.2.2 jQuery 的引入 ················225
   9.2.3 jQuery 基本语法 ················225
   9.2.4 jQuery 选择器 ················226
   9.2.5 jQuery 事件函数 ················226
   9.2.6 jQuery 获得/改变页面内容和属性 ················228
   9.2.7 jQuery 添加/删除元素和内容 ················229
   9.2.8 jQuery 与 AJAX ················231
9.3 应用举例：网上商城系统中 jQuery/AJAX 技术的运用 ················234

9.3.1　商品查询输入时的自动
　　　　　提示功能……………………234
　　9.3.2　数据校验……………………236
9.4　表达式与标签……………………239
　　9.4.1　JSP EL 简介…………………239
　　9.4.2　JSP EL 语言…………………239
　　9.4.3　JSTL 简介……………………242
　　9.4.4　核心标签库……………………242
　　9.4.5　SQL 标签库……………………246
本章小结……………………………………249
习题…………………………………………249

第 10 章　课程设计：
　　　　　新闻发布系统……………250
10.1　课程设计目的……………………250
10.2　用户需求…………………………250
10.3　网站总体设计……………………251
　　10.3.1　项目规划……………………251
　　10.3.2　用户角色分析与用例描述……252
　　10.3.3　系统软硬件环境需求…………253
　　10.3.4　系统功能结构图………………253
10.4　数据库设计………………………254
　　10.4.1　数据库 E-R 图………………254
　　10.4.2　数据表的结构…………………256
10.5　系统文件架构……………………259
10.6　系统前台模块代码实现…………260
　　10.6.1　公共类的编写…………………260
　　10.6.2　前台主页面设计与代码实现……262
　　10.6.3　用户注册与登录模块的
　　　　　　代码实现……………………269

　　10.6.4　新闻浏览功能的代码实现……280
　　10.6.5　显示新闻详细内容的
　　　　　　代码实现……………………285
　　10.6.6　显示最新新闻和单击量最高
　　　　　　新闻标题的代码实现………288
　　10.6.7　新闻搜索功能的代码实现……289
　　10.6.8　注册用户发布评论功能的
　　　　　　代码实现……………………294
10.7　系统后台模块代码实现…………297
　　10.7.1　后台管理主页面设计与
　　　　　　代码实现……………………297
　　10.7.2　新闻发布管理模块代码实现……298
　　10.7.3　用户信息管理模块代码实现……302
10.8　系统测试与文档支持……………303
　　10.8.1　系统测试………………………303
　　10.8.2　应用软件的文档系统…………303
本章小结……………………………………304

实验部分…………………………………305
实验一　JSP 开发环境搭建与运行……305
实验二　JSP 开发基础的运用…………305
实验三　JSP 基本语法、常用指令和动作……306
实验四　JSP 内置对象的运用…………307
实验五　JavaBean 技术的应用…………307
实验六　Servlet 技术……………………307
实验七　MVC 设计模式…………………308
实验八　JSP 数据库操作………………308
实验九　JSP 高级程序设计……………308

第1章
JSP 概述

在本章中,我们从网络购物系统需求起步,了解网络程序开发所需的技术,了解 JSP 的发展状况与技术特点,安装配置 JSP 开发环境,并编写和执行一个简单的 JSP 程序,初步认识 JSP 程序开发过程。

【本章主要内容】
1. 网络程序开发所需的技术
2. JSP 技术的特点
3. JSP 环境的配置
4. JSP 编程初步

1.1 JSP 简介

1.1.1 开发需求

在这个日新月异的年代,以计算机和网络为代表的新兴技术迅猛发展给我们的生活方式带来了根本性的变化。互联网上无穷无尽的信息让我们目不暇接,方便丰富的服务给我们的生活带来了莫大便利和美好享受。Internet 技术的发展和应用已成为计算机产业中一个重要的技术热点。学习和掌握网络应用程序开发的知识和技能,是计算机软件应用及相关专业人员的必备技能之一。

WWW(World Wide Web)是目前 Internet 上最主要的信息服务类型,深入影响着政治、经济、科技、商业、教育等各个领域的发展和进步。网络应用程序(WebApplication,Webapp)是一种使用网页浏览器在互联网或企业内部网上操作的应用软件,是用网页语言(如 HTML、JavaScript、Java 等编程语言)撰写的应用程序,需要通过浏览器来运行。常见的网络应用程序有 Webmail、网络新闻、网络商店、网络拍卖、网络论坛、博客日志、网络游戏、即时通信(聊天)程序、网络电话、网络传真程序、网上银行、文件传输等,如图 1-1 所示。

Internet 的发展,为改变传统的商业运作模式提供了一种技术上的可行性方案——利用 Internet 的技术和协议建立购物网站,将买家与卖家、厂商和合作伙伴紧密结合在了一起,不仅极大地扩大了交易范围,更显著地节约了交易成本。网上购物可以使人们不受时间、空间、传统购物和支付模式的诸多限制,随时随地通过互联网购物。本书的学习目的是掌握常用的网络程序开发技术,以完成一个网络购物系统为主线,通过这个系统的设计开发实现,学习整个网站的开发流程,掌握网络应用程序开发的基本方法和技能。

图 1-1 丰富多样的网络应用程序

网络购物系统的用户需求是我们非常熟悉的，主要包括：
- 在浏览器地址栏里输入网址，显示购物页面；
- 用户注册登录；
- 浏览商品；
- 查看商品的详细资料；
- 查找满足某类特征的商品；
- 将需要购买的商品加入购物车，从购物车中取出不需要的商品，修改购买数量；
- 计算购物总金额；
- 按照顾客所填写的信息生成订单并提交。

根据以上的用户需求，初步将系统分为以下 3 大模块：登录模块，购物车模块，订单模块。

（1）登录模块

登录模块实现用户的注册于登录功能，能够区分不同用户的使用权限、保证软件使用安全性和数据安全性。

（2）购物车模块

添加商品到个人购物车，并且对已添加到购物车的商品进行数量的增加、减少、修改和删除等操作。

（3）订单模块

客户确定购买商品后产生账单，包括用户详细信息和所购买的商品列表、价格统计信息。

要完成这些功能，我们需要学习网络程序开发技术。从了解 Web 应用开发基本知识开始起步。

1.1.2 Web 应用开发

在 Web 页面内创建应用程序、访问数据库，使其无论在操作还是用途方面都与真正的应用程序非常类似。Web 技术是建立在一系列活跃的交互操作上的。通常人们用客户机/服务器（Client/Server）来描述 Web，把提出请求的一方称为客户端，而把响应请求的一方称为服务器端。C/S 和 B/S 是当今网络开发架构的两大主流技术，前者由美国 Borland 公司最早研发，后者则由美国 Microsoft 公司主导研发。

C/S（Client/Server）结构即客户机/服务器结构，将任务合理分配到 Client 端和 Server 端来实现，服务器通常采用高性能的 PC、工作站或小型机，采用大型数据库系统，如 Oracle、Sybase、Informix 或 SQL Server。客户端需要安装专用的客户端软件。利用两端硬件环境的优势，降低系统的通信开销。但是这种方式只适用于局域网，远程访问需要专门的技术，要专门设计来处理分布式的数据；客户端需要安装专用的客户端软件，维护和升级成本较高，对客户端的操作系统也有限制。

B/S（Browser/Server）结构即浏览器和服务器结构，是随着 Internet 技术的兴起，对 C/S 结构的一种改进的结构。客户机上只需安装浏览器（Browser），服务器安装数据库，浏览器通过服务器同数据库进行数据交互。在这种结构下，用户工作界面通过 WWW 浏览器来实现，仅少部分事务逻辑在前端（Browser）实现，主要事务逻辑在服务器端（Server）实现，大大简化了客户端载荷，减轻了系统维护与升级的成本和工作量，降低了总体成本。可以在任何能上网的地方进行操作而不用安装任何专门的软件，客户端零维护，系统扩展容易，访问和操作跨平台，数据保护和管理容易实现。特别是在 Java 这样的跨平台语言出现之后，B/S 架构管理软件更是方便、快捷、高效。

图 1-2 为 C/S 和 B/S 架构图示。

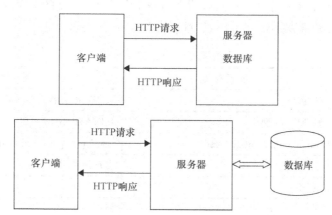

图 1-2 C/S（上）与 B/S（下）架构图示

表 1-1 对 C/S 和 B/S 架构进行了比较。

表 1-1　　　　　　　　　　　B/S 和 C/S 架构比较

架构	B/S	C/S
原理	用户界面通过浏览器来实现，事务逻辑在 Server 端实现	将任务分配到 Client 端和 Server 端来实现
应用举例	网络购物，网上银行，博客日志	QQ 聊天，阅读器，播放器
服务器负荷	较重	较轻
数据的储存管理	不透明	透明
投资与维护成本	较小	较大
升级方式	较简单	较麻烦
硬件环境	广域网	专用网
对信息安全的控制能力	较弱	很强
软件重用性	好	不好

续表

架构	B/S	C/S
操作系统独立性	好	不好
用户接口通用性	浏览器	Window 平台
交互性	强	较弱

早期的交互模型是静态的，只能对用户的请求做出响应，这种简单的、静态的页面对用户没有太大的吸引力。动态、自动更新的数据加上友好、交互性强的界面与丰富的内容，才能构成用户所乐于访问的界面。所以客户机和服务器结合起来产生交互引出了动态网页概念。动态网页是与静态网页相对应的，动态网页 URL（Uniform Resource Locator，统一资源定位器）不固定，能通过后台与用户交互，完成用户查询，提交等动作。动态网页技术有以下几个特点。

① 交互性，即网页会根据用户的要求和选择而动态改变和响应，将浏览器作为客户端界面，这是今后 Web 发展的主要趋势。

② 自动更新，即无须手动地更新 HTML 文档便会自动生成新的页面，可以大大节省工作量。

③ 因时因人而变，即根据用户的喜好习惯与操作记录显示可变的页面内容。

表 1-2 对静态网页和动态网页的特点进行了比较。

表 1-2 静态网页与动态网页的比较

比较	静态网页	动态网页
内容	固定	可根据浏览者的不同需求而改变
语言	HTML、XML	JSP /ASP.NET / PHP
文件后缀名	.htm / .html / .shtml / .xml	.asp / .jsp /.php /.perl /.cgi
保存位置	服务器	客户请求时才产生
数据库支持	无	有
交互性	无	好
网站维护工作量	较大	较小
被搜索引擎检索	容易	需进行技术处理才能被搜索

动态网页技术主要有 CGI、ASP、ASP.NET、PHP 和 JSP 等。

在早期，动态网页技术主要采用 CGI 技术，即 Common Gateway Interface（公用网关接口），可以使用不同的程序编写的 CGI 程序，如 Visual Basic、Delphi、C/C++等。虽然 CGI 技术较为成熟而且功能强大，但由于编程和修改较复杂，效率不高等不足，逐渐被新技术取代。

ASP（全称 Active Server Pages）是微软系统的脚本语言，利用它可以执行动态的 Web 服务应用程序。执行的时候，由 IIS 调用程序引擎，解释执行嵌在 HTML 中的 ASP 代码，最终将结果和原来的 HTML 一同送往客户端。ASP 的语法与 Visual BASIC 类似，简单易懂，结合 HTML 代码，可快速地完成网站的应用程序。但是 ASP 没有很好的安全性保障，并且大型项目开发和维护较为困难。

之后 ASP 发展为 ASP.NET，ASP.NET 的优势很明显简洁的设计和实施，语言灵活，可以使用脚本语言（如 VBscript、Perlscript 和 Python）以及编译语言（如 VB、C#、C、Cobol、Smalltalk 和 Lisp），支持复杂的面向对象特性，有良好的开发环境支持。ASP.NET 是编译性的编程框架，运行服务器上的编译好的公共语言运行时库代码，可以利用早期绑定，实施编译来提高效率。ASP.NET 采用可视化编程，提供基于组件、事件驱动的可编程网络表单，大大简化了编程。

PHP（Hypertext Preprocessor）是一种 HTML 内嵌式的语言（类似于 IIS 上的 ASP），独特的语法混合了 C、Java、Perl 以及 PHP 式的新语法，能够更快速地执行动态网页。PHP 支持多种数据库，如 SQL Server、MySQL、Sybase、Oracle 等。PHP 与 HTML 语言具有很好的兼容性，从而更好地实现页面控制。PHP 提供了标准的数据库接口，数据库连接方便，兼容性扩展性强；可进行面向对象编程。

JSP 是由 SunMicrosystems 公司倡导、众多公司参与建立的一种动态技术标准。JSP 页面由 HTML 代码和嵌入其中的 Java 代码所组成。服务器在页面被客户端请求以后对这些 Java 代码进行处理，然后将生成的 HTML 页面返回给客户端的浏览器。JSP 具备了 Java 技术的简单易用，完全的面向对象，具有平台无关性且安全可靠，面向 Internet 等所有特点。Java 程序片段可以操纵数据库、重新定向网页以及发送 E-mail 等，实现建立动态网站所需要的功能。所有程序操作都在服务器端执行，网络上传送给客户端的仅是得到的结果，这样大大地降低了对客户浏览器的要求，即使客户浏览器端不支持 Java 也可以访问 JSP 网页。

三者各有所长，可根据三者的特点以及开发的需求选择合适的语言。目前在国外 JSP 已经是十分流行的网络程序开发技术，尤其是电子商务类的网站多采用 JSP。在国内 PHP 与 ASP.NET 应用较为广泛，而 JSP 的应用呈现上升趋势。三者中，JSP 具有引领未来技术的趋势，目前世界上一些著名的电子商务解决方案提供商都采用 JSP/Servlet，如 IBM 的 E-business 和电子商务软件提供商 Intershop 的核心技术均采用 JSP/Servlet。

表 1-3 对 JSP、ASP.NET、PHP 的技术特点进行了比较。

表 1-3　　　　　　　　　　JSP、ASP.NET 与 PHP 的比较

指标/技术	JSP	ASP.NET	PHP
执行速度	快（★★★）	较快（★★）	较快（★★）
编程难易	不太容易	容易	容易
跨平台	几乎所有	Windows	Windows/UNIX
扩展性	好	一般	较差
安全性	好	不那么好	好
面向对象支持	支持	支持	支持
数据库支持	支持	支持	支持
数据库接口	统一	统一	不统一
厂商支持	多（★★★）	较多（★★）	较多（★★）
XML 支持	支持	支持	有限支持
组件支持	支持	支持	不支持
分布处理	支持	支持	不支持
项目	大中小	大中小	中小
服务器价格	较贵	较便宜	较便宜

1.1.3　JSP 技术特点

WWW 服务的基础是 HTML 语言，我们将要学习的 JSP 是开发和维护 Web 站点的一种重要工具，它在 HTML 语言的基础上使用脚本语言对网页的对象模型进行编程，为创建显示动态生成内容的 Web 页面提供了简捷而快速的方法，可以在 Web 页面中创建应用程序、访问数据库，这

样无论在感觉上、操作中还是实际的用途方面都与 Windows 中的应用程序非常的类似。它的主要优点如下。

1. 应用程序内容与页面显示分离

使用 JSP 技术，Web 页面开发人员使用 HTML 或者 XML 标记来设计页面，使用 JSP 标记或者 Scriptlet 来生成页面上的动态内容（例如请求用户信息或者特定商品的价格）。生成内容的逻辑被封装在标记和 JavaBean 组件中，脚本程序在服务器端运行，编辑和使用 JSP 页面而不影响内容的生成。在服务器端，由 JSP 引擎解释 JSP 标记和 Scriptlet，生成所请求的内容（例如，通过访问 JavaBean 组件，使用 JDBC 技术访问数据库），并且将结果以 HTML 或 XML 页面的形式发送回浏览器。这样既可以保护程序代码，又可以保证任何基于 HTML 的 Web 浏览器的完全可用性。

2. 一次编写，到处运行

由于 JSP 页面的内置脚本语言是基于 Java 编程语言的，所有的 JSP 页面都要被编译成为 Servlet，JSP 页面具有 Java 技术的所有优点，包括健壮的存储管理和安全性等，其中最重要的一点就是"一次编写，到处运行"：与设计平台完全无关，可在任何平台上编写 JSP 页面，在任何 Web 服务器或者 Web 应用服务器上运行应用程序，或者通过任何 Web 浏览器访问页面。

3. 可重用的组件

JSP 页面使用可重用的、跨平台的组件（JavaBeans 或者企业版的 JavaBeans 组件）来执行应用程序的复杂的处理要求。这些组件有助于将网页的设计与逻辑程序的编写分开，节约开发时间，同时充分发挥了 Java 和其他脚本语言的跨平台的能力和灵活性。

4. 采用标记简化页面的开发

考虑到 Web 页面开发人员不一定都是熟悉脚本语言的编程人员，JSP 技术封装了许多功能，能够方便地生成动态内容。标准的 JSP 标记能够访问和实例化 JavaBean 组件，设置或者检索组件属性，下载 Applet，以及执行用其他方法难于编码和耗时的功能。

5. 多样化和功能强大的开发工具支持

Java 拥有许多优秀的开发工具，其中不少可以免费得到，顺利地运行于多种平台之下。

JSP 的主要缺点如下。

1. 产品复杂性高

Java 的一些优势正是 JSP 的问题所在。正是由于为了实现跨平台的功能和保持强大的伸缩能力，增加了产品的复杂性。

2. 内存占用较大

Java 的运行速度是用 class 常驻内存来完成的，对内存占用较大。另外它还需要硬盘空间来储存一系列的 .java 文件、.class 文件和相应的版本文件。

1.1.4 JSP 运行原理

JSP 本质上就是把 Java 代码嵌套到 HTML 中，然后经过 JSP 容器（Tomcat、Resin、Weblogic 等）的编译执行，再根据这些动态代码的运行结果生成对应的 HTML 代码，从而可以在客户端的浏览器中正常显示。图 1-3 显示了 JSP 的基本运行原理。首先由浏览器向 Web 服务器提出访问 JSP 页面的请求（Request），由 JSP 容器负责将

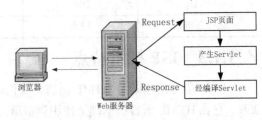

图 1-3　JSP 运行原理

JSP 转换成 Servlet，产生的 Servlet 经过编译后生成类文件，再把类文件加载到内存进行执行。最后由 Web 服务器将执行结果响应（Response）给客户端浏览器。

如果 JSP 页面是第一次被请求运行，服务器的 JSP 编译器会生成 JSP 页面对应的 JAVA 代码，并且编译成类文件。当服务器再次收到对这个 JSP 页面请求的时候，会判断这个 JSP 页面是否被修改过，如果被修改过就会重新生成 Java 代码并且重新编译，否则服务器直接调用以前已经编译过的类文件。

1.2 JSP 环境安装配置

要编写和运行 JSP 程序，必须首先构建 JSP 运行环境，安装 JSP 开发工具。支持 JSP 的应用程序服务器很多，配置方法各不相同，本书选择最具代表性的 JSP 服务器平台来介绍。需要的软件工具如下。

1. JDK

JDK 全名为 Java Development Kit，它是由 Sun MicroSystem 公司提供的 Java 开发工具包。JDK 可从官方网站 http://www.oracle.com/technetwork/java/javase/downloads/ 免费下载，如图 1-4 所示。

图 1-4 Oracle 官网下载 JDK

JDK 分为基于 Windows、Linux 和 Solaris 等操作系统的不同版本，各版本之间可能存在着兼容性问题，为了完成本书的实例，读者应当下载基于 Windows 平台的 JDK，目前最新版本为 jdk-8u5-windows-i586.exe，下载 JDK1.6 以上版本即可达到要求。下载完成后的 JDK 是一个 .exe 可执行文件，双击执行该文件，根据安装向导的提示一步步安装即可。安装期间会出现图 1-5 所示的自定义安装对话框，用户通过单击"更改"按钮可以更换默认的 JDK 安装路径。例如选择 C:\JDK，JDK 就会安装在 C:\JDK 目录中，安装完成后的 C:\JDK 目录下会出现图 1-6 所示文件夹。

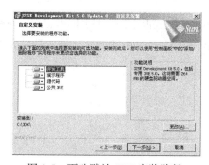

图 1-5 更改默认 JDK 安装路径

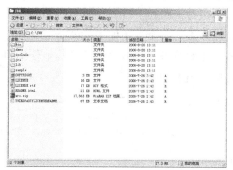

图 1-6 JDK 目录包含的文件夹

JDK 目录中所包含的 bin、demo 等文件夹包含了基本的 Java 工具集、Java 演示实例、Java 运行环境（Java Runtime Envirnment，JRE）和基本的 Java 类库等。在 bin 目录中，包含了 JDK 的核心工具集，其中有 Java 编译器 javac.exe 和 Java 直译器 java.exe，分别用来把 Java 文件编译成字节码（Java class）文件和字节码执行文件。

接下来为 JDK 进行环境变量设置：

在桌面上用鼠标右键单击"我的电脑"→"属性"，在弹出的窗体中选择"高级"，然后单击其中的"环境变量"按钮，出现如图 1-7 所示的窗体。单击"新建"按钮，设置变量名为 JAVA_HOME，如图 1-8 所示输入变量值（JDK 版本号依据下载的版本号填写）。

图 1-7 配置 JDK 环境变量

图 1-8 编辑系统变量

使用同样的方法完成下列变量的设置。

```
classpath=.;%JAVA_HOME%\lib\dt.jar;%JAVA_HOME%\lib\tools.jar;
path=%JAVA_HOME%\bin
```

CLASSPATH 变量用于指明所有需要引用的类所在的目录，设置为".;C:\jdk\lib\tools.jar;C:\jdk\lib\dt.jar"。（假设 JDK 安装目录为 C:\JDK）注意其中包含的"."非常有用，它表示当前 Java 文件所在的路径，tools.jar 和 dt.jar 是运行 Java 程序所必不可少的类，因而也需要被包含。注意不同的变量值之间用";"分开。

Path 变量的作用是在使用 Java 命令时，系统会在 Path 变量所包含的路径中自动搜索命令所对应的.exe 可执行文件，bin 文件夹中包含了编译和执行 Java 程序所必须的 java.exe 和 javac.exe，因而必须包含该路径。

现在来编写一个简单的 HelloWorld 程序，以测试 JDK 安装是否正确。使用 Windows 自带的记事本，在 C:\JDK\demo 目录（或其他任何目录）中新建一个 HelloWorld.java 文件，功能是在当前环境中输出 HelloWorld 字符串，内容如下：

```java
public class HelloWorld{
  public static void main(String[] args){
    System.out.println("Hello World");
  }
}
```

在 MS-DOS 环境下编译和执行 Java 程序，如图 1-9 所示。

图1-9 编译和执行 HelloWorld.java

一旦输出"Hello World"字符串,则表明程序编译、执行成功,同时表明 JDK 安装与配置是正确的。

2. Apache Tomcat

Apache Tomcat 是 JSP Web 服务器应用运行平台,是 Apache 组织在 Sun 的 JSWDK 基础上开发一个可以直接提供 Web 服务的 JSP 服务器,全面支持 Servlet 和 JSP 规范。Tomcat 是基于 Java 的,它的运行离不开 JDK。访问 Apache 官方网址 http://tomcat.apache.org/可以下载 Tomcat 安装包。为了和其他开发平台兼容,推荐下载基于 Windows 的 Tomcat 版本 apache-tomcat-6.0.36-windows-x86.zip。该版本为免安装版,将压缩文件解压后的文件夹复制到 C 盘下,配置下列环境变量(假设 tomcat 解压后的文件夹改名为 Tomcat,放置在 C 盘下)。

```
CATALINA_BASE=C:\Tomcat
CATALINA_TMPDIR=C:\Tomcat\temp
CATALINA_HOME=C:\Tomcat
```

并且增加系统变量 Path 和 Classpath 的配置:

Path 中增加: `%CATALINA_HOME%\bin;`

classpath 中增加:

```
%CATALINA_HOME%\common\lib\servlet-api.jar;
%TOMCAT_HOME%\common\lib\servlet.jar;
```

单击"开始"→"运行"按钮,在命令对话框里输入 cmd 命令,在 DOS 命令提示行下依次输入:

```
C:\cd tomcat\bin
C:\tomcat\bin\> startup
```

得到如图 1-10 所示的启动界面。

Tomcat 启动后,在浏览器中输入 http://localhost:8080 (假设 Tomcat 端口设置为 8080),测试 Tomcat 是否运行正常。如果出现图 1-11 所示的 Tomcat 默认主页面,则表示 Tomcat 已经正常启动了。

图1-10 启动 Tomcat

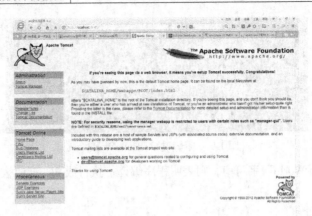

图 1-11 Tomcat 默认主页面

表 1-4 显示了 Tomcat 的目录结构。

表 1-4   Tomcat 的目录结构

目录	作用说明
bin	包含启动/关闭脚本
conf	包含不同的配置文件，包括 server.xml（Tomcat 的主要配置文件）和为不同的 Tomcat 配置的 Web 应用设置缺省值的文件 Web.xml
doc	包含各种 Tomcat 文档
lib	包含 Tomcat 使用的 jar 文件.unix 平台此目录下的任何文件都被加到 Tomcat 的 classpath 中
logs	存放 Tomcat 的日志文件
server	包含 3 个子目录：classes、lib 和 Webapps
src	ServletAPI 源文件。这些必须在 Servlet 容器内实现的空接口和抽象类
Webapps	包含 Web 项目示例，当发布 Web 应用时，默认情况下把 Web 文件夹放于此目录下
work	Tomcat 自动生成，放置 Tomcat 运行时的临时文件（如编译后的 JSP 文件），如 Tomcat 运行时删除此目录，JSP 页面将不能运行。[JSP 生成的 servlet 放在此目录下]
classes	可以创建此目录来添加一些附加的类到类路径中。任何你加到此目录中的类都可在 Tomcat 的类路径中找到自身
common/bin	存在 Tomcat 服务器及所有的 Web 应用程序可以访问的 JAR 文件
server/bin	存在 Tomcat 服务器运行所需的各种 JAR 文件
share/Bin	存在所有的 Web 应用程序可以访问的 JAR 文件（不能被 Tomcat 访问）
server/Webapps	存放 tomcat 两个自带 Web 应用 admin 应用和 manager 应用

　　Java Web 应用由一组 HTML 文件、Servlet 文件、JSP 文件和其他相关的 class 组成。每种组件在 Web 应用中都有固定的存放目录。Web 应用的配置信息存放在 Web.xml 文件中。在发布某些组件（如 Servlet）时，必须在 Web.xml 文件中添加相应的配置信息。在 Tomcat 应用服务器上发布 Web 应用程序，需在<CATALINA_HOME>/Webapps 目录下创建这个 Web 应用的目录结构。

　　注意\common、\server、\shared 三个目录的区别：

（1）\common 目录下的文件可以被 Tomcat 服务器系统程序和所有 JSP 页面程序访问。

（2）\server 目录下的文件只能被 Tomcat 服务器系统程序访问。

（3）\shared 目录下的文件只能被 JSP 页面程序访问。

3. MyEclipse

在完成 JDK 和 Tomcat 的正常安装和配置之后，JSP 的基本运行条件已经具备，接下来考虑使用什么工具来进行 JSP 开发。支持 JSP 开发的工具很多，对于初学者来说，推荐使用 MyEclipse，这是一个优秀的开发 Java、J2EE 应用程序的 Eclipse 插件集合，功能非常强大，支持也十分广泛，包括 Java Servlet、AJAX、JSP、JSF、Struts、Spring、Hibernate、EJB3、JDBC 数据库链接工具等多项功能。推荐到官网 http://www.myeclipseide.cn/windows.html 上下载使用较稳定的版本 MyEclipse8.5。启动时可以设置自己的工作目录，如图 1-12 所示。

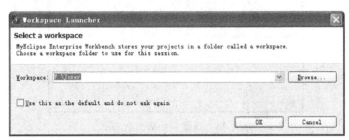

图 1-12　设置 MyEclipse 工作目录

图 1-13 是 MyEclipse 启动后的工作界面，为 Windows 风格的界面。

图 1-13　MyEclipse 工作界面

其他开发工具如 JCreator、JPad、JRun 等也是不错的选择，有兴趣的读者可以试用一下。

4. 浏览器

JSP 应用程序可在多种浏览器上运行，如 Internet Explorer 以及以 IE 为内核的多种浏览器（遨游、360、腾讯等）、Mozilla FireFox、Google Chrome、Safari 等。

5. 数据库平台

开发 JSP 应用程序往往需要使用数据库，所以还需安装数据库开发平台。将在第 8 章介绍数据库平台的安装与使用。

1.3　编写测试第一个 JSP 应用程序

【例 1-1】启动 MyEclipse，执行 "File" → "New" → "WebProject"，在图 1-14 所示的对话框里输入工程文件名 "onlineshop"。

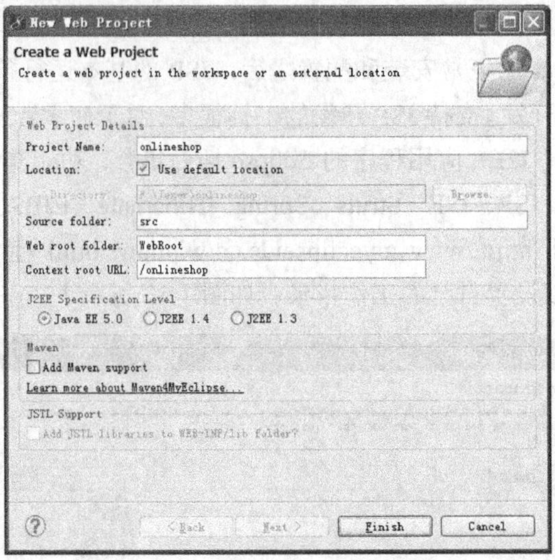

图 1-14　新建一个 Web Project

单击左侧 Package Explorer，打开 onlineshop 的下一级 WebRoot，系统默认创建了一个 index.jsp 文件，双击打开它。手工新建 JSP 文件的操作是选中 WebRoot，单击“File”→“New”→“JSP 文件”，或者右键单击 WebRoot，选择“New”→“JSP 文件”，在弹出的对话框中输入文件名即可。在<body>行后输入程序内容如图 1-15 所示。

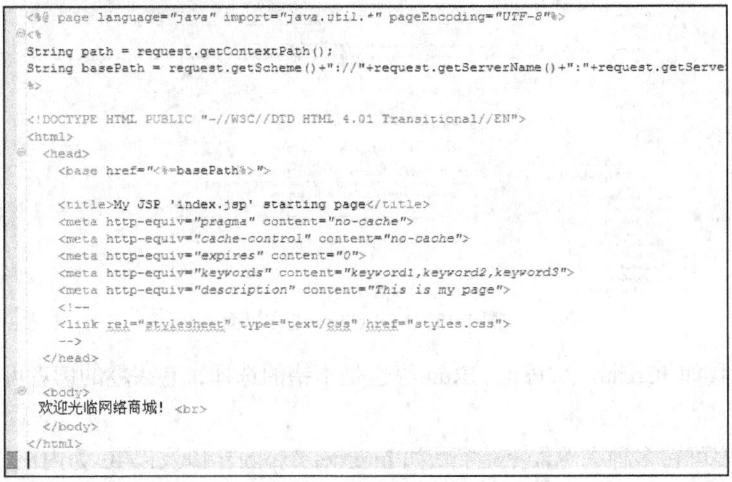

```
<%@ page language="java" import="java.util.*" pageEncoding="UTF-8"%>
<%
String path = request.getContextPath();
String basePath = request.getScheme()+"://"+request.getServerName()+":"+request.getServe
%>

<!DOCTYPE HTML PUBLIC "-//W3C//DTD HTML 4.01 Transitional//EN">
<html>
  <head>
    <base href="<%=basePath%>">

    <title>My JSP 'index.jsp' starting page</title>
    <meta http-equiv="pragma" content="no-cache">
    <meta http-equiv="cache-control" content="no-cache">
    <meta http-equiv="expires" content="0">
    <meta http-equiv="keywords" content="keyword1,keyword2,keyword3">
    <meta http-equiv="description" content="This is my page">
    <!--
    <link rel="stylesheet" type="text/css" href="styles.css">
    -->
  </head>

  <body>
 欢迎光临网络商城！ <br>
  </body>
</html>
```

图 1-15　index.jsp 内容

保存 index.jsp 文件。单击工具栏上的部署按钮，在图 1-16 所示的 Project 栏中选择 onlineshop。

单击 Add 按钮，在 Server 栏中选择 Tomcat 6.x，如图 1-17 所示。

第一次使用 server 需要单击 Edit server connector 按钮，如图 1-18 所示进行配置。

单击 Apply 按钮和 OK 按钮。单击 redeploy 按钮，则工程 onlineshop 得到了部署，放置在 C:\tomcat\Webapps\ROOT 下，如图 1-19 所示。

在浏览器地址栏中输入 http://localhost:8080/onlineshop，默认情况下就会访问\Webapps\ROOT\onlineshop 文件夹中的 index.jsp 文件。运行结果如图 1-20 所示。

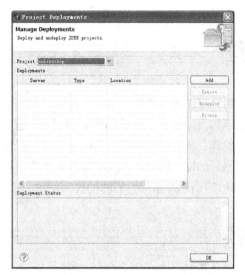

图 1-16 部署步骤——选择工程文件

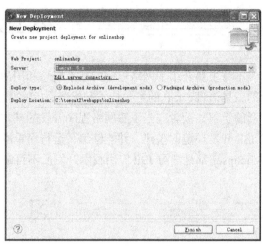

图 1-17 部署步骤——选择服务器

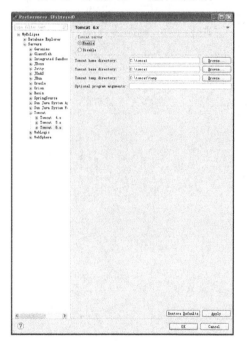

图 1-18 部署步骤——配置选择服务器

图 1-19 部署完成

图 1-20 运行第一个工程的结果

本章小结

　　本章主要介绍了网络程序的基本概念和用途，开发网络程序所需要的技术，支持网络程序设计的工具语言，JSP 的主要技术和优势，JSP 的运行原理，以及 JSP 开发环境的安装和配置。通过本章的学习，读者应当了解网络程序开发的基本技术与工具，掌握网络程序开发的基本过程，完成 JSP 开发环境的搭建，并能够编写运行简单的 JSP 程序。JDK、Tomcat 以及集成开发平台（如 MyEclipse）都是学习 JSP 应用技术开发所不可缺少的工具，应当熟练掌握它们的配置和使用方法。

习　　题

1-1　什么是 C/S 和 B/S 架构？
1-2　静态网页技术和动态网页技术的区别是什么？
1-3　动态网页技术主要有哪些设计语言？
1-4　JSP 的优势体现在哪几个方面？
1-5　JSP 的主要相关技术要哪些？
1-6　JSP 的一般运行原理是什么？
1-7　编写 JSP 文件可采用哪些工具？
1-8　如何安装配置 JSP 网络程序开发环境？
1-9　如何运行一个编写好的 JSP 程序？

第 2 章 网页设计基础

JSP 页面包括网页代码和嵌入其中的 Java 代码，涉及实现网页的 HTML 语言、CSS 和 JavaScript 以及实现事务功能的 Java 语言。通过本章的学习我们将学习 JSP 开发中涉及的各种基础语言，为进一步学习 JSP 技术做好准备。读者如果已经掌握了这一部分的内容，可以跳过本章，直接进入第 3 章。

【本章主要内容】
1. HTML 的基本语法和用法
2. CSS 的基本语法与使用
3. JavaScript 的常用语法
4. Java 的基本语法和用法

2.1 HTML 语言基础

当我们畅游 Internet 时，通过浏览器所看到的网页是由 HTML（HyperText Markup Language）即超文本标志语言编写的。HTML 是一种建立网页文件的语言，通过标记式指令将文字、图片、图像、声音等信息组合显示出来，生成各种页面效果。一个网页对应于一个 HTML 文件，HTML 文件以.htm 或.html 为扩展名。可以使用任何能够生成 TXT 类型源文件的文本编辑器编写 HTML 文件。浏览器按顺序阅读网页文件，根据标记符解释和显示其标记的内容，对出错的标记不指出错误，也不停止解释执行过程，只能通过显示效果来分析出错原因和出错部位。需要注意的是，对于不同的浏览器，对同一标记符可能会有不完全相同的解释，会有不同的显示效果。

2.1.1 HTML 语言的基本结构

下面我们来看一小段 HTML 语言的代码，来了解 HTML 语言的基本结构。

【例 2-1】简单的 HTML 代码。

```
<html>
    <head>
        <title>网络商城首页</title>
    </head>
    <body>
        欢迎光临网络商城!
    </body>
</html>
```

HTML 语言使用标志对的方法编写文件，<标志名></标志名>来表示标志的开始和结束（如<html></html>标志对），标志对都必须成对使用。

HTML 文件可用任何文本编辑器进行编辑，如记事本、写字板等，或者使用可视化软件，如 FrontPage、Dreamwearver 等。代码不区分大小写。新建一个文本文件，将这段代码粘贴至文本文件中，选择"另存为"命令保存文件，将文件的后缀名改为.htm 或者.html，双击这个文件图标，即可打开浏览器观看运行结果，如图 2-1 所示。

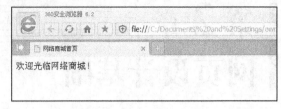

图 2-1 【例 2-1】运行结果

HTML 文件基本结构：

```
<HTML>  标记文件开始
    <HEAD>  标记头部开始
        <TITLE>...</TITLE>  标题区
    </HEAD>  标记头区结束
    <BODY>  标记体部（本文区）开始
        文本区内容
    </BODY>  标记本文区结束
</HTML>  标记文件结束
```

<HTML>和</HTML>代表网页文件格式。通常 HTML 网页文件包含两部分：<HEAD></HEAD>之间为头部，记录文件基本信息，如作者、编写时间等。<BODY></BODY>之间为体部，即在浏览器上看到的网站内容。

在 MyEclipse 中新建一个 html 格式文档时，会发现自动生成的代码最上部有如下这句话：

```
<!DOCTYPE html PUBLIC "-//W3C//DTD XHTML 1.0 Transitional//EN" "http://www.w3.org/TR/xhtml1/DTD/xhtml1-transitional.dtd">
```

这句话标明本文档是过渡类型，另外还有框架和严格类型，目前一般都采用过渡类型，因为浏览器对 XHTML 的解析比较宽松，允许使用 HTML4.01 中的标签，但必须符合 XHTML 的语法。

HTML 的内容十分丰富，推荐读者参考 W3CShool 教程。W3C（World Wide Web Consortium，）即万维网联盟，又称 W3C 理事会，是国际著名的标准化组织，1994 年 10 月在麻省理工学院计算机科学实验室成立，主创者是万维网的发明者蒂姆·伯纳斯·李。W3C 至今已发布近百项关于万维网的标准，对万维网的发展做出了重要贡献。

2.1.2 HTML 文件头部

HTML 文件头部为页面基本描述语句，表 2-1 列出了头部所包含的元素和相应的说明。

表 2-1　　　　　　　　　　　　　头部的元素与说明

元素	描述
title	显示在浏览器窗口的标题栏中的内容
meta	定义搜索关键字、控制页面缓存、定义语言类型
link	描述当前文档与其他文档之间的连接关系
base	定义体试时默认的外部资源

续表

元素	描述
script	脚本程序内容
style	样式表内容

2.1.3　HTML 文件体部

HTML 文件体部是一个网页的主要部分，包含在<body></body>之间。表 2-2 列出了体部的主要元素。

表 2-2　　　　　　　　　　　　　body 部分的元素

元素	描述
bgcolor	背景色
background	背景图案
text	文本颜色
link	链接文字颜色
alink	活动链接文字颜色
vlink	已访问链接文字颜色
leftmargin	页面左侧的留白距离
topmargin	页面顶部的留白距离

（1）bgcolor 属性用于指定页面的背景颜色。语法格式如下。

```
<body bgcolor="颜色值">
```

颜色值可用十六进制代码、十进制 RGB 码或者颜色英文名称，例如：

```
<font color="#ff0000">红色</font>
<font color="rgb(255,000,000)">红色</font>
<font color="red">红色</font>
```

颜色值常量可查阅 W3CSchool 教程。

（2）background 属性用于指定页面的背景图案。语法格式如下。

```
<body background="URL">
```

例如：<body background="img/bg.jpg">

（3）属性 text、link、alink、vlink、leftmargin、topmargin 分别表示非链接文字的颜色、可连接文字的颜色、正在单击的可链接文字颜色、被单击过的可链接文字的颜色、页面左侧的留白、页面顶部的留白。语法格式如下。

```
<body text="color" link="color" alink="color" vlink="color">
<body leftmargin="value" topmargin="value">
```

2.1.4　文字与段落

网页中经常需要显示文字，需要设置文字格式，如字体、字号、颜色、段落格式等。请自行编码运行下列各个小例子，体会各种标记的用法。

1. 标题标记

<hn></hn>设定标题字体大小，n = 1-6，定义六级标题，从一到六级字体大小依次递减。

align 属性设置标题的对齐方式：left（左对齐，为默认方式），right（右对齐），center（居中对齐）。

2. 段落标记<p>

段落是一段文本，这段文本中文字格式是一致的。段落内可使用 align 属性设置对齐方式：left（左对齐，为默认方式），right（右对齐），center（居中对齐）。例如：

```
<p>欢迎光临网络商城</p>
```

3. 换行标记

 标签在不产生一个新段落的情况下进行换行（新行）。

4. 水平线标签<hr/>

<hr /> 在 HTML 页面中创建水平线，可用于分隔内容。具有宽度（width）、高度（size）、去除阴影（noshade）、颜色（color）、对齐方式（align）等属性。

5. 字体标记<font>

规定文本的字体（face）、字体尺寸（size）、字体颜色（color）。建议请使用样式代替 <font>。

6. 文本格式化标记

... 粗体字。

... 斜体字。

<del>...</del> 横线（表示删除）。

^{...} 上标字。

_{...} 下标字。

2.1.5 图像标签

显示图像使用标签<img>，例如：

```
<img src="bg.jpg" width="800px" height="1000px" alt="郁金香"/>
```

src 属性为要显示的图片的文件名，可带路径。width 和 height 设置图片的宽度和高度，px 是长度单位像素 pixel。alt 属性为当网页未能显示图片时，所显示的替代文字信息。还有 border（图片边框）、align（图片对齐方式）等属性。

图片也可制作超链接，例如：

```
<a href="http://www.abc.com"><img src="abc.gif"/></a>
```

其中 http://www.abc.com 是目标站点，abc.gif 为所引用的图片名称。

2.1.6 音乐标记

HTML 不仅能插入图片，也可以载入 midi 音乐、wav 音效。常用标记<bgsound>用来设置背景音乐、音效。例如：

```
<bgsound src=m-1.mid loop=true>
```

src 属性指明文件或 url 位址（可为 wav、midi 格式），loop 属性设置背景音乐循环播放次数。

内嵌音乐插件<embed>...</embed> 标记用来设置音乐插件。例如：

```
<embed src=m-1.mid width=145 height=60 autostart=true loop=true></embed>
```

2.1.7 链接标签

链接标签<a>用于实现跳转到 URL（Uniform Resource Locator）路径指定的目标文件，如下列代码的显示效果是，鼠标移动到超链接文字"联系我们"上时变成手形光标，在单击超链接文字"联系我们"时将跳转到 http://www.service.com 所指向的页面：

```
<a href="http://www.service.com">联系我们</a>
```

URL（Universal Resource Locator）路径是一种互联网地址的表示法。

2.1.8 HTML 注释

HTML 注释用<!--   -->标记。代码带有注释可以提高可读性，使代码更易被人理解，而浏览器并不显示注释。例如：

```
<!--以下是网络商城主页面，这一行是注释 -->
<p>欢迎光临网络商城！</p>
<hr />
<p>请选择您要去的分店：</p>
```

2.1.9 特殊符号

往网页中输入特殊字符，需在 HTML 代码中加入以&开头的字母组合或以&#开头的数字。例如 HTML 会自动截去多余的空格，不管加多少空格，都被看作一个空格。为了在网页中增加空格，就要使用 。常用的字符实体（Character Entities）有：

显示一个空格			
<	小于	&lt;	&#60;
>	大于	&gt;	&#62;
&	&符号	&amp;	&#38;
"	双引号	&quot;	&#34;
?	版权	&copy;	&#169;
?	注册商标	&reg;	&#174;
×	乘号	&times;	&#215;
÷	除号	&divide;	&#247;

2.1.10 style 属性

style 属性提供了一种改变所有 HTML 元素样式的通用方法。使用 style 属性直接将样式添加到 HTML 元素，或者间接地在独立的样式表中（CSS 文件）进行定义。例如 background-color 属性为元素定义背景颜色，font-family、color 以及 font-size 属性分别定义元素中文本的字体系列、颜色和字体尺寸，text-align 属性规定了元素中文本的水平对齐方式：

```
<body style="background-color:yellow">
<h2 style="background-color:red;text-align:center; font-family:verdana ">网络商城</h2>
<p style="background-color:green;font-family:arial;color:red;font-size:40px;">欢迎光临! </p>
</body>
<hr style="height:1px;border:0;border-bottom:1px dotted #cccccc;margin:0" />
```

2.1.11 div 标签

<div> 标签定义文档中的分区或节，把文档分割为独立的、不同的部分，用作严格的组织工具，并且不使用任何格式与其关联。<div>是一个块级元素，它的内容自动地开始一个新行。实际上，换行是 <div> 固有的唯一格式表现。可以通过 <div> 的 class 或 id 应用额外的样式。例如，下列语句定义文档中的一个部分显示为绿色：

```
<div style="color:#00FF00">
  <h3>This is a header</h3>
  <p>This is a paragraph.</p>
</div>
```

2.1.12 表格

表格由 <table> 标签来定义。每个表格均有若干行（<tr> 标签定义），每行被分割为若干单元格（<td> 标签定义）。字母 td 指表格数据（table data），即数据单元格的内容。表格的表头（table head）用 <th> 标签进行定义。数据单元格可以包含文本、图片、列表、段落、表单、水平线、表格等。

【例 2-2】显示表格，注意表格背景颜色、单元格内文字和图片对齐方式、单元格的宽度和图片的高度宽度设置等方法。

```
<table border="1" bgcolor="CCFF00" width=600px>
        <caption>商品列表</caption>
    <tr>
         <th>品名</th>
         <th>图片</th>
         <th>单价</th>
    </tr>
    <tr align=center>
        <td width=20%>苹果</td>
        <td width=50%><img src="apple.jpg" height=150px/></td>
        <td>￥9.50</td>
    </tr>
    <tr align=center>
        <td width=20%>香蕉</td>
        <td width=50%><img src="banana.jpg" height=150px /></td>
        <td>￥5.40</td>
    </tr>
    <tr align=center>
        <td width=20%>橘子</td>
        <td width=50% ><img src="orange.jpg" height=150px/></td>
        <td>￥6.80</td>
    </tr>
</table>
```

显示结果如图 2-2 表格示例、图 2-3 跨行跨列显示的表格所示。

表格允许跨行跨列显示，使用 colspan="数字"和 rowspan="数字"来完成，下面代码的显示结果如图 2-3 所示。

图 2-2 表格示例

图 2-3 跨行跨列显示的表格

```
<h4>横跨两列的单元格：</h4>
<table border="1">
<tr>
  <th>供应商姓名</th>
  <th colspan="2">电话</th>
</tr>
<tr>
  <td>Alan Bob</td>
  <td>555 771 854</td>
  <td>555 771 855</td>
</tr>
</table>

<h4>横跨两行的单元格：</h4>
```

```
<table border="1">
<tr>
  <th>供应商姓名</th>
  <td>Alan Bob</td>
</tr>
<tr>
  <th rowspan="2">电话</th>
  <td>555 771 854</td>
</tr>
<tr>
  <td>555 771 855</td>
</tr>
</table>
```

2.1.13 列表

列表在页面中可以起到提纲挈领的作用。列表分为无序列表和有序列表两类。无序列表按照项目符号来标记无序的列表项目，有序列表按照数字或字母等顺序排列列表项目。

无序列表基本语法：

```
<ul type="value" >
  <li>项目1
  <li>项目2
  <li>项目3
  ……
</ul>
```

type 属性为项目符号类型：disc（实心圆）、circle（空心圆）、square（方块）。

有序列表基本语法：

```
<ol type="value" start="value'>
  <li>项目1
  <li>项目2
  <li>项目3
  ……
</ol>
```

type 属性为数字、大小写字母或大小写罗马数字。

观察下列代码的运行结果，如图 2-4 所示。

```
<h4>Disc 项目符号列表：</h4>
<ul type="disc">
 <li>苹果</li>
 <li>香蕉</li>
 <li>橘子</li>
</ul>
<h4>Circle 项目符号列表：</h4>
<ul type="circle">
 <li>苹果</li>
 <li>香蕉</li>
 <li>橘子</li>
</ul>
<h4>Square 项目符号列表：</h4>
<ul type="square">
 <li>苹果</li>
 <li>香蕉</li>
 <li>橘子</li>
</ul>
```

图 2-4 项目符号列表运行结果

请读者查阅 W3CShool，自行完成有序列表的显示。

2.1.14 表单和输入

表单是 HTML 页面与服务器端实现交互的重要手段。在网络程序开发中，经常利用表单来收集客户提交的不同类型的信息，如用户注册、登录、选购商品、提交结账等。

表单由表单标记<FORM></FORM>来限定范围，表单内可包括多种类型的表单域对象。语法格式是：

`<form name="formname"method="get|post"action="URL">...</form>`

其中，name 是表单的名称，action 是表单提交后转向的页面，method 是提交信息的方法，有 get 和 post 两种，主要区别是如下。

（1）服务器端获取信息的手段不同；post 是为了将数据传送到服务器端，而 get 主要是为了从服务器端取得数据。post 方式把信息作为 http 请求的内容进行提交，而 get 信息则直接包含在 HTTP URL 中进行传输。

（2）get 传送的数据量较小，post 传送的数据量较大。

（3）get 传送的数据会在地址栏中显示，而 post 传送的数据则不显示出来，因此前者的安全性不如后者，但效率更高。

表单域对象主要有 4 个。

（1）input：表单输入标记，是最常用的标记。<input>标记通常用来存储和捕获表单数据。<input>标记的属性说明如表 2-3 所示。

表 2-3　　　　　　　　　　　　　　<input>标记属性说明

属性	说明
type="button|checkbox||file|hidden|image|password|radio|reset|submit|text|email|url|number|range|Date Pickers|search|color"	指定添加哪种类型的输入字段，共 17 类（HTML4 定义了 10 类，HTML5 新增 7 类）

续表

属性	说明
name="inputname"	用以标识 input 对象，request 对象通过该属性才能获取标记的值
value="inputvalue"	代表为 input 对象设置的值
disabled=true	指定该字段不可用，呈现为灰色
checked="checked"	当 type 属性为 radio 和 checkbox 时，指定输入字段是否被选中
width="inputvalue"	当 type 属性为 image 时，指定输入字段的宽度
height="inputvalue"	当 type 属性为 image 时，指定输入字段的高度
maxlength="inputvalue"	指定输入域最多可以输入文字的长度
readonly=true	指定输入字段是否为只读
size="inputvalue"	指定输入字段的宽度，当 type 属性为 text 和 password 时，以文字个数为单位，否则以像素为单位
src="inputpath"	当 type 属性为 image 时，指定图片的文件路径
usemap="inputpath"	当 type 属性为 image 时，指定图片的热点（超链接）地图
alt="inputtext"	当 type 属性为 image 时，指定图片无法显示时所显示的文字信息
autocomplete="on"/"off"	规定 form 或 input 域拥有自动完成功能
autofocus ="autofocus"	规定在页面加载时，域自动获得焦点
list	规定输入域的 datalist，datalist 是输入域的选项列表
min,max 和 step	用于为包含数字或日期的 input 类型规定限定（约束）。max 属性规定输入域所允许的最大值。min 属性规定输入域所允许的最小值。step 属性为输入域规定合法的数字间隔
multiple	规定输入域中可选择多个值，用于 email 和 file
novalidate	规定在提交表单时不验证 form 或 input 域
pattern (regexp)	用于验证 input 域的模式（pattern）
placeholder	提供提示（hint）描述输入域所期待的值
required	规定必须在提交之前填写输入域（不能为空）

input 标记的用法是：

```
<input name="表单域的名称"type="类型">
```

input 标记的主要类型有：
- text：文本域，用来输入单行文本。
- password：密码域，用来输入密码，密码文本用*或·显示。
- hidden：隐藏域，用来提交信息，这类信息不在页面上显示，用户看不到。
- file：文件域，用来上传文件到服务器。
- checkbox：复选框，提供一组选项，用户可以选择其中的一个、多个或零个。
- radio：单选按钮，提供一组选项，用户只能选择其中的一个。

- button：普通按钮，单击该按钮可实现表单信息的提交，页面的跳转等功能，主要配合 JavaScript 脚本进行信息处理。
- submit：提交按钮，将表单信息提交到 action 所指定的目的地。
- reset：重置按钮，清除表单内容。
- email：包含 e-mail 地址的输入域。在提交表单时，会自动验证 email 域的值。
- url：包含 URL 地址的输入域。在提交表单时，会自动验证 url 域的值。
- number：设置包含数值的输入域。
- range：设置包含一定范围内数字值的输入域，显示为滑动条。
- date Pickers（日期选择器）：供选取日期和时间的新输入类型，包括：
  date - 选取日、月、年
  month - 选取月、年
  week - 选取周和年
  time - 选取时间（小时和分钟）
  datetime - 选取时间、日、月、年（UTC 时间）
  datetime-local - 选取时间、日、月、年（本地时间）
- search：用于搜索域，比如站点搜索或 Google 搜索，显示为常规的文本域。

（2）select：菜单和列表标记，用于创建单选或多选菜单。当提交表单时，浏览器会提交选定的项目，或者收集用逗号分隔的多个选项，合成一个单独的参数列表提交给服务器。

（3）option：菜单和列表项标记，用于定义下拉列表中的一个选项（一个条目）。浏览器将 <option> 标签中的内容作为 <select> 标签的菜单或是滚动列表中的一个元素显示。option 元素位于 select 元素内部，两者组合使用来设置菜单和列表标记。

（4）textarea：文本域标记，用于输入和显示多行文本，可以通过 cols 和 rows 属性或者 CSS 的 height 和 width 属性来规定 textarea 的尺寸。

【例 2-3】下面通过实现一个用户信息采集表单来掌握表单和多种表单域的用法。首先看如图 2-5 所示的用户注册页面显示效果。

图 2-5 用户注册页面

图 2-6 用户留言界面

分析这个页面用到了哪些表单域，结合上面所学习的各种表单元素写出下列代码（login.jsp）：

```
<html>
    <head>
        <title>表单实例</title>
        <meta http-equiv="Content-Type" content="text/html; charset=gb2312">
    </head>
```

```html
<body>
    <center>
    <h2>用户注册</h2>
    <form name="" action ="showuserinfo.jsp" method="post">
        <table border="1" style="font-size:20px;">
            <tr>
                <td>用户名：</td>
                <td><input type ="text" name="userName"></td>
            </tr>
            <tr>
                <td>密　码：</td>
                <td><input type ="password"name="userPassword"></td>
            </tr>
            <tr>
                <td>确认密码：</td>
                <td><input type ="password"name="userPassword1"></td>
            </tr>
            <tr>
                <td>密码提示问题：</td>
                <td><input type="text" name="passwordHint"></td>
            </tr>
            <tr>
                <td>真实姓名：</td>
                <td><input type="text" name="truename"></td>
            </tr>
            <tr>
                <td>性　别：</td>
                <td>
                    <input type ="radio" name ="gender" value="男">男
                    <input type ="radio" name ="gender" value="女">女
                </td>
            </tr>
            <tr>
                <td>出生日期：</td>
                <td>
                    <select name="selectyear" size="1">
                      <option selected>1988</option>
                      <option>1989</option>
                      <option>1990</option>
                      <option>1991</option>
                     </select>
                 年<select name="selectmonth" size="1">
                      <option selected>1</option>
                      <option>2</option>
                      <option>3</option>
                      <option>4</option>
                      <option>5</option>
                      <option>6</option>
                    </select>
                    月
                </td>
            </tr>
            <tr>
```

```html
            <td>证件类型：</td>
            <td>
                <select name="selectid">
                    <option value="xsz">学生证
                    <option value="sfz" selected>身份证
                    <option value="jgz">军官证
                </select>
            </td>
        </tr>
        <tr>
            <td>证件号码：</td>
            <td><input type ="text" name="userID"></td>
        </tr>
        <tr>
            <td colspan="2" align="center"><input type="submit" name="submit" value="提交">
            <input type ="reset" name="reset" value ="取消"></td>
        </tr>
    </table>
</form>
</center>
</body>
</html>
```

【例 2-4】设计并显示用户留言界面，结果如图 2-6 所示。

userSuggestion.jsp 代码如下：

```html
<body>
    如果您有对商城的建议，请填写：<br>
<form action="transSuggestion.jsp" method=post >
    用户名：<input type="text" name="username" size=20><br/>
    关键词：<input type="text" name="keyword" size=20><br/>
    内   容：<br/><textarea name="content" rows=10 cols=28> </textarea><br/>
    <input type="submit" value="提交"/> <input type="reset" value="重置"/>
</form>
</body>
```

2.1.15 HTML 5 的新增功能与特性

1993 年 6 月发布了超文本标记语言第一版 HTML 1.0，此后经历了 4 个版本的改进和扩展，目前最新版本是 HTML 5，对以前的版本做了重大修改，增加了许多新功能，是开放的 Web 网络平台的奠基石，得到了众多知名浏览器厂商的一致接纳和支持。HTML 文档功能强大，支持不同数据格式的文件镶入，主要特点如下。

（1）简易性：超级文本标记语言版本升级灵活方便。

（2）可扩展性：采取子类元素的方式，为系统扩展带来保证。

（3）通用性：可以使用在广泛的平台上，无论使用的是什么类型的电脑或浏览器。

在语义特性方面，HTML5 赋予网页更好的意义和结构，提供了更加丰富的标签；在本地存储特性方面，HTML5 APP Cache 和本地存储功能使得网页 APP 拥有更短的启动时间，更快的联网速度；在设备兼容特性方面提供了更多功能上的优化选择，数据与应用接入开放接口。在连接特性方面提高了连接工作效率，服务器推送技术实现服务器将数据"推送"到客户端的功能；CSS3 中提供了更多的风格和更强的效果；在多媒体特性、三维、图形及特效特性方面也都有大幅度改进。

HTML5 提供了新的元素来创建更好的页面结构和显示效果，如表 2-4 所示。

表 2-4　　　　　　　　　　　HTML5 新增的页面元素

标签	描述
<article>	定义页面的侧边栏内容
<aside>	定义页面内容之外的内容
<bdi>	允许设置一段文本，脱离其父元素的文本方向设置
<command>	定义命令按钮，比如单选按钮、复选框或按钮
<details>	用于描述文档或文档某个部分的细节
<dialog>	定义对话框，比如提示框
<summary>	标签包含 details 元素的标题
<figure>	规定独立的流内容（图像、图表、照片、代码等）
<figcaption>	定义 <figure> 元素的标题
<footer>	定义 section 或 document 的页脚
<header>	定义了文档的头部区域
<mark>	定义带有记号的文本
<meter>	定义度量衡
<nav>	定义运行中的进度（进程）
<progress>	定义任何类型的任务的进度
<ruby>	定义 ruby 注释（中文注音或字符）
<rt>	定义字符（中文注音或字符）的解释或发音
<rp>	在 ruby 注释中使用，定义不支持 ruby 元素的浏览器所显示的内容
<section>	定义文档中的节（section 区段）
<time>	定义日期或时间
<wbr>	规定在文本中的何处适合添加换行符
<audio>	定义音频内容
<video>	定义视频（video 或者 movie）
<source>	定义多媒体资源 <video> 和 <audio>
<embed>	定义嵌入的内容，比如插件
<track>	为诸如 <video> 和 <audio> 元素之类的媒介规定外部文本轨道
<canvas>	标签定义图形，比如图表和其他图像。该标签基于 JavaScript 的绘图 API

注：HTML 的新增属性和功能不是所有浏览器都完全支持，使用时请查阅 W3CSchool 手册或相关资料。

同时，HTML5 也删除了一些原有的元素：<acronym>、<applet>、<basefont>、<big>、<center>、<dir>、<font>、<frame>、<frameset>、<noframes>、<strike>、<tt>。

2.1.16　应用举例：网上商城的页面设计

经过上面的学习，我们现在已经能够设计显示基本的页面了。

【**例 2-5**】新建一个 Web Project，运行默认创建的 index.jsp 实现如图 2-7 所示的网上商城主页面。

这个页面包括了许多元素：文字、图片、超链接，多种格式设置。用 table 来规划整个页面，能够清晰地规划其结构。将页面划分为 3 行：头部、中部和底部，中部又分为 2 列，分别为左部和右部。框架如图 2-8 所示。

图 2-7　网上商城主页面

图 2-8　商城主页面框架

据此写出代码：

```
<body background="img/bgpic.jpg" style="font-size:30px;text-align:center; ">
<center>
        <!-- 用表格来设计主页面 -->
        <table width=100% border=1>
        <tr><td>此处为顶部内容</td></tr>
        <tr><td>此处为左部内容</td><td>此处为右部内容</td></tr>
        <tr><td>此处为底部内容</td></tr>
  </table>
</body>
```

同样，进行各部的细分。顶部又可分为 3 行，分别为 1 行超链接，1 行图片，1 行超链接。

第一行为 5 个超链接：请登录，免费注册，注销账号，我的购物车和我的账户，为了达到显示效果，分为 6 列，中间 1 列为空；

第二行为标题部分，包括图片和 1 行文字，可以把图片作为背景显示，设置 1 列即可；

第三行为 8 个超链接，放在同一行。在下一节学习了菜单后，以菜单的形式出现。

顶部代码为：

```html
        <!-- 显示顶部信息 -->
        <tr bgcolor="white">
           <td height=50px colspan=6>
           <table width=100%>
              <tr>
                  <td width=10%>
                  <a href="userlogin2.jsp">请登录</a>
                  </td>
                  <td width=10%><a href="userregister.jsp">免费注册</a></td>
                  <td width=10%><a href="userlogout.jsp" >注销账号</a></td>
                  <td ></td>
                  <td width=12%><a href="showCart.jsp">我的购物车</a>
                  </td>
                  <td width=10%><a href="userloginreset.jsp">我的账户</a>
                  </td>
              </tr>

              <tr>
                  <td height=150px align="center" background="img/flower3.jpg" colspan=6>
                      <font style="font-family:宋体;font-size:40px;color:#FF0066; font-weight:bold;text-align:center;"><b>欢迎光临网上百货商城</b></font>
                  </td>
              </tr>
           </table>
           </td>
        </tr>
```

中部的左部为新品推荐，放置 3 个表格，分别显示 3 种类别的商品新品。右部为三个分区商品的显示，同样为 3 个表格。中部代码为：

```html
<!-- 显示中部商品信息  -->
<tr bgcolor=white style="border:solid 2px gray;">
<td valign="top" width=20%>
  <table  border=0 >
    <tr><td style="font-family: 黑体 ;font-size:20px;text-align:center;color:#00000; font-weight:bold;" bgcolor=#FF9933 rowspan=4 width=20%>新鲜水果抢先尝</td></tr>
    <tr><td><img src="img/fire.jpg" height=120px></td></tr>
    <tr><td><img src="img/apple.jpg" height=120px></td></tr>
    <tr><td><img src="img/grape.jpg" height=120px></td></tr>
  </table>
  <table>
    <tr><td  style="font-family: 黑体 ;font-size:20px;text-align:center;color:#00000; font-weight:bold;" bgcolor=#FF9933 rowspan=4 width=20%>新款服饰</td></tr>
    <tr><td><img src="img/coat.jpg"  height=120px></td></tr>
    <tr><td><img src="img/jacket.jpg"  height=120px></td></tr>
    <tr><td><img src="img/cap.jpg"  height=120px></td></tr>
  </table>
  <table>
    <tr><td  style="font-family: 黑体 ;font-size:20px;text-align:center;color:#00000; font-weight:bold;" bgcolor=#FF9933 rowspan=4 width=20%>开学装备</td></tr>
    <tr><td><img src="img/ballpen.jpg" height=120px></td></tr>
    <tr><td><img src="img/pen.jpg" height=120px></td></tr>
    <tr><td><img src="img/notebook.png" height=120px></td></tr>
```

```html
        </table>
     </td>

     <td valign="top" width=80%>
     <table  border=0 width=100%>
       <tr >
         <td   style="font-family: 宋 体 ;font-size:20px;text-align:center;color:#CC6633;
font-weight:bold;" bgcolor=#FFCC33 > <a href="fruitsectorindex.jsp">进入水果区 </a></td>
       </tr>
       <tr>
         <td  align="center">
            <table border=0>
              <tr>
                <td><img style="width:200px;height:150px;margin:5px,15px,5px,15px;border:
1px dotted gray;" src="img/apple.jpg" ></td>
                <td><img style="width:200px;height:150px;margin:5px,15px,5px,15px; border:1px
dotted gray;" src="img/banana.jpg" ></td>
                <td><img style="width:200px;height:150px;margin:5px,15px,5px,15px;border:
1px dotted gray;" src="img/orange.jpg" ></td>
              </tr>
              <tr>
                <td><img style="width:200px;height:150px;margin:5px,15px,5px,15px;border: 1px
dotted gray;" src="img/fire.jpg" ></td>
                <td><img style="width:200px;height:150px;margin:5px,15px,5px,15px;border: 1px
dotted gray;" src="img/cherry.jpg" ></td>
                <td><img style="width:200px;height:150px;margin:5px,15px,5px,15px;border: 1px
dotted gray;" src="img/hamimelon.jpg" ></td>
              </tr>
            </table>
         </td>
       </tr>

       <tr>
         <td style="font-family: 宋体;font-size:20px;text-align:center;color:#CC6633; font-
weight:bold;" bgcolor=#FFCC33> <a href="clothessectorindex.jsp">进入服装区</a></td>
       </tr>
       <tr>
         <td align="center">
            <table border=0>
              <tr>
                <td><img style="width:200px;height:150px;margin:5px,15px,5px,15px;border:
1px dotted gray;" src="img/coat.jpg" ></td>
                <td><img style="width:200px;height:150px;margin:5px,15px,5px,15px;border:
1px dotted gray;" src="img/jacket.jpg" ></td>
                <td><img style="width:200px;height:150px;margin:5px,15px,5px,15px;border:
1px dotted gray;" src="img/trousers.jpg" ></td>
              </tr>
              <tr>
                <td><img style="width:200px;height:150px;margin:5px,15px,5px,15px;border:
1px dotted gray;" src="img/coat2.jpg" ></td>
                <td><img style="width:200px;height:150px;margin:5px,15px,5px,15px;border:
1px dotted gray;" src="img/jacket2.jpg" ></td>
                <td><img style="width:200px;height:150px;margin:5px,15px,5px,15px;border:
1px dotted gray;" src="img/cap2.jpg" ></td>
              </tr>
            </table>
         </td>
```

```
      </tr>
      <tr>
        <td style="font-family:宋体;font-size:20px;text-align:center;color:#CC6633;font-weight:
bold;" bgcolor=#FFCC33>  <a href="stationerysectorindex.jsp">进入文具区</a></td>
      </tr>
      <tr>
        <td align="center">
            <table border=0>
              <tr>
                <td><img style="width:200px;height:150px;margin:5px,15px,5px,15px;border:
1px dotted gray;" src="img/ballpen.jpg" ></td>
                <td><img style="width:200px;height:150px;margin:5px,15px,5px,15px;border:
1px dotted gray;" src="img/pencil.jpg" ></td>
                <td><img style="width:200px;height:150px;margin:5px,15px,5px,15px;border:
1px dotted gray;" src="img/eraser.jpg" ></td>
              </tr>
              <tr>
                <td><img style="width:200px;height:150px;margin:5px,15px,5px,15px;border:
1px dotted gray;" src="img/pen.jpg" ></td>
                <td><img style="width:200px;height:150px;margin:5px,15px,5px,15px;border:
1px dotted gray;" src="img/pencilcase.jpg" ></td>
                <td><img style="width:200px;height:150px;margin:5px,15px,5px,15px;border:
1px dotted gray;" src="img/pin.jpg" ></td>
              </tr>
            </table>
        </td>
      </tr>
   </table>
</td></tr>
```

底部为一些提示说明信息，代码为：

```
<!-- 显示底部信息   -->
    <tr style="font-family:黑体;font-size:15px;text-align:left;color:#000000; font-weight:bold;
text-align:center;">
          <td colspan=6>
             <%
                out.println("欢迎,您是第1位访客! ");
             %>
          </td>
    </tr>
    <tr><td colspan=6 align="center">
    Copyright ? 2003-2014, 版权所有 JSPaliance.COM<br/>
    网络文化经营许可证：网文[2012]0123-002 号<br/>
    客服电话：020-12345678<br/>
    如有意见或建议，请 <a href="userSuggestion.jsp"> 留言 </a>或发送 <a href="mailto:
mallservice@microsoft.com?subject=Hello%20again">邮件</a><br/>
    技术支持：JSP 联盟<br/>
    </td></tr>
```

将各部分代码放在<body>和</body>之间的相应位置，将以上代码保存为 index.jsp，执行注意体会其中 HTML 知识点的运用。可以看到，这个页面的代码虽然比较长，但只要明确了结构，写起来并不困难，有很多代码是结构相同的，通过复制，做少量修改便可以快速实现。另外，所需要的素材文件如图片可以事先收集好，集中放在一个文件夹下，便于引用和管理。index.jsp 中使用到了图片，所以在项目 onlineshop 的 WebRoot 目录下建立一个 img 文件夹，将所需的图片文件放到该目录下。

可以看到，以上代码中有许多完全相同的片段，主要表现在格式设置语句，例如：

```
<td style="font-family:黑体; font-size:20px;text-align:center;color:#00000;
font-weight:bold; "
bgcolor=#FF3399 colspan=4>
<td style="font-family:宋体;font-size:30px;text-align:left;color:#CC6633;
           font-weight:bold; bgcolor=#FFCC33" bgcolor=#FFCC33>
```

等都多次重复，而实际上，这些格式说明代码是可以实现重用的，这将在下一小节学习。

【例 2-6】设计显示分店水果区、服装区的页面，结构与 index.jsp 相同，顶部和底部部分与 index.jsp 相同，中部显示各分区的商品信息，分别如图 2-9 和图 2-10 所示。

 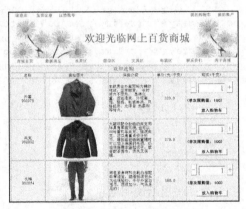

图 2-9　水果分区的页面　　　　　　　　图 2-10　服装分区的页面

分区的中部结构比主页面简单，只需要设置 1 列即可，里面是 1 个表格，分为 1 行标题行，1 行字段行，若干行商品信息行，每行包括 5 列，分别显示商品名称、实拍图片、详细介绍、单价和购买数量信息。显示内容有文字、图片、按钮、文本框等。读者可综合运用所学的 HTML 知识，在【例 2-5】的基础上自行完成各个分区页面的设计与显示。

2.2　CSS 简介

从上节的编码中我们看到，HTML 的文档格式和显示内容是混合在一起的。并且，许多格式控制标记被反复书写，代码冗长。同时，由于不同的浏览器不断将新的 HTML 标签和属性（如字体标签和颜色属性）添加到 HTML 规范中，创建文档内容独立于文档表现层的站点变得越来越困难。为了解决这个问题，万维网联盟（W3C）进行了 HTML 标准化的工作，创造出 CSS (Cascading Style Sheets)即层叠样式表，这是一种设计网页样式的工具，用于控制网页样式，并将样式与网页内容分离。使用 CSS 的优点是：

1. 表现和内容相分离，将设计部分剥离出来放在一个独立样式文件中，HTML 文件中只存放文本信息。这样的页面对搜索引擎更加友好。

2. 所有的主流浏览器均支持层叠样式表。

3. 提高页面浏览速度，对于同一个页面视觉效果，采用 CSS 布局的页面容量要比 TABLE 编码的页面文件容量小得多。

4. 易于维护和改版，可为每个 HTML 元素定义样式，并将之应用于需要的页面中。如需进行全局的更新，只需简单地改变样式，网站中的所有元素均会自动更新。

2.2.1　CSS 基本语法

CSS 语法由选择器、属性和值 3 部分构成：

```
selector {property: value}
```

选择器（selector）通常是 HTML 元素或标签，属性（property）是所要设置的属性，每个属性都有一个值，属性和值被冒号分开，由花括号包围，这样就组成了一个完整的样式声明（declaration）。例如，body {color: blue; font-size:14px;}这行代码的作用是将 body 元素内的文字颜色定义为蓝色，大小定义为 14px。body 是选择器，color 和 font-size 是属性，blue 和 14px 分别是属性值。

1. 派生选择器是通过依据元素在其位置的上下文关系来定义样式。

例如，要将列表中的 strong 元素变为斜体字，可以这样定义一个派生选择器：

```
li strong{
    font-style: italic;
    font-weight: normal;
}
```

2. id 选择器以 "#" 来定义，可以为标有特定 id 的 HTML 元素指定特定的样式。id 属性只能在每个 HTML 文档中出现一次。

例如，下面的两个 id 选择器，第一个定义元素的颜色为红色，第二个定义元素的颜色为绿色。

```
#red{color:red;}
#green{color:green;}
```

下面的 HTML 代码中，id 属性为 red 的 p 元素显示为红色，而 id 属性为 green 的 p 元素显示为绿色。

```
<p id="red">这个段落是红色。</p>
<p id="green">这个段落是绿色。</p>
```

3. 类（class）选择器以一个点号显示，例如：.center{text-align: center}定义 HTML 元素均为居中。class 用于元素组（类似的元素，或者可以理解为某一类元素），而 id 用于标识单独的唯一的元素。

在下面的 HTML 代码中，h1 和 p 元素都包含 center 类选择器，都遵守.center 选择器中的规则。

```
<h1 class="center">
```

本行文字居中显示。

```
</h1>
<p class="center">
```

本段文字也是居中显示。

```
</p>
```

2.2.2 CSS 盒子模型

CSS 盒子模型（Box Model）规定了元素框处理元素内容、内边距、边框和外边距的方式。如图 2-11 所示，可以将这个模型看作上方开口的盒子，边框相当于盒子的厚度，内容相当于盒子中所装物体，填充相当于盒子内填充的泡沫，边界相当于盒子周围留出的空间。各元素解释如下：

element：元素。
padding：内边距（填充）。
border：边框。
margin：外边距（空白）。

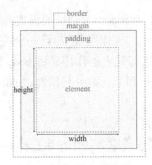

图 2-11 CSS 盒子模式

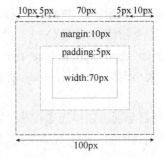

图 2-12 CSS 定义举例

例如，在图 2-12 中，框的每个边上有 10 个像素的外边距和 5 个像素的内边距。如果希望这个元素框达到 100 个像素，就需要将内容的宽度设置为 70 像素，定义 box 选择器如下：

```
#box {
  width: 70px;
  margin: 10px;
  padding: 5px;
}
```

CSS 中的元素分为块级元素和内联元素。块级元素就是一个方块，显示为一块内容，如段落 <p>、标题 <h1><h2>...、列表 <ul><ol><li>、表格 <table>、表单 <form>、<div></div> 和 <body></body> 等。块级框从上到下一个接一个地排列，框之间的垂直距离由框的垂直外边距计算出来。每个块级元素都是从一个新行开始显示，其后的元素也需另起一行进行显示。

内联元素又叫行内元素或者行内框，只能放在一行内，如表单元素 <input>、超级链接 <a>、图像 <img>、<span> 等。行内框在一行中水平布置。可以使用水平内边距、边框和外边距调整它们的间距，垂直内边距、边框和外边距不影响行内框的高度。

2.2.3 CSS 定位和浮动

CSS 提供了定位和浮动属性，利用这些属性可建立列式布局，将布局的一部分与另一部分重叠，还可以完成需要使用多个表格才能完成的任务。

1. CSS 定位

定位的基本思想是允许定义元素框相对于其正常位置应该出现的位置，或者相对于父元素、另一个元素、浏览器窗口本身的位置。使用 position 属性设置 4 种不同类型的定位。

（1）static：元素框正常生成。块级元素生成一个矩形框，作为文档流的一部分，行内元素则会创建一个或多个行框，置于其父元素中。

（2）relative：相对定位。对一个元素进行相对定位，首先它将出现在原始位置上，然后通过设置垂直或水平位置，让这个元素相对于它的原始起点进行移动，元素仍然占据原来的空间，移动元素会导致它覆盖其他框。请运行下例，观察结果：

```
<html>
<head>
<style type="text/css">
#box_relative{
  position: relative;
  left: 30px;
  top: 20px;
}
</style>
</head>
<body>
<h2 id="box_relative">这个标题相对于其正常位置向左移动 30px，向下移动 20px</h2>
</body>
```

（3）absolute：绝对定位。位置将依据浏览器左上角开始计算，绝对定位使元素脱离文档流，因此不占据空间。普通文档流中元素的布局就像绝对定位的元素不存在时一样。因为绝对定位的框与文档流无关，所以它们可以覆盖页面上的其他元素。请运行下例，观察结果如图 2-13 所示。

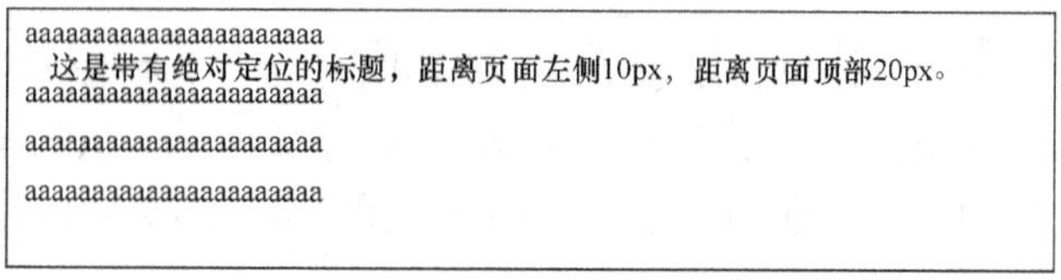

图 2-13 绝对定位显示效果

```
<head>
<style type="text/css">
h2.pos_abs{
position:absolute;
left:10px;
top:20px
}
</style>
</head>
<body>
<p>aaaaaaaaaaaaaaaaaaaaa</p>
<p>aaaaaaaaaaaaaaaaaaaaa</p>
<p>aaaaaaaaaaaaaaaaaaaaa</p>
<p>aaaaaaaaaaaaaaaaaaaaa</p>
<h2 class="pos_abs">这是带有绝对定位的标题，距离页面左侧 10px，距离页面顶部 20px。</h2>
</body>
```

（4）fixed 元素框的表现类似于将 position 设置为 absolute，不过其包含块是视窗本身。

2. CSS 浮动

浮动的框可以向左或向右移动，直到它的外边缘碰到包含框或另一个浮动框的边框为止。由于浮动框不在文档的普通流中，所以文档的普通流中的块框表现得就像浮动框不存在一样。如图 2-14 所示，创建浮动框可以使文本围绕图像。

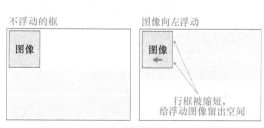

图 2-14 创建浮动框可以使文本围绕图像

在 CSS 中，任何元素都可以浮动。浮动元素会生成一个块级框，且要指明一个宽度，否则它会尽可能地窄；另外当可供浮动的空间小于浮动元素时，它会跑到下一行，直到拥有足够放下它的空间。要想阻止行框围绕浮动框，需要对该框应用 clear 属性，clear 属性的值可以是 left、right、both 或 none，表示框的哪些边不应该挨着浮动框。

2.2.4 CSS 样式表

CSS 有三种形式：外部样式表、内部样式表、内联样式表。

1. 外部样式表

外部样式表是把 CSS 单独写到一个 CSS 文件内，在源代码中以 link 方式链接。当样式需要被应用到很多页面的时候，最好使用外部样式表，这样更改一个文件即可改变整个站点的外观，简化了格式代码。外部的样式表被浏览器保存在缓存里，减少需要上传的代码数量。外部样式表的引用方法如下：

```
<head>
<link rel="stylesheet" type="text/css" href="mystyle.css">
</head>
```

其中 mystyle.css 是一个外部样式表，可用文本编辑器来编写，保存为后缀名为.css 的文件。例如，定义段落文字居中显示、颜色为黑色、字体为华文行楷，h1 控制的文字颜色为绿色，除此之外出现在体部的文字颜色为蓝色，背景为粉红色，margin 外边距和 padding 内边距为 0，字体为仿宋。

```
p{
  text-align: center;
  color: black;
  font-family: 华文行楷;
}
body{
  color: blue;
  background: pink;
  margin: 0;
  padding: 0;
  font-family:仿宋;
}
h1,h2{
  color: green;
  }
```

页面文件内容为：

```
<html>
<head>
<link rel="stylesheet" type="text/css" href="mystyle.css">
</head>
<body>
欢迎光临网络商城！
<p>欢迎光临网络商城！</p>
<h1>欢迎光临网络商城！</h1>
欢迎光临网络商城！
<p>欢迎光临网络商城！</p>
<h1>欢迎光临网络商城！</h1>
```

```
</body>
</html>
```

显示结果如图 2-15 所示。

图 2-15 外部样式表举例结果

2. 内部样式表

当单个文件需要特别样式时,适合使用内部样式表。内部样式表以<style>和</style>结尾,写在源代码的 head 标签内,只在本页有效。例如:

```
<head>
<style type="text/css">
body{background-color: red}
p{ background-color:green }
</style>
</head>
```

3. 内联样式表

当特殊的样式需要应用到个别元素时,适合使用内联样式。方法是在相关的标签中使用样式属性。例如下面的例子是将段落的颜色定义为红色,左外边距定义为 20px。

```
<p style="color: red; margin-left: 20px">
    欢迎光临网络商城!
</p>
```

2.2.5 布局简介

前面在设计网页时,我们着重于考虑外观、颜色、字体及布局等所有表现在页面上的内容。传统的表格排版是通过大小不一的表格和表格嵌套来定位排版网页内容的,比较缺乏灵活性,显示效果也不精致。采用 div + css 布局则可以制作出更加精美和协调的网页,而且网页表现和内容相分离,简化代码,加快显示速度,能够兼容更多的浏览器。

下列代码显示固定宽度的一列,如图 2-16 所示。

图 2-16 显示固定宽度的一列

```
<head>
<meta http-equiv="Content-Type" content="text/html; charset=utf-8" />
<style type="text/css">
#layout{ height: 100px; width: 400px; background: #99FFcc; }
</style>
</head>
<body>
<div id="layout">最新商品推荐</div>
</body>
```

要使上列居中，则使用 margin:auto;，修改#layout 为：#layout{ height: 100px; width: 400px; background: #99FFcc; margin:auto;}，如图 2-17 所示。

图 2-17 居中显示固定宽度的一列

不设置宽度：#layout{ height: 100px; background: #99FFcc;}，显示效果如图 2-18 所示。

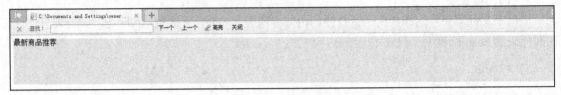

图 2-18 相对于浏览器宽度的显示效果

设置相对于浏览器的宽度：#layout{ height: 100px; width:80%; background: yellow; margin:auto;}，则该列宽度随着浏览器宽度的改变而变化，保持为浏览器宽度的 80%。

【例 2-7】将网页整体划分为上中下结构：头部、中间主体、底部，可用 3 个 div 块实现头部（header）、主体（maincontent）、脚部（footer）。效果如图 2-19 所示。

```
<!DOCTYPE html PUBLIC "-//W3C//DTD XHTML 1.0 Transitional//EN" "http://www.w3.org/TR/xhtml1/DTD/xhtml1-transitional.dtd">
<html xmlns="http://www.w3.org/1999/xhtml">
<head>
<meta http-equiv="Content-Type" content="text/html; charset=gb2312" />
<style type="text/css">
<!-- 固定宽度居中 -->
body{ margin:0; padding:0;}
#header{ margin:5px auto; width:500px; height:30px; background:red;}
#main{ margin:5px auto; width:500px; height:120px; background:yellow;}
#footer{ margin:5px auto; width:500px; height:30px; background:silver;}
</style>
</head>
<body>
<div id="header">此处显示 id "header" 的内容</div>
<div id="main">此处显示 id "main" 的内容</div>
<div id="footer">此处显示 id "footer" 的内容</div>
</body>
</html>
```

网页中常采用左列固定右列自适应格式，div 为块状元素，默认情况下占据一行的空间，要想让下面的 div 跑到右侧，需要用 css 的浮动来实现。下面代码中的#left 选择器使用了 float: left; 进行左浮动，效果如图 2-20 所示。

```
<head>
<meta http-equiv="Content-Type" content="text/html; charset=utf-8" />
<style>
```

```
body{margin:auto;     }
#left{ margin:auto;background: pink; height: 200px; width: 100px; float: left; }
#right{margin:auto; background: yellow; height: 200px; width: 70%; margin-left: 100px; }
</style>
</head>
<body>
<div id="left">商品导航区</div>
<div id="right">商品展示区</div>
</body>
```

图 2-19 【例 2-7】运行结果

图 2-20 左列固定右列自适应格式显示效果

2.2.6 导航栏设计

导航栏是指位于页眉区域、在页眉横幅图片上边或下边的一排水平导航按钮，起着链接网站各个页面的作用。使用导航栏可使访问者更清晰明朗地找到所需要的资源区域。导航栏基本上是一个链接列表，可使用 <ul> 和 <li> 元素设计菜单式的导航栏。例如：

```
<ul>
<li><a href="default.jsp">首页</a></li>
<li><a href="news.jsp">最新消息</a></li>
<li><a href="contact.jsp">联系我们</a></li>
<li><a href="about.jsp">关于网上商城</a></li>
</ul>
```

从列表中去掉圆点和外边距，代码如下：

```
ul{
    list-style-type:none;
    margin:0;
    padding:0;
}
```

效果如图 2-21 所示。

图 2-21 菜单式导航栏

图 2-22 水平显示的菜单导航栏

想以水平方式显示菜单，去除每个列表项前后的换行，以便让它们在一行中显示，如图 2-22 所示。

```
li{
    display:inline;
}
```

为导航栏增加背景颜色和鼠标效果，如图 2-23 所示，代码如下：

```
<head>
<style>
ul{
  list-style-type:none;
  margin:0;
  padding:0;
  padding-top:6px;
  padding-bottom:6px;
}
li{
    display:inline;
}
a:link,a:visited{
  font-weight:bold;
  color:blue;
  background-color:AntiqueWhite;
  text-align:center;
  padding:6px;
  text-decoration:none;
  text-transform:uppercase;
}
a:hover,a:active{
    background-color:pink;
}
</style>
</head>

<body>
<ul>
 <li><a href="#home">首页</a></li>
 <li><a href="#news">最新消息</a></li>
 <li><a href="#contact">联系我们</a></li>
 <li><a href="#about">关于网上商城</a></li>
</ul>
</body>
```

背景图片也是网页制作当中最常用的样式之一，运用好背景图片，可以使页面更加出色，更加人性化和更快的加载速度，如图 2-24 所示。做法是在 a:link,a:visited 中加入背景图片属性。

图 2-23 导航栏的背景颜色和鼠标放置效果

图 2-24 带有背景图片的导航栏

```
background:url(1.jpg);
```

在 a:hover,a:active 中加入背景图片属性：

```
background:url(2.jpg);
```

CSS3 是 CSS 技术的升级版本。以前的规范作为一个模块实在是太庞大而且比较复杂，所以，CSS3 把它分解为一些小的模块，并且加入了更多新的模块，包括选择器、框模型、背景和边框、文本效果、2D/3D 转换、动画、多列布局、用户界面、布局编辑等。以特性编辑为例，CSS3 新增了下列实现。

（1）CSS3 圆角表格属性：border-radius。

（2）以前文字加特效只能用 filter 这个属性，CSS3 制订了一个添加多种文字特效的属性：font-effect。

（3）丰富了对链接下划线的样式，以往的下划线都是直线，现在则不同，有波浪线、点线、虚线等，更可对下划线的颜色和位置进行任意改变，包括属性：text-underline-style，text-underline-color，text-underline-mode，text-underline-position。

（4）加入在文字下点点或打圈以示重点功能，对应属性：font-emphasize-style 和 font-emphasize-position。

其他新增属性包括边框、背景、颜色、动态效果、用户界面、选择器等。

此外还出现了新的编程工具，如生成工具编辑 CSS3 Maker 可在线演示渐变、阴影、旋转、动画等效果，并生成对应效果的代码；CSS3 代码生成器 CSS3 Generator 支持圆角、渐变、旋转和阴影等众多特性，可预览效果；CSS3 Please 提供即时在线修改代码、预览效果以及详细的浏览器兼容情况。Bootstrap 是当前最受欢迎的 HTML、CSS 和 JS 框架，提供了简洁灵活的流行前端框架及交互组件集，用于开发响应式布局、移动设备优先的 WEB 项目，能够快速创建结构简单、性能优良、页面精致的 Web 应用。

2.2.7 应用举例：网上商城的 CSS 格式控制

【例 2-8】使用 CSS 来设置【例 2-5】的格式。将格式文件.css 放置在单独的文件夹下，便于使用和管理。在 WebRoot 下新建一个文件夹 css，在 css 内建立一个 mycss.css 文件，内容如下。

```css
body{
  font-size:30px;
  text-align:center;
  width:90%;margin:0,auto;
}
table{
   width:100%;
   align:center;
}
td{
    text-align:center;
    align:center;
    font-size:15px;
}
.one{
    font-family:宋体;
    font-size:40px;
    color:#FF0066;
    font-weight:bold;
    text-align:right;
}
.two{
    font-family:宋体;
    font-size:30px;
    text-align:left;
    color:#CC6633;
    font-weight:bold;
}
.three{
    font-family:宋体;
    font-size:20px;
    text-align:center;
    color:#CC6633;
    font-weight:bold;
}
.four{
    font-family:黑体;
    font-size:15px;
    text-align:left;
```

```css
    color:#000000;
    font-weight:bold;
}
.five{
    font-family:黑体;
    font-size:20px;
    text-align:center;
    color:#00000;
    font-weight:bold;
}
.buttontype{
    background-color:white;
    font-size:15px;
    text-align:center;
    color:#000000;
    font-weight:bold;
}
.buttontype2{
    background-color:white;
    font-size:15px;
    text-align:center;
    color:#000000;
    font-weight:bold;
    width:100px;
}
.somecolor{
    background-color:#FFFFFF;
}

#menu ul{
    list-style-type:none;
    margin:0;
    padding:0;
    padding-top:0px;
    padding-bottom:0px;
    width:100%;
}
#menu ul li{
    display:inline;
    position:relative;
    width:12.45%;
    align:center;
    text-align:center;
    background-color:white;
}
a:link,a:visited{
    font-weight:bold;
    color:#CC6633;
    background-color:white;
    text-align:center;
    padding:2px;
    text-decoration:none;
    text-transform:uppercase;
    /*background:url("img/1.JPG");*/
}
```

```
a:hover,a:active{
    background-color:pink;
    color:#003333;
    /*background:url("img/2.JPG");*/
}
.ImgDis{
    width:160px;
    height:120px;
    margin:5px,15px,5px,15px;
    }
```

将 index.jsp 代码修改如下：

```
<html>
  <head>
    <link rel="stylesheet" type="text/css" href="css/mycss.css">
  </head>
  <body background="img/bgpic.jpg" >
    <div style="width:90%;margin:0,auto;">
    <%
        String username=request.getParameter("username");
        session.setAttribute("username",username);
    %>
    <center>
    <!-- 用表格来设计主页面 -->
    <table width=100% border=0>
        <!-- 显示顶部信息 -->
        <tr bgcolor="white">
           <td height=50px colspan=6>
           <table >
            <tr><td>
              <table width=100%>
                            <tr>
                                <td width=10%>
                                 <a href="userlogin2.jsp">请登录</a>
                                </td>

                                <td width=10%><a href="userregister.jsp">免费注册
</a></td>
                                <td width=10%><a href="userlogout.jsp" >注销账号
</a></td>
                                <td> </td>
                                <td width=12%><a href="showCart.jsp">我的购物车</a>
</td>
                                <td width=10%><a href="userloginreset.jsp">我的账户</a>
</td>
                            </tr>

                            <tr>
                                <td height=150px align="center" background= "img
/flower3.jpg" colspan=6>
                                   <font style="font-family:宋体;font-size: 40px;
color:#FF0066;font-weight:bold;text-align:center;"><b>欢迎光临网上百货商城</b></font>
                                </td>
                            </tr>                </td>
```

```html
                    </tr>
                </table>
            </td>
        </tr>
        <!-- 显示中部商品信息 -->
        <tr class="somecolor">
        <td valign="top" width=20%>
          <table  border=0>
            <tr><td class="five" bgcolor=#FF9933 rowspan=4 width=20%>新鲜水果抢先尝</td></tr>
            <tr><td><img src="img/fire.jpg" height=100px></td></tr>
            <tr><td><img src="img/apple.jpg" height=100px></td></tr>
            <tr><td><img src="img/grape.jpg" height=100px></td></tr>
          </table>
          <table>
            <tr><td class="five" bgcolor=#FF9933 rowspan=4 width=20%>新款服饰</td></tr>
            <tr><td><img src="img/coat.jpg" height=100px></td></tr>
            <tr><td><img src="img/jacket.jpg" height=100px></td></tr>
            <tr><td><img src="img/cap.jpg" height=100px></td></tr>
          </table>
          <table>
            <tr><td class="five" bgcolor=#FF9933 rowspan=4 width=20%>开学装备</td></tr>
            <tr><td><img src="img/ballpen.jpg" height=100px></td></tr>
            <tr><td><img src="img/pen.jpg" height=100px></td></tr>
            <tr><td><img src="img/notebook.png" height=100px></td></tr>
          </table>
        </td>

        <td>
        <table  border=0>
        <tr >
          <td class="three" bgcolor=#FFCC33 > <a href="fruitsectorindex.jsp">进入水果区 </a></td>
        </tr>
        <tr>
          <td>
             <table border=0>
               <tr>
                 <td><img class="ImgDis" src="img/apple.jpg" ></td>
                 <td><img class="ImgDis" src="img/banana.jpg" ></td>
                 <td><img class="ImgDis" src="img/orange.jpg" ></td>
               </tr>
               <tr>
                 <td><img class="ImgDis" src="img/fire.jpg" ></td>
                 <td><img class="ImgDis" src="img/cherry.jpg" ></td>
                 <td><img class="ImgDis" src="img/hamimelon.jpg" ></td>
               </tr>
             </table>
          </td>
        </tr>

        <tr>
          <td  class="three" bgcolor=#FFCC33>  <a href="clothessectorindex.jsp">进入服装区</a></td>
        </tr>
        <tr>
```

```html
            <td>
                <table border=0>
                  <tr>
                    <td><img class="ImgDis" src="img/coat.jpg" ></td>
                    <td><img class="ImgDis" src="img/jacket.jpg" ></td>
                    <td><img class="ImgDis" src="img/trousers.jpg" ></td>
                  </tr>
                  <tr>
                    <td><img class="ImgDis" src="img/coat2.jpg" ></td>
                    <td><img class="ImgDis" src="img/jacket2.jpg" ></td>
                    <td><img class="ImgDis" src="img/cap2.jpg" ></td>
                  </tr>
                </table>
            </td>
        </tr>

        <tr>
          <td  class="three" bgcolor=#FFCC33>  <a href="stationerysectorindex.jsp">进入文具区</a></td>
        </tr>
        <tr>
            <td>
                <table border=0>
                  <tr>
                    <td><img class="ImgDis" src="img/ballpen.jpg" ></td>
                    <td><img class="ImgDis" src="img/pencil.jpg" ></td>
                    <td><img class="ImgDis" src="img/eraser.jpg" ></td>
                  </tr>
                  <tr>
                    <td><img class="ImgDis" src="img/pen.jpg" ></td>
                    <td><img class="ImgDis" src="img/pencilcase.jpg" ></td>
                    <td><img class="ImgDis" src="img/pin.jpg" ></td>
                  </tr>
                </table>
            </td>
        </tr>
      </table>
    </td></tr>

    <!-- 显示底部信息    -->
        <tr style="font-family:黑体;font-size:15px;text-align:left;color:#000000;font-weight:bold;text-align:center;">
            <td colspan=6>
              <%
                    out.println("欢迎,您是第1位访客! ");
                 %>
            </td>
        </tr>
        <tr><td colspan=6 align="center">
        Copyright ? 2003-2014, 版权所有 JSPaliance.COM<br/>
        网络文化经营许可证: 网文[2012]0123-002 号<br/>
        客服电话: 020-12345678<br/>
        如有意见或建议, 请<a href="userSuggestion.jsp">留言</a>或发送<a href="mailto:mallservice@microsoft.com?subject=Hello%20again">邮件</a><br/>
```

```
            技术支持：JSP 联盟<br/>
        </td></tr>
    </table>
 </center>
 </div>
 </body>
```

top.html 中加入菜单项：

```
<%@ page contentType="text/html;charset=utf-8"%>
<meta http-equiv="content-type" content="text/html; charset=UTF-8">
<tr>
    <td width=10%>
     <%
        if(!(username==null ||username.equals(""))){
     %>
      欢迎<%=username %>
    <%  }else{
    %>
    <a href="userlogin2.jsp">请登录</a>
    <% }
     %>
    </td>

    <td width=10%><a href="userregister.jsp">免费注册</a></td>
    <td width=10%><a href="userlogout.jsp">注销账号</a></td>
    <td></td>
    <td width=12%><a href="showCart.jsp">我的购物车</a>
    </td>
    <td width=10%><a href="userloginreset.jsp">我的账户</a>
    </td>
</tr>

<tr>
    <td height=150px background="img/flower3.jpg" colspan=6>
        <font class="one" style="color:#FF0066;text-align:right;"><b>欢迎光临网上百货商城</b></font>
    </td>
</tr>
<tr>
   <td colspan=6 id="menu" >
      <ul>
         <li><a href="index.jsp">商城首页</a></li>
         <li><a href="#news">最新消息</a></li>
         <li><a href="fruitsectorindex.jsp">水果区</a></li>
         <li><a href="clothessectorindex.jsp">服装区</a></li>
         <li><a href="stationerysectorindex.jsp">文具区</a></li>
         <li><a href="#">电器区</a></li>
         <li><a href="#contact">联系我们</a></li>
         <li><a href="#about">关于商城</a></li>
      </ul>
    </td>
```

```
</tr>
```

执行效果如图 2-25 所示，体会 CSS 文件的作用。读者可以自行在分店页面使用 CSS 格式控制。

图 2-25　CSS 控制的网上商城首页

到此，4 个界面文件设计完成，但用于头部和尾部显示的代码仍然重复，可通过学习第 3 章的 JSP 指令和动作将解决。此外，还需显示访问网页量计数，显示用户登录后的状态，可通过学习第 4 章的 JSP 内置对象后解决这些问题。

2.3　JavaScript 基础

JavaScript 是一种基于对象和事件驱动的客户端脚本语言，广泛用于客户端 Web 开发。在 JSP 程序中适当使用 JavaScript 可提高程序开发效率，减轻服务器负担，例如将动态的文本放入 HTML 页面，对事件做出响应，读写 HTML 元素，在数据被提交到服务器之前验证数据，检测访问者的浏览器并为这个浏览器载入相应的页面，用来创建 cookies 等。一个 JavaScript 程序实际上是一个嵌入 HTML 文档中的文本文件，任何可以编写 HTML 文档的软件都可以用来开发 JavaScript。

JavaScript 和 Java 很类似，但并不相同。JavaScript 基于 Java 基本语句和控制流，JavaScript 和 Java 在部分语法上是一致的，JavaScript 也具有面向对象，事件驱动和安全性的特性。Java 是一种比 JavaScript 复杂得多的语言，由 Sun 公司开发；而 JavaScript 则是简单而小巧的语言，由 Netscape 公司开发。表 2-5 所示为两者的比较。

表 2-5　　　　　　　　　　JavaScript 与 Java 的比较

比较	JavaScript	Java
执行方式	在用户端解释执行，无须编译	运行前需在服务器端完成编译
语言特征	基于对象：一般使用内建对象，没有类或继承的语法	面向对象：对象导向、对象类别、对象继承等
存放位置	嵌入在 HTML 文件中	通过 HTML 调用，没有嵌入在 HTML 文件中
变量使用	变量无须说明类型（弱类型）	变量必须说明类型（强类型）
连接	动态连接：对象的引入在运行阶段完成	静态连接：对象的引入必须在编译时完成

2.3.1　JavaScript 标记和语句

JavaScript 使用标记<script>…</script>进行界定，可以出现在 HTML 的任意地方。当页面载入时，会执行位于 body 部分的 JavaScript。当被调用时，位于 head 部分的 JavaScript 才会被执行。基本格式为：

```
<script>
    JavaScript 代码
</script>
```

另外一种方法，是把 JavaScript 代码写到另一个文件当中（常用".js"作扩展名），然后用格式为"<script src="javascript.js"></script>"的标记把它嵌入文档中。

JavaScript 代码可以是单行语句，也可以是语句块。每一句 JavaScript 都以分号";"结束。语句块是用大括号"{ }"括起来的一个或 n 个语句。在大括号里边是几个语句，但是在大括号外边，语句块是被当作一个语句的。语句块是可以嵌套的。

2.3.2　JavaScript 的变量与数据类型

1. 变量的定义与命名

变量用于存储信息。变量的命名只包含字母、数字和/或下划线，以字母或下划线开头，不能与 JavaScript 保留字同名，区分大小写，例如，price 和 Price 是两个不同的变量。变量名一般用小写，如果是由多个单词组成的，则常采用驼峰命名法（第一个单词小写，其他单词的第一个字母大写），如 myVariable 和 myAnotherVariable。

通过 var 语句来声明 JavaScript 变量：var <变量> [= <值>];

2. 变量的赋值

一个变量声明后，可以在任何时候对其赋值。赋值语句语法是：

<变量> = <表达式>;

其中"="为赋值符，作用是把右边的值赋给左边的变量。

如果所赋值的变量还未进行过声明，则该变量会自动声明。

3. 数据类型

JavaScript 的主要数据类型如下

（1）整型：包括正整数、0、负整数，可以是十进制、八进制、十六进制。八进制数的表示方法是在数字前加"0"，如"0123"表示八进制数"123"。十六进制则是加"0x"："0xEF"表示十六进制数"EF"。

（2）浮点型即实型：储存和表示小数。

（3）字符串型：用引号"" ""、"'"包起来的零个至多个字符。

JavaScript 中引号的嵌套只能有一层。如果想再多嵌套，需要转义字符。由于一些字符在屏幕上不能显示，或者 JavaScript 语法上已经有了特殊用途，在要用这些字符时，就要使用"转义字符"，主要有斜杠"\"开头：\' 单引号、\" 双引号、\n 换行符、\r 回车等。例如：'Micro 说："这里是\"JavaScript 教程\"。"'

（4）布尔型：true（表"真"）和 false（表"假"）。true 和 false 是 JavaScript 的保留字。

（5）空类型 null：表示一个空的对象引用。

2.3.3 JavaScript 常数

null 是一个特殊的空值。当变量未定义，或者定义之后没有对其进行任何赋值操作时，它的值就是"null"。企图返回一个不存在的对象时也会出现 null 值。

NaN 代表"Not a Number"。当运算无法返回正确的数值时，就会返回"NaN"值。NaN 值很特殊，它不是数字，所以任何数跟它都不相等，甚至 NaN 本身也不等于 NaN。

true 布尔值"真"。

false 布尔值"假"。

2.3.4 表达式与运算符

表达式是指具有一定的值的、用运算符把常数和变量连接起来的代数式。一个表达式也可以只包含一个常数或一个变量。

运算符主要有四则运算符、关系运算符、位运算符、逻辑运算符何复合运算符。表 2-6 所示为将这些运算符从高优先级到低优先级排列。

表 2-6　　　　　　　　　　　　JavaScript 的运算符及优先级

运算符名称	符号	说明
括号	(x) [x]	用于指明数组的下标
求反、自加、自减	-x	返回 x 的相反数
	!x	返回与 x (布尔值)相反的布尔值
	x++	x 值加 1，但仍返回原来的 x 值
	x--	x 值减 1，但仍返回原来的 x 值
	++x	x 值加 1，返回运算后的 x 值
	--x	x 值减 1，返回运算后的 x 值
乘、除	x*y	返回 x 乘以 y 的值
	x/y	返回 x 除以 y 的值
	x%y	返回 x 与 y 的模（x 除以 y 的余数）
加、减	x+y	返回 x 加 y 的值
	x-y	返回 x 减 y 的值
关系运算	x<y x<=y x>=y x>y	当符合条件时返回 true 值，否则返回 false 值
等于、不等于	x==y	当 x 等于 y 时返回 true 值，否则返回 false 值
	x!=y	当 x 不等于 y 时返回 true 值，否则返回 false 值
位与	x&y	当两个数位同时为 1 时，返回的数据的当前数位为 1，其他情况为 0
位异或	x^y	两个数位中有且只有一个为 0 时，返回 0，否则返回 1
位或	x|y	两个数位中只要有一个为 1，则返回 1；当两个数位都为零时才返回 0
逻辑与	x&&y	当 x 和 y 同时为 true 时返回 true，否则返回 false
逻辑或	x||y	当 x 和 y 任一为 true 时返回 true，同时为 false 时返回 false
条件	c?x:y	当条件 c 为 true 时返回 x 的值（执行 x 语句），否则返回 y 的值（执行 y 语句）
赋值、复合运算	x=y	把 y 的值赋给 x，返回所赋的值
	x+=y x-=y x*=y x/=y x%=y	x 与 y 相加/减/乘/除/求余，所得结果赋给 x，并返回 x 赋值后

2.3.5 语句

语句是 JavaScript 基本编程命令。

1．注释

JavaScript 注释有两种：单行注释和多行注释。单行注释用双反斜杠"//"表示。当一行代码有"//"，那么，"//"后面的部分将被忽略。而多行注释是用"/*"和"*/"括起来的一行到多行文字。程序执行到"/*"处，将忽略以后的所有文字，直到出现"*/"为止。

2．if 语句

```
if（<条件>）<语句段1> [ else <语句段2> ];
```

当<条件>为真时执行<语句段 1>，否则，如果 else 部分为真，就执行<语句段 2>。<条件>是布尔值，必须用小括号括起来。

3．循环语句

（1）for 循环：在脚本的运行次数已确定的情况下使用 for 循环。语法如下。

```
for（变量=开始值;变量<=结束值;变量=变量+步进值）{
    循环体内代码
}
```

for 循环的作用是重复执行循环体内代码，直到循环条件为 false 为止：首先给变量赋初始值，然后判断循环条件"变量<=结束值"是否成立，如果成立就执行循环体内代码，然后按变量累加方法对变量作累加，回到条件判断处重复，如果不成立就退出循环。

例如：

```
for (i = 1; i < 10; i++) document.write(i);
```

先给 i 赋初始值 1，然后执行 document.write(i)语句（作用是在文档中写 i 的值）；重复时 i++，也就是把 i 加 1；循环直到 i<10 不满足，也就是 i>=10 时结束。结果是在文档中输出了"123456789"。

（2）while 循环：用于在指定条件为 true 时循环执行代码。语法如下。

```
while (<循环条件>) <语句>;
```

（3）do...while 循环：是 while 循环的变种，在初次运行时会首先执行一遍循环体内代码，然后当指定的条件为 true 时，继续这个循环；否则终止循环。

4．break 和 continue 语句

break 语句放在循环体内，作用是终止循环，继续执行循环之后的代码。

立即跳出循环。

continue 语句放在循环体内，作用是中止本次循环，并执行下一次循环。

例如：

```
for (i = 1; i < 10; i++){
  if (i == 3 || i == 5 || i == 8) continue;
  document.write(i);
}
输出：12
```

```
for (i = 1; i < 10; i++){
  if (i == 3 || i == 5 || i == 8) continue;
  document.write(i);
}
输出：124679
```

5．switch 语句

如果要把某些数据分类，可使用 if 语句。但使用太多的 if 语句的话，程序可读性不好，switch 语句就是解决这种问题的好方法。

```
switch (e){
 case r1:
   ...
   [break;]
 case r2:
   ...
   [break;]
  ...
 [default:
   ...]
}
```

作用是计算 e 的值（e 为表达式），与 case 后的 r1、r2……比较，当找到一个等于 e 的值时，就执行该 case 后的语句，直到遇到 break 语句或 switch 段落结束。如果没有一个值与 e 匹配，就执行"default:"后边的语句。例如，下面左边的 if 段等价于右边的 switch 代码段。

```
if (score >= 0 && score < 60){         switch (parseInt(score / 10)){
   result = 'fail';                       case 0: case 1: case 2: case 3: case
}                                      4: case 5:
else if (score < 80){                      result = 'fail';  break;
   result = 'pass';                     case 6: case 7:
}                                          result = 'pass';  break;
else if (score < 90){                   case 8:
   result = 'good';                        result = 'good';  break;
}                                       case 9:
else if (score <= 100){                    result = 'excellent';  break;
   result = 'excellent';                default:
}                                          if (score == 100) result = 'excellent';
else{                                      else result = 'error';
   result = 'error';                   }
}
```

2.3.6 函数

函数是由事件驱动的被调用时执行的可重复使用的代码块。使用函数要注意以下几点：

（1）函数在页面<head> 部分由关键字 function 定义（也可由 Function 构造函数构造）。

（2）用 function 关键字定义的函数在一个作用域内可在任意处调用（包括定义函数的语句前）；而用 var 关键字定义的必定定义后才能被调用。

（3）函数名是调用函数时引用的名称，区分大小写。

（4）参数表示传递给函数使用或操作的值，可以是常量、变量或函数。

（5）return 语句用于返回表达式的值。

例如，下面的函数返回两个数 a 和 b 相乘的值：

```
function prod(a,b){
   x=a*b
   return x
}
```

调用上面这个函数时，须传入两个参数：

```
product=prod(2,3)
```

2.3.7 对象

JavaScript 是对象化编程的语言，把 JavaScript 涉及的范围划分成多层次的对象，小到一个变量，大到网页文档、窗口甚至屏幕，都是对象，所有的编程都基于对象。对象由属性（properties）和方法（methods）两个基本元素构成。属性是对象的内置变量，用于存放该对象的特征参数等与对象有关的值；方法是对象的内置函数，是对象可以执行的行为或可以完成的功能。下面对 JavaScript 常用对象做介绍。

1. Array 数组对象

数组对象存放相同类型的数据。数组下标从 0 开始，表示每一个成员对象在数组中的位置。数组的声明：

```
var <数组名> = new Array(数组大小);
```

数组元素赋值：

```
<数组名>[<下标>] =<值>;
```

2. String 字符串对象

字符串对象用于处理已有的字符块。例如，声明 String 对象并赋值：

```
var s1="欢迎光临网络商城！";
var s1=new String("欢迎光临网络商城！");
```

使用字符串对象的长度属性计算字符串的长度：

```
var txt="Hello world!"
document.write(txt.length)
```

3. Math 对象

Math 对象提供多种数值类型运算函数，如三角函数、随机数函数、取整函数、求平方根函数等。

4. Date 日期对象

允许用户执行各种使用日期和时间的过程。储存从 0001 年到 9999 年中的日期，精确到毫秒数（1/1000 秒）。例如，定义一个初始值为当前时间日期对象：

```
var d = new Date();
```

设置初始值：

```
var d = new Date(14, 3, 1);          //2014年3月1日
var d = new Date('Mar 1, 2014');     //2014年3月1日
```

5. HTMLDOM 浏览器对象

HTMLDOM（DocumentObjectModelforHTML）即 HTML 文档对象模型定义了用于 HTML 的一系列标准的对象，以及访问和处理 HTML 文档的标准方法。通过 DOM 可以访问所有的 HTML 元素与它们所包含的文本和属性，可以对其中的内容进行修改和删除，创建新的元素。HTMLDOM 独立于平台和编程语言，可被多种编程语言诸如 Java、JavaScript 和 VBScript 使用。

（1）Windows 对象，JavaScript 层级中的顶层对象，表示浏览器窗口。主要方法如下。

```
alert("消息");     //显示包含消息的对话框。
confirm("消息");   //显示一个确认对话框。
```

prompt("消息");　　//显示提示信息对话框。
open("url", "文件名");　　//打开指定名称的新窗口，加载给定 URL 指定的文件。
close();　　//关闭当前窗口。

引用当前窗口可以把它的属性作为全局变量来使用。例如，可以只写 alert，而不必写 window.alert。

（2）Document 文档对象，代表整个 HTML 文档，描述当前窗口或指定窗口对象的文档，可访问页面中的所有元素，是对象系统的核心，对实现动态 Web 页起关键作用。主要方法有：

open();　　//打开文档以便 JavaScript 能向文档的当前位置（指插入 JavaScript 的位置）写入数据。
write(); writeln();　　//向文档写入数据，所写入的会当成标准文档 HTML 来处理。区别是 writeln() 在写入数据以后会加一个换行。
clear();　　//清空当前文档。
close();　　//关闭文档，停止写入数据。

（3）location 对象，表示窗口中当前显示文档的 Web 地址。它的 href 属性存放文档的完整 URL，其他属性则分别描述了 URL 的各个部分。主要属性如下。

host：设置 URL 的主机名和端口号。
href：设置完整的 URL 字符串。

主要方法如下。

back()　　//相当于浏览器的后退按钮。
forward()　　//相当于浏览器的前进按钮。
assign()　　//加载新的文档。
reload()　　//重新加载当前文档。
replace()　　//用新的文档替换当前文档。

此外还有 History（历史对象，提供与浏览器访问的历史记录有关的信息）和 Navigator（浏览器对象，提供有关浏览器的信息）。

2.3.8　事件驱动

用户与网页交互时产生的操作称为事件。通过事件触发机制，JavaScript 使 Web 页面得以和用户交互。事件可以由用户引发，也由页面发生改变而引发。网页中的每个元素都可以产生某些可以触发 JavaScript 函数的事件，例如，用户单击按钮时产生一个 onClick 事件，按下鼠标按键产生 click 事件，鼠标指针在链接上移动产生 mouseover 事件等。在 JavaScript 中，事件往往与事件处理程序配套使用。

1. 常用事件

（1）onchange 事件

发生在文本输入区的内容被更改，焦点从文本输入区移走之后，主要用于实时检测输入的有效性。应用于 Password 对象、Select 对象、Text 对象、Textarea 对象。

（2）onclick 事件

发生在对象被单击的时候。一个普通按钮对象（Button）通常会有 onclick 事件处理程序。应用于 Button 对象、Checkbox 对象、Radio 对象、Reset 对象、Submit 对象。

（3）onload 事件

发生在文档全部下载完毕时。应用于 Window 对象。

（4）onmousedown 事件

发生在用户把鼠标放在对象上按下鼠标键时。应用于 Button 对象。

（5）onmouseup 事件

发生在用户把鼠标放在对象上鼠标键被按下后再放开鼠标键时。应用于 Button 对象。

（6）onunload 事件

发生在用户退出文档（或关闭窗口，或跳转到另一个页面）时，与 onload 一样，要写在<body>标记里。

2. 事件处理过程和处理程序

事件处理的过程为：发生事件——启动事件处理程序——事件处理程序做出反应。事件的处理程序可以是任意 JavaScript 语句，但是一般用特定的自定义函数（function）来处理事情。

指定事件处理程序有 3 种方法。

方法一：直接在 HTML 标记中指定，是最普遍的做法。

```
<标记事件="事件处理程序"[事件="事件处理程序"...]>
```

例如：

```
<bodyonload="alert('网页读取完成！')"onunload="alert('再见！')">
```

文档读取完毕的时候弹出"网页读取完成！"对话框，在用户退出文档时弹出"再见"对话框。

方法二：编写特定对象特定事件的 JavaScript。

```
<script language="JavaScript" for="对象" event="事件">
(事件处理程序代码)
</script>
```

例如：

```
<script language="JavaScript" for="window" event="onload">
alert('网页读取完成！');
</script>
```

方法三：在 JavaScript 中说明。方法是：

```
<对象>.<事件>=<事件处理程序>;
```

事件处理程序是真正的代码，而不是字符串形式的代码。如果事件处理程序是一个自定义函数，而无参数就不要加 "()"。例如将 ignoreError() 函数定义为 window 对象的 onerror 事件的处理程序，是忽略该 window 对象的错误：

```
function ignoreError(){
return true;
}
window.onerror=ignoreError;//没有使用"()"
```

2.3.9 应用举例：网上商城的用户登录

下面运用所学的 JavaScript 知识继续开发网上商城系统。

【例2-9】设计显示用户登录页面,如图2-26所示。当用户输入了登录名和密码后,单击"登录"按钮,进行用户登录名和登录密码的命名规范型检查(规定登录名至少为3位;登录名只能使用字母、数字以及-、_和.,并且不能使用中文;登录密码至少为6位),如果正确则返回商城入口页面 index.jsp(目前因未建立和连接数据库,所以暂不作用户名和密码是否存在的检查),否则显示错误提示对话框。

当用户单击"请登录"链接时,进入 userlogin.jsp 页面,在 userlogin.jsp 中添加下列代码,放置位置任意,但一般放置在头部,注意函数 checkuser()的代码写法:

图 2-26 用户登录页面

```
<script type="text/javascript">
    function IsDigit(cCheck){
        return (('0'<=cCheck) && (cCheck<='9'));
    }
    function IsAlpha(cCheck){
        return ((('a'<=cCheck) && (cCheck<='z')) || (('A'<=cCheck) && (cCheck<='Z')))
    }

    function checkuserregister(){
        var username=1window.userlogin.username.value;
        var userpassword=window.userlogin.userpassword.value;
        var userconfirmpassword=window.userlogin.userconfirmpassword.value;
        var nIndex=0;
        if(username.length<3){
            alert("用户名至少为3位!");
            document. userlogin.username.focus();
            return;
        }
        for (nIndex=0; nIndex<username.length; nIndex++){
            cCheck = username.charAt(nIndex);
            if (!(IsDigit(cCheck) || IsAlpha(cCheck) || cCheck=='-' || cCheck=='_' || cCheck=='.')){
                alert("用户名只能使用字母、数字以及-、_和.,并且不能使用中文");
                document.userlogin.username.focus();
                return;
            }
        }
        if(userpassword.length<6){
            alert("用户密码至少为6位!");
            document.userlogin.userpassword.focus();
            return;
        }
        location.href="index.jsp";
    }
</script>
```

userlogin.jsp 的体部代码为:

```
<body background="img/bgpic.jpg" >
```

```html
<center>
<!-- 用表格来设计主页面 -->
<form name="userlogin" method=post action="index.jsp">
<table  width=90% border=0 align=center>
    <tr><td height=100px colspan=2>
        <p  style="font-family: 宋 体 ;font-size:40px;color:red;text-align:center;"><strong><b>网上商城用户登录</b></strong></p>
        </td>
    </tr>
    <tr bgcolor="white">
        <td width=40% align=center height=300px><img src="img/logo.jpg"/></td>
        <td>
            <table align=center>
                <tr>
                    <td align=center>
                            <p style="font-family:宋体;font-size:20px;text-align:left;">登录名：</p>
                            <p><input type="text" name="username" value="" style="width:200px;font-family:宋体;font-size:20px;text-align:left;"/></p><br/>
                            <p style="font-family:宋体;font-size:20px;text-align:left;"> 登录密码：</p>
                            <input type="password" name="userpassword" value="" style="width:200px;font-family:宋体;font-size:20px;text-align:left;"/><br/>
                            <br/><br/>
                            <input type="button" value="登录" style="width:200px;font-family:宋体;font-size:20px;text-align:center;" onclick="checkuser()"/><br/><br/>
                    </td>
                </tr>
            </table>
        </td>
    </tr>
    <tr bgcolor="white">
        <td colspan=6>
            <br/>
            <h6 style="font-family:宋体;font-size:15px;text-align:center;">
                Copyright ? 2003-2014, 版权所有 JSPaliance.COM
            </h6>
            <h6 style="font-family:宋体;font-size:15px;text-align:center;">
                    网络文化经营许可证：网文[2012]0123-002号
            </h6>
            <h6  style="font-family:宋体;font-size:15px;text-align:center;">客服电话：020-12345678</h6>
            <h6  style="font-family:宋体;font-size:15px;text-align:center;">如有意见或建议，请发送<a href="mailto:mallservice@microsoft.com?subject=Hello%20again">邮件</a></h6>
            <h6  style="font-family:宋体;font-size:15px;text-align:center;">技术支持：JSP联盟</h6>
        </td>
    </tr>
</table>
</form>
```

```
        </center>
    </body>
```

【例 2-10】在每个分区页面加入一个按钮"返回商城大厅",单击时返回 index.jsp 页面。

实现方法有两种,一种是:

```
<tr bgcolor="white"><td  colspan=6> <input type="button"  class="three" value="返回商城大厅" onclick="location.href='index.jsp'"/></td></tr>
```

另一种是:

```
<script type="text/javascript">
    function backtoindex(){
        window.history.back(-1);
    }
</script>
<tr bgcolor="white"><td  colspan=6> <input type="button"  class="three" value="返回商城大厅" onclick="backtoindex()"/></td></tr>
```

2.3.10 应用举例:网上商城动态商品介绍效果

HTML、CSS、JavaScript 结合起来还可以实现网页的动态效果、文字的动态滚动、图片的动态切换,给用户带来愉悦的欣赏效果。下面来简要了解一下经常使用的标签:<marquee></marquee>。

<marquee>属性包括以下几个

(1) align:设定<marquee>标签内容的对齐方式。

absbottom:绝对底部对齐(与 g、p 等字母的最下端对齐)

absmiddle:绝对中央对齐

baseline:底线对齐

bottom:底部对齐(默认)

left:左对齐

middle:中间对齐

right:右对齐

texttop:顶线对齐

top:顶部对齐

(2) behavior:设定滚动的方式。

alternate:表示在两端之间来回滚动。

scroll:表示由一端滚动到另一端,会重复。

slide:表示由一端滚动到另一端,不会重复。

(3) bgcolor:设定活动字幕的背景颜色,背景颜色可用 RGB、16 进制值的格式或颜色名称来设定。

(4) direction:设定活动字幕的滚动方向。

(5) height:设定活动字幕的高度。

(6) width:设定活动字幕的宽度。

(7) loop:设定滚动的次数,当 loop=-1 表示一直滚动下去,默认为-1。

(8) scrollamount:设定活动字幕的滚动速度,单位 pixels。

(9) scrolldelay:设定活动字幕滚动两次之间的延迟时间,单位 millisecond(毫秒)。

下面这两个事件经常用到:

onMouseOut="this.start()"：用来设置鼠标移出该区域时继续滚动
onMouseOver="this.stop()"：用来设置鼠标移入该区域时停止滚动

【例2-11】在网上商城的主体部分加入一栏"新到果品"，该栏中加入move.html文件，动态显示新到商品的信息。move.html内容如下：

```html
<%@ page contentType="text/html;charset=utf-8"%>
<meta http-equiv="content-type" content="text/html; charset=UTF-8">
        <MARQUEE direction=up height=950px scrollAmount=5 onmouseover=stop() onmouseout=start()>
            <TABLE cellSpacing=0 cellPadding=0 align=center background=img/bgpic.jpg>
                <tbody>
                    <tr><td> </td></tr>
                    <tr>
                        <td class="three">时令水果</td>
                    </tr>
                    <tr>
                        <td class="three">抢鲜尝</td>
                    </tr>
                    <tr> <td style="filter: chroma(color=#336699)" >
                        <table align=center bgcolor=pink>
                            <tbody>
                                <tr> <td align=middle><a href="appledetail.jsp"> <img src="img/apple.jpg" width=150px></a>
                                    </font>
                                    </td></tr>
                                <tr>
                                    <td class="four">冰糖心苹果</td>
                                </tr>
                            </tbody>
                        </table>
                    </td></tr>
                </tbody>
            </table>
            <table cellSpacing=0 cellPadding=0 align=center background=img/bgpic.jpg>
                <tbody>
                    <tr><td> </td></tr>

                    <tr> <td style="filter: chroma(color=#336699)" >
                        <table align=center bgcolor=pink>
                            <tbody>
                                <tr> <td align=middle><a href="bananadetail.jsp"> <img src="img/banana.jpg" width=150px>
                                    </font>
                                    </td></tr>
                                <tr>
                                    <td class="four">皇帝蕉</td>
                                </tr>
                            </tbody>
                        </table>
                    </td></tr>
                </tbody>
            </table>
```

```
          <table cellSpacing=0 cellPadding=0 align=center background=img/bgpic.jpg>
            <tbody>
              <tr><td> </td></tr>
              <tr> <td style="filter: chroma(color=#336699)" >
                  <table align=center bgcolor=pink>
                    <tbody>
                      <tr> <td align=middle><a href="peardetail.jsp"> <img src="img/pear.jpg" width=150px>
                        </font>
                        </td></tr>
                      <tr>
                        <td class="four">皇冠梨</td>
                      </tr>
                    </tbody>
                  </table>
                </td></tr>
            </tbody>
          </table>
```

运行观看效果，如图 2-27 所示。页面的左边动态向上逐幅循环显示新到水果图片，当鼠标放置到某个图片上时，停止运行，当单击某个水果的图片时，进入该水果的详细介绍。

【例 2-12】在加载页面时弹出子窗口。

在 index.jsp 的头部添加下列 JavaScript 代码。

```
<SCRIPT LANGUAGE="javascript">
<!--
window.open ('move.html', '新品推荐', 'height=150, width=150, top=600, left=1000, titlebar=true, toolbar=no, menubar=no, scrollbars=no, resizable=no,location=no, status=no')  //弹出子窗口
-->
</SCRIPT>
```

图 2-27　添加动态商品介绍栏的效果图

运行效果如图 2-28 所示，在加载首页时屏幕右下方弹出新品推介动态子窗口。

图 2-28 在加载页面时弹出子窗口

限于篇幅，本书不继续做动态效果设计的深入介绍，请读者参考相关资料。

2.4 Java 语言基础

前面我们已经学习过，JSP 文档中包含了 HTML 代码和嵌入其中的 Java 代码，JSP 页面的内置脚本语言是基于 Java 编程语言的，所有的 JSP 页面都要被编译成为 Servlet，JSP 页面具有 Java 技术的所有特点，因此这一节介绍 Java 语言的基础知识。

Java 是 SUN Microsystems 公司开发的新一代编程语言，目前已经成为网络应用中广泛使用的编程语言。Internet 的普及和迅猛发展以及 Web 技术的不断渗透，使得 Java 语言在现代社会的经济发展和科学研究中占据了越来越重要的地位。本节将介绍面向对象程序设计思想，类、对象和包的使用方法，Java 的数据类型、运算符、流程控制语句、字符串处理、数组的应用、集合类的应用、异常处理的方法。

2.4.1 面向对象程序设计思想

随着软件产业的发展，程序设计语言对抽象机制的支持程度不断提高，使得编写复杂的程序变得容易。但是，如果软件系统达到较大规模时，即使应用结构化程序设计方法，局势仍将变得不可控制。作为一种降低复杂性的工具，面向对象语言产生了，面向对象程序设计也随之产生。

面向对象程序设计在程序逻辑的思考和设计上直接对应于真实世界的问题解决方法，利用人类在真实世界的经验，解决软件开发中系统分析与设计的问题。面向对象的基本概念包括对象、类、数据抽象、继承、数据封装、多态性、消息传递等。

1. 对象

对象是人们要进行研究的任何事物，不仅能表示具体的事物，还能表示抽象的规则、计划或事件。对象具有状态，用数据值来描述对象的状态。对象还具有操作，用于改变其状态。对象实现了数据和操作的结合，使数据和操作封装于对象的统一体中。

2. 类

类可以看作是对象的抽象，它是用来描述一组具有相同特征的对象。对象的抽象是类，类的具体化就是对象，也可以说类的实例是对象。类具有属性，用数据结构来描述类的属性。类具有操作，它是对象的行为的抽象，用操作名和实现该操作的方法来描述。在 Java 类的定义规范里面，用来描述对象的数据元素称为对象的属性（也称为数据/状态）；对对象的属性进行的操作称为对象的方法（也称为行为/操作），一个方法有方法名、参数、方法体。

在客观世界中有若干类，这些类之间有一定的结构关系。通常有两种主要的结构关系，即一般——具体结构关系，整体——部分结构关系。

3. 消息和方法

对象之间进行通信的结构叫作消息。在对象的操作中，当一个消息发送给某个对象时，消息包含接收对象去执行某种操作的信息。

2.4.2 类的声明

Java 中类的声明形式如下：

```
[修饰符]class 类名[extends 父类] [implements 接口名]{
    成员变量的声明；
    成员方法的声明；
}
```

类声明中的修饰符有：public（公共类）、abstract（抽象类）、final（最终类，不可继承）等。

成员变量说明类的状态，声明形式如下：

```
[修饰符]变量类型 变量名[=变量初值]
```

修饰符有 public、protected、private、private protected、static、final。

成员方法说明类的行为，声明形式如下：

```
[修饰符]<返回值类型><方法名>([参数列表])[throws<异常类>]{
    <方法体>
}
```

修饰符有 public、protected、private、static、abstract、final。

修饰符中的 public、protected、private 定义了成员和方法的访问权限，定义为 public 的成员和方法能被所有的类访问，定义为 protected 的成员和方法可以被这个类本身、它的子类和同一个包中的其他类访问，定义为 private 的成员和方法只能被这个类本身访问。

2.4.3 对象的创建和使用

通过 new 方法创建一个对象实例，如：

```
goodsingle gs=new goodSingle();
```

对象在创建时就得到初始化，通过自动调用构造方法来实现。构造方法是一种特殊的成员方法，名字与类同名，没有返回值。

通过运算符"."实现对成员的访问和方法的调用，如：

```
gs.setName("苹果");
float p=gs.getPrice();
```

Java 的垃圾回收机制自动判断对象是否在使用，能够自动销毁不再使用的对象，收回对象占用的资源。

2.4.4 类的继承

Java 继承使用已存在的类的定义作为基础建立新类，新类可以增加新的数据或新的功能，也可以使用父类的功能。继承使得复用以前的代码非常容易，能够大大缩短开发周期，降低开发费用。比如可以先定义一个类叫车，车有以下属性：车体大小、颜色、方向盘、轮胎，由车这个类派生出轿车和卡车两个类，为轿车类添加一个小后备箱，而为卡车类添加一个大货箱。

继承的定义方法：

`[<修饰符>]class<子类名>extends<父类名>`

子类继承父类的成员变量和方法，也可在子类中重新定义父类的成员变量和方法，称为覆盖。子类执行自己的方法时使用的是自己的变量，子类执行父类的方法时使用的是父类的变量。

2.4.5 类的多态

多态是指一个名字可以有多个语义。面向对象语言中的多态是指一个方法可以有多个版本，一次方法调用可以调用这些版本中的一种。

1. 方法重载

同一个类中，方法名相同，参数列表不同的多个方法构成方法的重载。

2. 方法覆盖

子类重新实现了父类中的方法。子类继承父类，然后子类中覆盖原父类的方法，从而实例化子类后，调用的是子类的方法。子类方法的名称、参数类型和返回类型必须与父类方法的名称、参数类型和返回类型一致。

2.4.6 标识符和关键字

1. 标识符

Java 用标识符表示变量名、类名和方法名。

（1）由字母、数字和下划线(_)、美元符号($)组合而成；

（2）必须以字母、下划线或美元符号开头，不能以数字开头。

Java 语言是大小写敏感的。

建议：

（1）类名一般首字母大写，对象、变量和方法的首字母应该小写；

（2）标识符应该能在一定程度上反映它所表示的变量、常量、对象或类的意义，提高程序可读性；

（3）标识符有多个单词组成的，中间单词首字母建议大写（驼峰风格），所有单词应该紧靠在一起，如：classRegisterName，getGoodsPrice 等。

2. 关键字

关键字是 Java 中具有特殊含义的字符序列，因此 Java 不允许用户对关键字赋予其他的含义。Java 定义的关键字如表 2-7 所示。

表 2-7　　　　　　　　　　　　Java 定义的关键字

abstract	boolean	break	byte	case	catch
char	class	continue	default	do	double
else	extends	false	final	finally	float
for	if	implements	import	instanceof	int
interface	long	native	new	null	package
private	protected	public	return	short	static
super	switch	synchronized	this	throw	throws
transient	true	try	void	volatile	while

2.4.7　数据类型及之间的转换

数据类型定义了数据的性质、取值范围、存储方式以及对数据所能进行的运算和操作。
Java 语言中数据类型分为基本数据类型和引用数据类型（类、数组和接口）。
Java 定义了 4 类共 8 种基本类型，它们的分类及关键字如下。

整型　　`byte, short, int, long`
浮点型　`float, double`
逻辑型　`boolean`
字符型　`char`

1. 数值型不同类型数据的转换

（1）自动类型转换（扩大转换）
① 转换前的数据类型与转换后的类型兼容。
② 转换后的数据类型的表示范围比转换前的类型大。

`byte-short-char-int-long-float-double`

类型的转换只限该语句本身，不会影响到原先变量的类型定义。例如：

```
int a=155;
float b=21.0f;
float c=a/b;
```

（2）强制类型转换（显性转换）
格式：（欲转换的数据类型）变量名
类型的转换只限该语句本身，不会影响到原先变量的类型定义。例如：

```
int a=155;
int b=9;
float c;
c=(float)a/b;          //先将 a 强制转换成 float 类型后再参加运算
```

2. 字符串型数据与数值型数据相互转换

（1）字符串转换成数值型数据
转换方法见表 2-8。

表 2-8　　　　　　　　　　字符串转换成数值型数据的方法

转换方法	功能说明
Byte.parseByte()	将字符串转换为字节型数据
Short.parseShort()	将字符串转换为短整型数据
Integer.parseInt()	将字符串转换为整型数据
Long.parseLong()	将字符串转换为长整型数据
Float.parseFloat()	将字符串转换为浮点型数据
Double.parseDouble()	将字符串转换为双精度型数据
数值类型.valueOf()	将字符转换成指定数值类型的数值
数值类型.decode ()	将字符转换成指定数值类型的数值

例如：

```
    String MyNumber="1234.567"; //定义字符串型变量MyNumber
     float MyFloat=Float.parseFloat(MyNumber);
String a="123";
     int n1=Integer.decode(a);
int n2=Integer.getInteger(a);
```

（2）数值型数据转换成字符串

使用 String 类中 valueOf 的重载方法将字符与数值转换成字符串，重载的参数类型可以是 char,double,float,long 和 int。

例如：将 Double 型 12.89 转换成字符串。

```
    String.valueOf(12.89);        //返回由字符'1''2''.''8''9'构成的字符串
```

还可以直接用字符串连接符号"+"实现转换：

例如：

```
int MyInt=1234;                //定义整形变量MyInt
String MyString=""+MyInt;      //将整型数据转换成了字符串
```

2.4.8　变量和常量

1．变量

变量的类型决定了变量的数据性质和范围、变量存储在内存中所占空间的大小以及对变量可以进行的合法操作等。使用变量的原则：先声明后使用。变量的 3 个基本要素：名字、类型和值。变量声明格式：

<类型><变量名>[=<初值>][,<变量名>[=<初值>]……];

例如：

```
int  i,j,k;
```

在声明变量的同时可以对变量进行初始化，即赋初值。例如，

```
boolean b=true;        //声明boolean型变量并赋值
int x,y=8;             //声明int型变量x,y，并为y赋值
float f=2.718f;        //声明float型变量并赋值
char c;                //声明char型变量
```

```
c='\u0031' ;              //为 char 型变量赋值
```

2. 常量

常量存储的是在程序中不能被修改的固定值,在程序运行的整个过程中保持其值不改变的量。常量分为整型常量、浮点型常量、逻辑型常量(true 和 false)、字符型常量。常量的声明用关键字 final 标识,通常 final 写在最前面。例如:

```
final int MAX = 10;
final float PI = 3.14f;
```

Java 语言约定常量标识符全部用大写字母表示。

2.4.9 运算符和表达式

运算符指明对操作数所进行的运算。Java 运算符包括:

(1)算术运算符　　　+、-、*、/、%、++、--
(2)关系运算符　　　>、<、>=、<=、==、!=
(3)逻辑运算符　　　!、&&、||、&、|
(4)位运算符　　　　>>、<<、>>>、&、|、^、~
(5)赋值运算符　　　=及其扩展赋值运算符,如+=、/=等
(6)条件运算符　　　?:
(7)其他运算符号　分量运算符.、下标运算符[ ]、实例运算符 instanceof、内存分配运算符 new、强制类型转换运算符(类型)、方法调用运算符()等。

在实际的开发中,可能在一个表达式中出现多个运算符,计算时按照优先级的高低进行。Java 运算符的优先级见表 2-9,数字越小优先级越高。

表 2-9　　　　　　　　　　　　Java 运算符优先级表

优先级	运算符	结合性
1	( ) [ ] .	从左到右
2	! +(正) -(负) ~ ++ --	从右向左
3	* / %	从左向右
4	+(加) -(减)	从左向右
5	<< >> >>>	从左向右
6	< <= > >= instanceof	从左向右
7	== !=	从左向右
8	&(按位与)	从左向右
9	^	从左向右
10	|	从左向右
11	&&	从左向右
12	||	从左向右
13	?:	从右向左
14	= += -= *= /= %= &= |= ^= ~= <<= >>= >>>=	从右向左

2.4.10 流程控制语句

语句就是指示计算机完成某种特定运算及操作的指令。语句可以是以分号";"结尾的简单语句，也可以是用一对花括号"{}"括起来的复合语句。

流程是指程序运行时，各语句的执行顺序。流程控制语句就是用来控制程序中各语句执行顺序的语句，是程序中基本却又非常关键的部分，可以把单个的语句组合成有意义的、能完成一定功能的小逻辑模块。3 种基本流程结构如下。

1. 顺序结构

顺序结构是最简单的一种结构，程序代码按书写顺序依次执行。

2. 分支结构

if 语句是一种满足条件则执行或"二选一"的控制结构，即给出一种或两种可能的执行路径供选择。

格式 1（双路条件选择结构）：

```
if (条件表达式){
    语句序列 1
}
else{
    语句序列 2
}
```

格式 2（单路条件选择结构）：

```
if (条件表达式){
    语句序列
}
```

格式 3（多重条件选择结构）：

```
if (条件表达式1){
   语句序列 1
}
else if (条件表达式2){
   语句序列 2
}
……
else if (条件表达式n){
   语句序列 n
}
else{
   语句序列 n+1
}
```

格式 4：

```
switch (表达式){
   case 常量表达式1:
      语句序列1;
```

```
      break;
   case 常量表达式 2：
      语句序列 2；
      break；
      ……
   case 常量表达式 n：
      语句序列 n；
      break；
   default:
      语句序列 n+1；
      break；
}
```

3. 循环结构

java 的循环语句有 for，while 和 do-while。

（1）while 语句是 Java 最基本的循环语句。当它的控制表达式是真时，while 语句重复执行一个语句或语句块。格式如下：

```
while(condition){
// body of loop
}
```

条件 condition 可以是任何布尔表达式。只要条件表达式为真，循环体就被执行。当条件 condition 为假时，程序控制就传递到循环后面紧跟的语句行。如果循环体内只有单个语句，也可以省略大括号。

（2）do-while 循环

如果 while 循环一开始条件表达式就是假的，那么循环体就根本不被执行。然而，有时需要将循环体至少执行一次，无论一开始条件表达式为真或假。Java 用 do-while 循环机制来达到这一目的。do-while 循环的条件表达式在循环的结尾处进行判断，所以至少能执行循环体一次。格式如下：

```
do{
// body of loop
} while (condition);
```

do-while 循环总是先执行循环体，然后再计算条件表达式。如果表达式为真，则循环继续。否则，循环结束。对所有的 Java 循环都一样，条件 condition 必须是一个布尔表达式。

（3）for 循环语句

基本使用格式：

```
for(表达式1，条件表达式，表达式2){
    循环体
}
```

for 循环的执行过程如下。

第一步执行其初始化部分。

第二步计算条件 condition 的值，条件 condition 必须是布尔表达式，将循环控制变量与目标值相比较，如果这个表达式为真则执行第三步，如果为假则循环终止。

第三步执行循环体。

第四步返回第二步计算条件 condition 的值，不断重复直到控制表达式变为假。

2.4.11 数组

数组就是相同数据类型的元素按一定顺序排列的集合。在 Java 中数组元素可以由简单数据类型的量组成，也可以由对象组成。数组中的每个元素都具有相同的数据类型，用统一的数组名和下标来唯一地确定数组中的元素。

1. 一维数组的定义与使用

（1）定义格式：

```
数据类型 数组名[ ];    //声明一维数组
```

Java 在定义数组时不为数组元素分配内存，无需指出数组元素个数即数组长度。要使用数组元素则需分配内存空间，使用运算符 new，格式如下：

```
数组名=new 数据类型[个数];   //分配内存组数组
```

举例：

```
int x[ ];
x=new int[10];
```

在声明数组时，也可以将两个语句合并成一行，格式如下：

```
数据类型 数组名[ ] = new 数据类型[个数];
```

例如：

```
int x[ ] = new int [10];
```

（2）一维数组元素的访问

数组元素的引用方式：数组名[下标]

下标可以是整型数或表达式。如 a[3+i](i 为整数)。Java 数组的下标是从 0 开始的。例如：

```
int x[ ] = new int [10];
```

其中 x[0]代表数组中第 1 个元素，x[1]代表第 2 个元素，x[9]为第 10 个元素，也就是最后一个元素。

（3）一维数组初始化格式

```
数据类型 数组名[ ] ={初值 0, 初值 1, …, 初值 n};
```

例如：

```
int a[]={1,2,3,4,5};
```

2. 多维数组的定义与使用

（1）多维数组的定义

Java 中多维数组被看作数组的数组，例如，二维数组为一个特殊的一维数组，其每个元素又是一个一维数组。下面以二维数为例来进行说明，高维的情况是类似的。声明与分配内存的格式：

```
数据类型 数组名[ ] [ ];
数组名 = new 数据类型[行数] [列数];
```

例如：

```
int a[10][5]=new int
```

与一维数组一样，这时对数组元素也没有分配内存空间，要使用运算符 new 来分配内存，然后才可以访问每个元素。可以直接为每一维分配空间，例如：

```
int a[][]=new int[2][3];
```

或者从最高维开始，分别为每一维分配空间，例如：

```
int a[][]=new int[2][];
a[0]=new int[3];
a[1]=new int[3];
```

（2）多维数组元素的引用

对于多维数组中每个元素，引用方式为：arrayName[index1][index2]…[indexn]其中 index1、index2、indexn 为下标，可为整型常数或表达式，如 a[2][3]等，同样，每一维的下标都从 0 开始。

（3）多维数组的初始化

可以直接对每个元素进行赋值，或者在定义数组的同时进行初始化。例如：

```
int a[][]={{2, 3}, {1, 5}, {3, 4}};
```

定义了一个 3×2 的数组，并对每个元素赋值。

2.4.12 字符串

1. 字符串变量的创建

格式一：先声明后赋值。

```
String <变量名>;
<变量名>=new String("字符串");
```

如：

```
String s; //声明字符串型引用变量 s，此时 s 的值为 null
s=new String("Hello"); //在堆内存中分配空间，并将 s 指向该字符串首地址
```

格式二：声明的同时赋值。

```
String <变量名>=new String("字符串");
```

如：`String s=new String("Hello");`

格式三：直接通过赋值进行默认声明。

```
String <变量名>="字符串";
```

如：`String s="Hello";`

2. String 类的常用方法

Java 的 String 类具有多种方法，表 2-10 列出了 String 类的常用方法。

表 2-10　　　　　　　　　　　　String 类的常用方法

方法	说明
public int length()	返回字符串的长度
public boolean equals(Object anObject)	将给定字符串与当前字符串相比较，若两字符串相等，则返回 true，否则返回 false

续表

方法	说明
public String substring(int beginIndex)	返回字符串中从 beginIndex 开始的子串
public String substring(int beginIndex, int endIndex)	返回从 beginIndex 开始到 endIndex 的子串
public char charAt(int index)	返回 index 指定位置的字符
public int indexOf(String str)	返回 str 在字符串中第一次出现的位置
public String replace(char oldChar, char newChar)	以 newChar 字符替换串中所有 oldChar 字符
public String trim()	去掉字符串的首尾空格

2.4.13 集合类

Java 集合类主要负责保存其他数据，因此集合类也称容器类。Java 集合类主要由两个接口派生：Collection 和 Map，是集合框架的根接口。Collection 分为 Set、List、Queue，其中 Set 代表无序、不可重复的集合，List 代表有序、可重复的集合，Queue 代表队列集合。Map 代表具有映射关系的集合。本小节介绍较为常用的 List，其他集合类可参考相应的语法手册。

List 集合代表一个有序集合。集合中的每个元素都有其对应的顺序索引。Arraylist 和 Vector 是 List 接口的两个典型实现，都是基于数组实现的 List 类。ArrayList 是最常用的 List 实现类，内部是通过数组实现的，它允许对元素进行快速随机访问，但在插入或者删除元素时，需要对数组进行复制、移动、代价比较高。因此，它适合随机查找和遍历，不适合插入和删除。Vector 与 ArrayList 一样，也是通过数组实现的，不同的是它支持线程的同步，即某一时刻只有一个线程能够写 Vector，避免多线程同时写而引起的不一致性，但实现同步需要很高的花费，因此，访问它比访问 ArrayList 慢。

1. ArrayList 类

ArrayList 是一个动态数组，是 Array 的复杂版本，它提供动态的增加和减少元素，实现了 IList 接口，允许灵活设置数组的大小。

ArrayList 的主要方法如下。

Add 方法用于添加一个元素到当前列表的末尾。
AddRange 方法用于添加一批元素到当前列表的末尾。
Remove 方法用于删除一个元素，通过元素本身的引用来删除。
RemoveAt 方法用于删除一个元素，通过索引值来删除。
RemoveRange 用于删除一批元素，通过指定开始的索引和删除的数量来删除。
Insert 用于添加一个元素到指定位置，列表后面的元素依次往后移动。
InsertRange 用于从指定位置开始添加一批元素，列表后面的元素依次往后移动。
Clear 方法用于清除现有所有的元素。
Contains 方法用来查找某个对象在不在列表之中。

在 JSP 页面的体部加入下列代码，体会 ArrayList 的使用方法。

```
<%
    ArrayList al=new ArrayList();   //创建 ArrayList 对象
    al.add("How");
    al.add("are");
```

```
        al.add("you!");
        al.add(100);
        al.add(200);
        al.add(300);
        al.add(1.2);
        al.add(22.8);
        //第一种遍历ArrayList对象的方法
        for(Object o : al){
          out.println(o.toString()+" ");
        }

        //第二种遍历ArrayList对象的方法
        Iterator it=al.iterator();
        while(it.hasNext()){
          out.println (it.next()+" ");
        }
%>
```

运行结果是：

```
How are you! 100 200 300 1.2 22.8 How are you! 100 200 300 1.2 22.8
```

2. Vector 类

Vector 类实现了可动态扩充的对象数组。类似数组，它包含的元素可通过数组下标来访问。但是，在 Vector 创建之后，Vector 可根据增加和删除元素的需要来扩大或缩小。每个向量可通过维护 capacity 和 capacityIncrement 来优化存储空间的管理。capacity 至少和向量大小一样大，向量的存储空间会根据 capacityIncrement 增加。

Vector 类的主要方法有：

addElement(Object) 在向量尾部添加一个指定组件，并把它的长度加 1。

capacity() 返回当前向量的容量。

contains(Object) 测试指定对象是否该向量的一个元素。

copyInto(Object[]) 把该向量的元素复制到指定数组中。

firstElement() 返回该向量的第一个元素。

indexOf(Object) 查找给定参数在向量中第一次出现的位置，并用 equals 方法测试它们是否相等。

indexOf(Object, int) 从 index 处开始查找给定参数在向量中第一次出现的位置，并用 equals 方法测试它们是否相等。

insertElementAt(Object, int) 在指定的 index 处插入作为该向量元素的指定对象。

isEmpty() 测试该向量是否无元素。

lastElement() 返回向量的最后一个元素。

lastIndexOf(Object) 返回向量中最后出现的指定对象的下标。

lastIndexOf(Object, int) 从指定的下标向后查找指定的对象，并返回它的下标。

removeAllElements() 删除向量的所有元素并把它的大小置为零。

removeElement(Object) 从向量中删除第一个出现的参数。

removeElementAt(int) 删除指定下标处的元素。

setElementAt(Object, int) 设置在向量中指定的 index 处的元素为指定的对象。

setSize(int) 设置向量的大小。

size() 返回该向量的元素数。

toString() 返回该向量的字符串表示。

在 JSP 页面的体部加入下列代码，体会 ArrayList 的使用方法。

```
<%
    Vector v = new Vector(4); //创建Vector对象
    //使用add方法向Vector中添加元素
    v.add("Test0");
    v.add("Test1");
    v.add("Test0");
    v.add("Test2");
    v.add("Test2");
    //从Vector中删除元素
    v.remove("Test0"); //删除指定内容的元素
    v.remove(0); //按照索引号删除元素
    //获得Vector中已有元素的个数
    int size = v.size();
    out.println("size:" + size);
    //遍历Vector中的元素
    for(int i = 0;i < v.size();i++){
        out.println(v.get(i));
    }
%>
```

ArrayList 和 Vector 等集合类在网络程序设计中常用来存储集合数据，例如，在网上商城中可用来表示全部商品数据、查询结果的商品数据、购物车内的商品数据等。

2.4.14 异常处理

1. 异常处理的基本概念

运行错误是程序运行过程中产生的错误，根据性质的不同，运行错误又分为系统运行错误和逻辑运行错误。系统运行错误简称为错误（Error），是指程序在执行过程中所产生对操作系统的破坏，是应用程序不能截获的严重问题。在 Java 中，错误（比如内存溢出）属于 VM 的故障，不由开发人员处理。逻辑运行错误是指程序未实现程序员的设计意图和设计功能而产生的错误，也称为异常（Exception）。Java 在编译和运行时出现的异常主要是语法错误和语义错误。

2. Java 异常处理机制

Java 异常处理机制就是程序在运行时，发现异常的代码就"抛出"一个异常，运行系统"捕获"该异常，并交由程序员编写的相应代码进行异常处理。当一个异常类的对象被捕获或接收后，用户程序就会发生流程跳转，系统终止当前的流程而跳转到专门的异常处理语句块，或直接跳出当前程序和 Java 虚拟机回到操作系统。Java 语言中定义了很多异常类，每个异常类都代表一种运行错误，把所有可能的错误都归入异常类的层次结构中，它们的基类是 Throwable。所以说，Java 的异常类是处理运行时错误的特殊类，类中包含了该运行错误的信息和处理错误的方法等内容。

异常处理是通过 try、catch、finally、throw、throws 五个关键字来实现的。try-catch-finally 语句来捕获和处理一个或多个异常，其语法格式如下：

```
try{
    <要检查的语句序列>
}
catch (异常类名 形参对象名){
```

```
        <异常发生时的处理语句序列>
    }
    finally{
        <一定会运行的语句序列>
    }
```

2.4.15　应用举例：网上商城的商品类表示

【例2-13】在网上商城系统中，把商品作为一个类来实现，商品类具有下列属性：商品ID、商品名称、图片、简介、单价、库存量。并设置关于每个属性的存取方法getXXX、setXXX方法（XXX为属性名）。

声明一个商品类Good Single如下。

```
public class GoodsSingle{
    public int getId(){
        return id;
    }
    public void setId(int id){
        this.id = id;
    }
    public String getName(){
        return name;
    }
    public void setName(String name){
        this.name = name;
    }
    public String getPic(){
        return pic;
    }
    public void setPic(String pic){
        this.pic = pic;
    }
    public String getInfo(){
        return info;
    }
    public void setInfo(String info){
        this.info = info;
    }
    public float getPrice(){
        return price;
    }
    public void setPrice(float price){
        this.price = price;
    }
    public int getStore(){
        return store;
    }
    public void setStore(int store){
        this.store = store;
    }
    private int id;
    private String name;
    private String pic;
    private String info;
    private float price;
```

```
    private int store;
}
```

本章小结

本章介绍了 JSP 网络程序开发应具备的预备知识和技能，包括 HTML 网页设计语言、CSS 格式控制语言、JavaScript 网页动态交互语言以及 Java 编程基本语言。这些预备知识和技能既是 JSP 开发的基础，又是辅助手段。这些领域的内容都十分庞大丰富，读者应该本着掌握基本用法的态度去学习，在需要用到某种方法或技巧时知道如何获取资源，实现自己的目的，而不必面面俱到，否则将会花费许多时间精力而迟迟进入不了 JSP 开发主题。注意掌握网上购物系统的界面显示中多种技术的综合运用方法和技巧。

习 题

2-1　HTML 文件的基本结构是什么？
2-2　如何设置文字与段落的格式？
2-3　如何在页面中插入图片、视频和音频？
2-4　如何设置超级链接？
2-5　表格和表单的作用各是什么？它们能够互相嵌套吗？
2-6　提交 form 有哪两种方法？它们之间有什么不同？
2-7　CSS 的作用是什么？有哪几种使用方法？
2-8　如何定义和使用 JavaScript 函数？
2-9　JavaScript 有哪些常用对象？
2-10　什么是 JavaScript 的事件驱动机制？
2-11　面向对象程序设计的优点是什么？
2-12　如何定义类和对象？
2-13　Java 的集合类的作用是什么？
2-14　Java 怎样处理异常？

第 3 章 JSP 语言基础

通过前面的实践我们掌握了实现一个 JSP 页面的基本方法，但还遗留了不少未实现的功能，例如：用户在选择了分区后单击 index.jsp 中的"进入分区"应当进入相应的分区；各个分区页面的标题部分和底部是相同的，需减少重复的代码；用户登录后，应在页面上显示登录名；允许用户注销本次的登录等。这些需要学习 JSP 的有关知识来实现。这一章将对 JSP 所包含的各类元素：JSP 注释、声明、表达式、程序段、JSP 指令（Directive Elements）、JSP 动作（Action Elements）以及 JSP 异常处理等来说明 JSP 的基本语法和应用。

【本章主要内容】
1. JSP 的基本语法
2. JSP 的常用指令
3. JSP 的常用动作

3.1 JSP 基本语法

JSP 页面包括静态部分和动态部分两类内容，静态部分是指标准的 HTML 标签、静态的页面内容，这些内容与静态 HTML 页面相同，动态部分是指受 Java 程序控制的内容。

JSP 页面主要由 JSP 元素和 HTML 代码构成，其中 JSP 代码完成相应的动态功能。JSP 基础语法包括注释、指令、脚本以及动作元素。此外，JSP 还提供了一些由容器实现和管理的内置对象，将在第 4 章介绍。

在 JSP 页面中，可分为 JSP 程序代码和其他程序代码两部分。JSP 程序代码全部写在<%和%>之间，其他代码部分如 JavaScript 和 HTML 代码按常规方式写入。在常规页面中插入 JSP 元素，构成了 JSP 页面。

JSP 程序代码主要有 4 种类型：注释（Comment）、指令（Directive）、脚本元素（Scripting Element）、动作（Action）。JSP 指令用来从整体上控制 Servlet 的结构；脚本元素用来嵌入 Java 代码，这些 Java 代码将成为转换得到的 Servlet 的一部分；动作用来引入现有的组件或者控制 JSP 引擎的行为。各类代码的语法标识见表 3-1。

表 3-1　　　　　　　　　　JSP 程序代码语法标识

JSP 程序代码	语法标识
指令	<%@ 指令%>

续表

JSP 程序代码	语法标识
声明	<%! 声明%>
表达式	<%= 表达式%>
代码段/脚本段	<% 代码段%>
注释	<%-- 注释--%>

【例 3-1】一个简单的 JSP 页面，注意观察 JSP 的各类程序代码，推测运行结果，与实际运行结果比较。

```
<%-- JSP 指令 --%>
<%@page contentType="text/html; charset=GBK" language="java" import="java.util.Calendar"%>
<%-- JSP 声明 --%>
<%!
String getHello(String name){
  return "Hi," + name + "!";
}
%>
<%-- JSPScriptlet --%>
<% Calendar now = Calendar.getInstance(); %>
<html>
<head>
<title>JSP 页面构成</title>
</head>
<!-- HTML 注释，客户端可以查看到 -->
<%-- JSP 注释，客户端不能查看到 --%>
<body>
<h1 align="center">JSP 页面构成</h1>
<%-- JSP 表达式 --%>
<%=getHello("朋友")%>
<%if (now.get(Calendar.AM_PM) == Calendar.AM){%>
早上好!
<%} else{%>
下午好!
<%}%>
<br>
<br>
<%-- JSP 动作 --%>
<jsp:include flush="false" page="welcome.jsp">
<jsp:param name="str" value="参数"/>
</jsp:include>
</body>
</html>
```

3.1.1 JSP 注释

JSP 注释分为两种，一种是可以在客户端显示的注释，称为客户端注释；另一种是客户端不可见，仅供服务器端 JSP 开发人员可见的注释，称为服务器端注释。

客户端注释的基本语法格式：

```
<!--comment[<%= expression%>]-->
```

例如：

```
<!--这个注释可以在客户端源代码中看到-->
```

该注释将被发送至客户端浏览器，在浏览器的 HTML 源代码中可以看到该注释。与普通的 HTML 注释的不同在于，可以在这种 JSP 注释中加入特定的 JSP 表达式。例如：

```
<!--现在时间为：<%=(new java.util.Data()).toLocalString()%>-->
```

以上注释将在浏览器客户端源代码中显示当前时间：

```
<!--现在时间为：July 21, 2014-->
```

服务器端注释有两种表述方式：

`<%/* comment */%>` 和 `<%--comment--%>`

这两种表述方式效果一致，其注释内容将不会被发送到客户端。

例如：

```
<%-- 该 JSP 程序在浏览器中注释无法显示 --%>
<% /* 该 JSP 程序注释在浏览器中无法显示 */ %>
```

3.1.2 JSP 声明

JSP 中的声明用于声明 JSP 程序中使用的全局变量、方法等，其声明方式与 Java 相同。变量和方法必须先声明才能使用。下面介绍如何在 JSP 程序中声明合法的变量和方法。

JSP 语法：`<%! declaration; [ declaration; ]+ ... %>`

例如：

```
<%! int i = 0; %>
<%! int a, b, c; %>
<%! Circle a = new Circle(2.0); %>
<%!
  float price=10.3f;
  int buyNum=20;
  float calTotalPay(){
      float total=price*buyNum;
      return total;
  }
%>
总支付：<%=calTotalPay()%>
```

声明方法或变量时，需注意以下几点。

（1）声明必须以 ";" 结尾。

（2）可以直接使用在<%@ page %>中包含的已经声明的变量和方法，不需要对它们重新进行声明。

（3）每个声明仅在当前的 JSP 页面中有效，如果希望声明在每个页面中均有效，可以将这些公用的变量和方法声明在一个单独的页面中，在其他页面中仅使用<%@ include%>或者<jsp:include>元素将该公共页面包含进每个页面（这两个标记的使用方法见 3.2 节和 3.3 节）。

3.1.3 JSP 表达式

表达式元素表示的是一个在脚本语言中被定义的表达式，在运行后被自动转化为字符串，然后插入到这个表达示在 JSP 文件的位置显示。JSP 表达式语法为：

```
<%= expression %>
```

例如：

```
<font color="blue"><%= map.size() %></font>
<b><%= numguess.getHint() %></b>.
```

在 JSP 中使用表达式需注意以下规则。
（1）不能用分号（";"）来作为表达式的结束符。
（2）表达式元素能够包括任何在 Java 中有效的表达式，也能作为其他 JSP 元素的属性值。
（3）复合表达式的运算顺序是从左到右，依次计算，然后转换为字符串。

3.1.4 JSP Scriptlet

在 JSP 中称符合 Java 语言规范的程序片断为 Scriptlet（程序段），包括在 "<% %>" 之间。一个 scriptlet 能够包含多个 JSP 语句、方法、变量、表达式。JSP 程序段是完全符合 Java 语法的，在实际运行时会被转换成 Servlet：

```
<% code fragment %>
```

<% %>内定义的变量为局部变量。例如：

```
<%
  int i = 10 ;
  int j = 20 ;
  out.println(i * j) ;
%>
```

3.1.5 应用举例：网上商城页面中显示当前访问次数

【例 3-2】运用 JSP 声明、表达式和 Scriptlet，在页面中显示当前访问次数。
代码如下：

```
<%!
    int visitcount=0;
    synchronized void add(){
        visitcount++;
    }
%>
<%
    add();
%>
    <tr bgcolor="white"><td class="two" colspan=6>当前访问次数：<%=visitcount %></td></tr>
```

将以上代码放置在网上商城主页面的底部，即可在加载该页面以及刷新页面时显示增长的访问次数。

3.2 JSP 指令

JSP 指令是 JSP 的引擎。在 JSP 页面中，可以使用 JSP 指令来指定页面的有关输出方式、引用包、加载文件、缓冲区、出错处理等相关设置，主要作用是用来与 JSP 引擎（编译器）之间进行沟通，不直接产生任何可视的输出，只是指示引擎对 JSP 页面需要做什么。

JSP 指令由<%@和%>标记。JSP 的指令一共有 3 个：include 指令、page 指令和 taglib 指令。include 指令用于包含一个文件，例如包含一个 HTML 文件；page 指令能够控制从 JSP 页面生成的 Servlet 的属性和结构；在 JSP1.1 标准里面，新添加了一个命令 taglib，用于自定义的标记。

3.2.1 include 指令

include 指令在 JSP 页面被编译成 Servlet 时引入其中包含的 HTML 文件或 JSP 文件（也可能是其他类型的文件）。include 指令的基本语法如下：

```
<%@ include file="relative URL"%>
```

"file"属性指向需要引用的 HTML 页面或 JSP 页面,但是需要注意该页面的路径必须是相对路径。如果路径以"/"开头，那么该路径是一个环境相关的路径，将根据赋给应用程序的 URI 的前缀进行解释；否则是页面相关的路径，根据引入这个文件的页面所在的路径进行解释。

include 指令通常用来包含网站中经常出现的重复性页面。例如，【例 2-5】中所有页面都包含了同样的标题部分和底部信息栏，代码存在大量重复。可以将重复部分写成独立的文件，采用 include 指令将它们包含到各个页面中。

使用 include 指令时，包含的过程是静态的，即被包含的文件被直接插入 JSP 文件中语句<% @ include %>位置。被包含的文件可以是动态的 JSP 文件，也可以是静态的 HTML 文件或文本文件。如果包含的是 JSP 文件，则该 JSP 文件中的代码将会被执行，包含的文件执行完成后，主 JSP 文件的过程才会被继续执行。被包含文件中的任何一部分改变了，所有包含该文件的主 JSP 文件都需要重新进行编译。因此，include 指令更适合包含静态文件。如果被包含文件需要经常变动，则建议使用<jsp:include>动作代替 include 指令。<jsp:include>动作将在 3.3 节介绍。

3.2.2 page 指令

<%@page %>指令用来设置整个 JSP 页面的相关属性和功能，<%@ page %>指令作用于整个 JSP 页面，包括使用 include 指令包含在该 JSP 页面中的其他文件。但是<% @ page %>指令不能作用于动态的包含文件，比如对使用<jsp:include>包含的文件，page 指令的设置是无效的。

page 指令的基本语法如下：

```
<%@ page attribute1="value1"attribute2="value2"attribute3="value3" … %>
<%@ page
[ language="java" ]
[ extends="package .class" ]
[ import="{package .class | .*}, ..." ]
[ session="true|false" ]
[ buffer="none|8kb|sizekb" ]
```

```
[ autoFlush="true|false" ]
[ isThreadSafe="true|false" ]
[ info="text" ]
[ errorPage="relativeURL" ]
[ contentType="mimeType [ ;charset=characterSet ]" |
"text/html ; charset=ISO-8859-1" ]
[ isErrorPage="true|false" ]
%>
```

以下是常用属性的介绍：

（1）language="java"　声明脚本语言种类，一般都是使用 Java，有少数服务器支持 JavaScript。

（2）extends="package.class"　指明 JSP 页面在转换成 Servlet 时需要加入的 Java Class 的全名。

（3）import="package1.calss1,package2.calss2,..."　声明需要导入的包，即 JSP 页面可以使用的 Java 包。在 page 指令所有属性中，只有 import 属性可以出现多次，其余属性均只能定义一次。

（4）session="true|false"　指明 session 对象是否可用，默认值为 true。如果指定为 false 就无法创建 session 对象，也无法定义 session 相关属性。

（5）buffer="8kb|none|size kb"　buffer 属性指明输出流（out 对象执行后的输出）是否有缓冲区，默认值为 8kb。当输出被指定需要缓冲时，服务器会将输出到浏览器上的内容做暂时的保留（不直接显示在浏览器上），除非指定大小的缓存被完全占用（autoFlush="true"的情况），或者脚本完全执行完毕。

（6）autoFlush="true|false"　指明缓冲区是否需要自动清除，默认值为 true。如果设置为 false，则无法自动清除，一旦 buffer 溢出就会抛出异常。如果 buffer 属性被设置为 false，则 autoFlush 属性必须被设置为 true。

（7）isThreadSafe="true|false"　设置 JSP 文件是否允许多线程使用（例如：是否能够处理多个 request 请求），默认值为 true。如果设置成 false，JSP 容器一次只能处理一个请求。

（8）info="text"　描述该 JSP 页面的相关信息，例如 info="JSP Page 指令使用实例"，该信息可以通过 getServletInfo 方法从 Servlet 中检索得到。

（9）errorPage="relative URL"　指明如果该页面产生异常，应当重定向到哪个页面处理该异常。以下是一个有关 errorPage 的实例。

【例 3-3】编写并运行下列 JSP 文件，体会 errorPage 的用法。

```
errorSource.jsp:
<%@ page errorPage="errorPage.jsp" %>
<%!int i=0;%>
<%=10/i%>
errorPage.jsp:
<%@ page isErrorPage="true" %>
<%=exception%>
```

运行 errorSource.jsp，将会显示 errorPage.jsp 中的被 0 除的错误信息。

（10）isErrorPage="true|false"　该属性指示当前 JSP 页面是否可以作为其他 JSP 页面的错误处理页，该属性设定为 true，则该页面可以接收其他 JSP 页面出错时产生的 exception 对象；设定为 false，则无法使用 exception，否则程序将会在编译时出错。

（11）ContentType="mimeType[;charset=characterSet]"　指定了 MIME 的类型和 JSP 文件的字符

编码方式，MIME 类型有 text/plain、text/html（缺省类型）、image/gif、image/jpeg 等。缺省的字符编码方式：ISO8859-1。如果需要显示中文字体，一般设置 charset 为 GB2312 或 GBK。建议使用 UTF-8（8-bit Unicode Transformation Format）编码，这是一种针对 Unicode 的可变长度字符编码，在网页上可以同一页面显示中文简体繁体及其他语言，有利于防止乱码的出现。

例如：<%@ page contentType="text/plain" %>"

在 scriptlet 中等价于：<% response.setContentType("text/plain"); %>

3.2.3　taglib 指令

taglib 指令是 JSP1.1 规格中新增的功能，它允许用户自定义新的标记。taglib 指令的基本语法如下：

```
<%@taglib url="relative tagLibURL"prefix="tagPrefix"%>
```

其中 url 属性用来指明自定义标记库的存放位置。tagPrefix 是为了区分不同标记库中的相同标记名，就如同 Java 中包名和类名的关系。自定义的标记有标记和元素之分，标记是 JSP 元素的一部分。JSP 元素可以包括开始标记和结束标记，也可以包含其他的文本、标记、元素。例如，一个<jsp:plugin>元素包含了<jsp:plugin>开始标记和< /jsp:plugin >结束标记，同样也可以包含<jsp:params>和<jsp:fallback>元素。

3.3　JSP 动作

JSP 动作利用 XML 语法格式的标记来控制 Servlet 引擎的行为。利用 JSP 动作可以动态地插入文件、重用 JavaBean 组件、把用户重定向到另外的页面、为 Java 插件生成 HTML 代码。

JSP 动作包括以下 8 个。

- <jsp:include>：在页面被请求的时候引入一个文件。
- <jsp:forward>：把请求转到一个新的页面。
- <jsp:param>：用来提供参数信息。
- <jsp:plugin>：根据浏览器类型为 Java 插件生成 OBJECT 或 EMBED 标记。
- <jsp:fallback>：<jsp:plugin>的子标识，当使用<jsp:plugin>加载 Java Applet 失败时，可使用这个子标识向用户输出提示信息。
- <jsp:useBean>：寻找或者实例化一个 JavaBean。
- <jsp:getProperty>：输出某个 JavaBean 的属性。
- <jsp:setProperty>：设置 JavaBean 的属性。

其中<jsp:useBean>、<jsp:getProperty>和<jsp:setProperty>动作和 JavaBean 结合非常紧密，将在第 5 章详细说明。

3.3.1　jsp:include 动作

在 3.2.1 节我们学习了使用 include 指令在当前页面中包含另一个页面，向当前页面加入另一文件的方法是使用 include 动作，其语法如下。

```
<jsp:include page="relative URL" flush="true" />
```

page 属性指明了需要包含的文件路径，flush 属性必须设为 true(JSP 默认值为 false)。
例如：

```
<jsp:include page="include/bar..html"flush=true>
<jsp:include page="abc.jsp"flush=true>
```

<jsp:include>动作可以包含动态或静态文件，仅从文件名上没法判断一个文件是动态的还是静态的，而<jsp:include>能够同时处理这两类文件，不需要在包含时判断此文件是动态的还静态的。如果文件是动态的，需要经过 JSP 引擎编译执行，否则只是简单地把文件内容加到主 JSP 页面中(这种情况和 include 指令类似)。<%@ include %>指令是在 JSP 页面转化成 Servlet 时才嵌入被包含文件，而<jsp:include>动作在页面被请求访问时即被嵌入，因此所含文件的变化总会被检查到，更适合包含动态文件。jsp:include 动作的文件引入时间决定了它的效率会稍微降低，而且被引用文件不能包含某些 JSP 代码（例如不能设置 HTTP 头），但它的灵活性却要好得多。

如果被包含的文件是动态的，那么还可以通过使用<jsp:param>动作元素传递参数名和参数值，这一点读者可以在 3.3.3 小节中通过实例体会。

【例 3-4】下列的 indxe.jsp 中嵌入了四个不同的水果新品片断，当新果品到来时开发者只需要更新这四个文件片断，主 JSP 文件就会自动实现更新，而主 JSP 文件 index.jsp 无需作任何改动。注意该 JSP 页面在使用<jsp:include>动作元素包含其他文件的时候，设置 page 属性为相对 URL 路径，flush 属性为 true。

主页面 index.jsp 源程序如下。

```
<%@ page language="java" import="java.util.*" pageEncoding="UTF-8"%>
<%
String path = request.getContextPath();
String basePath = request.getScheme()+"://"+request.getServerName()+":"+request.getServerPort()+path+"/";
%>
<!DOCTYPE HTML PUBLIC "-//W3C//DTD HTML 4.01 Transitional//EN">
<html>
  <head>
    <base href="<%=basePath%>">
    <title>My JSP 'index.jsp' starting page</title>
     <meta http-equiv="pragma" content="no-cache">
     <meta http-equiv="cache-control" content="no-cache">
     <meta http-equiv="expires" content="0">
     <meta http-equiv="keywords" content="keyword1,keyword2,keyword3">
     <meta http-equiv="description" content="This is my page">
     <link rel="stylesheet" type="text/css" href="css/mycss.css">
  </head>

  <body bgcolor=yellow class="one">
       <p> 新到优质水果介绍:</p>
       <ul>
            <p><li><jsp:include page="newgoods1.html" flush="true"/></li></p>
            <p><li><jsp:include page="newgoods2.html" flush="true"/></li></p>
            <p><li><jsp:include page="newgoods3.html" flush="true"/></li></p>
            <p><li><jsp:include page="newgoods4.html" flush="true"/></li></p>
       </ul>
  </body>
</html>
```

被包含的 html 文件为相应的文字，如：

```
<html>
  <head>
  </head>
  <body>
    早中熟苹果新品种--秦阳<br/>
果实近圆形，果形端正，平均单果重 198 克；果皮底色为黄绿色，果面着红色条纹，成熟时全果呈鲜红色，色泽艳丽，光洁无锈，口感甘醇。<br>
  </body>
</html>
```

运行结果如图 3-1 所示。

新到优质水果介绍

- 早中熟苹果新品种——秦阳
  果实近圆形，果形端正，平均单果重198克；果皮底色为黄绿色，果面着红色条纹，成熟时全果呈鲜红色，色泽艳丽，光洁无锈，口感甘醇。
- 昌苹4号
  果实近圆形，大小整齐，平均单果重203.2克，果实着浓红色，有蜡质，果皮中厚；果肉黄白色或浅黄色，质细硬脆，果汁多有香气，甜酸适口。
- 皇帝香香蕉
  皇帝蕉果长约10厘米左右，无籽，皮薄，皮金黄色，果肉橙黄、清甜芬芳、香甜可口。皇帝蕉果实营养丰富，每100克可食部分含碳水化合物克，蛋白质1.2克，脂肪0.6克，多种维生素。皇帝蕉外观色泽鲜艳，风味独特。
- 礼品型优质梨——大南果梨
  果实为扁圆形，果面光滑，果皮黄色，阳面有红晕，果皮薄，果心小，可食率高，肉质细腻，易溶于口。平均单果重125.5克，最大单果重214克。果实含可溶性固态物16%、总糖12.56%、总酸0.33%、每100克含维生素C16.9毫克，营养丰富。果品质量极优，成为馈赠亲友的上佳礼品。

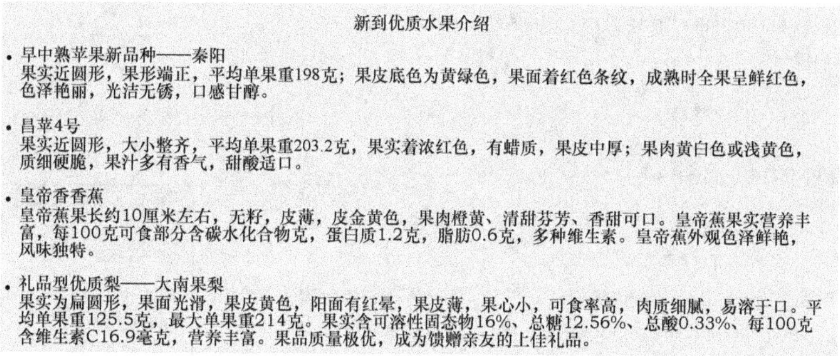

图 3-1 【例 3-4】运行结果

3.3.2 jsp: forward 动作

jsp:forward 动作把请求转到另外的页面。该动作把当前页面 A 重新导向到另一页面 B 上，客户端看到的地址是 A 页面的地址，而实际内容显示的是 B 页面的内容。

jsp:forward 标记只有一个属性 page。page 属性包含的是一个相对 URL。page 的值既可以直接给出，也可以在请求的时候动态计算，如下面的例子所示。

```
<jsp:forward page="/utils/errorReporter.jsp" />
<jsp:forward page="<%= someJavaExpression %>" />
```

注意

在使用 forward 之前，不能有任何内容已经输出到客户端，否则会发生异常。

在网上商城案例中可以利用 forward 动作进行页面的切换。

3.3.3 jsp: param 动作

<jsp:param>用来提供参数信息，其基本语法是：

```
<jsp:param name="parameterName" value="parameterValue">
```

其中 name 属性就是参数的名称，value 属性就是参数值。这个参数值可以用于页面间的数据传递。例如：

```
<jsp:param name="username" value="july">
```

<jsp:param>经常和<jsp:include>、<jsp:forward>以及<jsp:plugin>一起使用。

【例 3-5】<jsp:param>和<jsp:include>结合使用的一个例子，由主页面 index.jsp 和被包含页面 paramInclude.jsp 组成。paramInclude.jsp 通过<jsp:param>从 index.jsp 获取参数值。

index.jsp 的内容如下：

```
<%@ page contentType="text/html;charset=GB2312"%>
<html>
<head>
<title>jsp:param动作</title>
</head>
<body>
<%="&lt;jsp:param&gt;举例" %>
<jsp:include page="paramInclude.jsp" flush="true">
    <jsp:param name="username" value="Amy"/>
    <jsp:param name="password" value="111"/>
</jsp:include>
</body>
</html>
```

paramInclude.jsp 的内容如下：

```
<%@ page contentType="text/html;charset=utf-8"%>
<hr>
用户名：<%=request.getParameter("username")%><br>
用户密码：<%=request.getParameter("password")%>
<hr>
```

运行结果如图 3-2 所示。

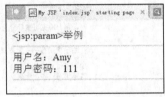

图 3-2 【例 3-5】运行结果

3.3.4 jsp: plugin 动作

<jsp:plugin>动作用于在客户端浏览器中执行一个 Bean 或者显示一个 Applet。当 JSP 页面被编译并响应至浏览器执行时，<jsp:plugin>会根据浏览器的版本替换成<object>或<embed>标记（HTML3.2 使用<embed>，HTML4.0 开始使用<object>），<jsp:plugin>的基本语法如下所示：

`<jsp:plugin attribute1="value1" attribute2="value2" attribute3="value3" …>`

<jsp:plugin>动作常与 jsp:fallback 动作联合使用。

3.3.5 jsp: fallback 动作

<jsp:fallback>动作与<jsp:plugin>标准动作配合使用，告诉客户端浏览器当客户端不支持该插件运行或加载 JavaBean 失败时在浏览器页面显示的提示信息。语法格式是：

```
<jsp:fallback>
    显示的提示信息
</jsp:fallback>
```

3.4 应用举例：网上商城的页面跳转和文件包含

【例 3-6】将各个页面公共的标题部分和底部信息单独形成两个.html 文件 top.html 和 bottom.html，

使用 include 指令将这两部分包含进各个页面，以减少重复代码。观察运行结果与前面是完全一样的，优点是消除了重复代码，同时使得结构更为清晰。

top.html 的内容是：

```jsp
<%@ page contentType="text/html;charset=utf-8"%>
<meta http-equiv="content-type" content="text/html; charset=UTF-8">
<tr>
    <td width=10%>
     <a href="userlogin.jsp">请登录</a>
     </td>

    <td width=10%><a href="userregister.jsp">免费注册</a></td>
    <td width=10%><a href="userlogout.jsp" >注销账号</a></td>
    <td></td>
    <td width=12%><a href="showCart.jsp">我的购物车</a>
    </td>
    <td width=10%><a href="userloginreset.jsp">我的账户</a>
    </td>
</tr>

<tr>
    <td height=150px background="img/flower3.jpg" colspan=6>
        <font class="one" style="color:#FF0066;text-align:right;"><b>     欢迎光临网上百货商城</b></font>
    </td>
</tr>
<tr>
   <td colspan=6 id="menu" >
    <ul>
        <li><a href="index.jsp">商城首页</a></li>
        <li><a href="#news">最新消息</a></li>
        <li><a href="fruitsectorindex.jsp">水果区</a></li>
        <li><a href="clothessectorindex.jsp">服装区</a></li>
        <li><a href="stationerysectorindex.jsp">文具区</a></li>
        <li><a href="#">电器区</a></li>
     <li><a href="#contact">联系我们</a></li>
        <li><a href="#about">关于商城</a></li>
    </ul>
   </td>
</tr>
```

bottom.html 的内容是：

```jsp
<%@ page contentType="text/html;charset=utf-8"%>
<meta http-equiv="content-type" content="text/html; charset=UTF-8">
<%!
            int visitcount=0;
            synchronized void add(){
                visitcount++;
            }
%>
<%
    add();
```

```
                %>
                <tr bgcolor="white"><td class="two" colspan=6>当前访问次数: <%=visitcount %></td></tr>
       <tr><td colspan=6>
       Copyright ? 2003-2014, 版权所有 JSPaliance.COM<br/>
       网络文化经营许可证：网文[2012]0123-002 号<br/>
       客服电话：020-12345678<br/>
       如有意见或建议,请<a href="userSuggestion.jsp">留言</a>或发送<a href="mailto:mallservice@microsoft.
com?subject=Hello%20again">邮件</a><br/>
       技术支持：JSP 联盟<br/>
       </td></tr>
```

将 index.jsp 中出现标题和底部信息的部分分别用下列代码代替：

```
            <!-- 显示顶 部信息 -->
            <tr bgcolor="white">
               <td height=50px colspan=6>
               <table width=100% border=0>

                <tr><td>
                   <%@ include file="top.html" %>
                  </td>
                </tr>
              </table>
              </td>
            </tr>

            <!-- 显示底部信息    -->
            <tr bgcolor="white">
               <td colspan=6><%@include file="bottom.html" %>
               </td>
       </tr>
```

【例 3-7】在用户登录页面中输入用户登录名和密码，判断输入信息是否合法，根据判断结果，使用<jsp:forward>指令跳转到错误显示页面或网上商城主页面。

用户登录页面 userlogin.jsp 核心代码：

```
       <body background="img/bgpic.jpg" >
         <center>
         <!-- 用表格来设计主页面 -->
         <form name="userlogin" method=post action="userlogincheck.jsp">
         <table  width=90% border=0 align=center>
            <tr><td height=100px colspan=2>
                <p style="font-family:宋体;font-size:40px;color:red;text-align:center;"><strong>
<b>网上商城用户登录</b></strong></p>
                </td>
            </tr>
            <tr bgcolor="white">
              <td width=40% align=center height=300px><img src="img/logo.jpg"/></td>
              <td>
                <table align=center>
                   <tr>
                      <td align=center>
```

```html
                        <p style="font-family:宋体;font-size:20px;text-align:left;">登录名: </p>
                        <p><input type="text" name="username" value="" style="width:200px;font-family:宋体;font-size:20px;text-align:left;"/></p><br/>
                        <p style="font-family:宋体;font-size:20px;text-align:left;">登录密码: </p>
                        <input type="password" name="userpassword" value="" style="width:200px;font-family:宋体;font-size:20px;text-align:left;"/><br/>
                        <br/><br/>
                        <input type="submit" value="登录" style="width:200px;font-family:宋体;font-size:20px;text-align:center;"/><br/><br/>
                     </td>
                  </tr>
               </table>
            </td>
         </tr>
         <tr bgcolor="white">
           <td colspan=6>
             <br/>
             <h6 style="font-family:宋体;font-size:15px;text-align:center;">
                Copyright ? 2003-2014, 版权所有 JSPaliance.COM
             </h6>
             <h6 style="font-family:宋体;font-size:15px;text-align:center;">
                网络文化经营许可证: 网文[2012]0123-002 号
             </h6>
             <h6 style="font-family:宋体;font-size:15px;text-align:center;">客服电话: 020-12345678</h6>
             <h6 style="font-family:宋体;font-size:15px;text-align:center;">如有意见或建议, 请发送<a href="mailto:mallservice@microsoft.com?subject=Hello%20again">邮件</a></h6>
             <h6 style="font-family:宋体;font-size:15px;text-align:center;">技术支持: JSP 联盟</h6>
           </td>
         </tr>
       </table>
     </form>
   </center>
 </body>
```

用户信息判断页面 userlogincheck.jsp 核心代码:

```jsp
<body>
    <%
        String username=request.getParameter("username");
        String userpassword=request.getParameter("userpassword");
        Boolean usercheck=true;
        JOptionPane.showMessageDialog(null,"username"+username+","+userpassword);
        int nIndex=0;
        if(username!=null && username.length()<3){
           usercheck=false;
        }
        if(userpassword!=null && userpassword.length()<6){
           usercheck=false;
        }
```

```
            if(!usercheck){
        %>
            <jsp:forward page="loginerror.jsp"/>
        <%}else{
        %>
            <jsp:forward page="indexmenu.jsp"/>
        <%
            }
        %>
</body>
```

显示错误页面 loginerror.jsp 的核心代码：

```
<body>
    <%
    String username=request.getParameter("username");
    out.println(username+"登录信息错误，单击<a href='userlogin.jsp'>此处</a>返回登录页面<br/>");
    %>
</body>
```

到此为止还有一些常用的功能尚未实现：用户登录后进入 index.jsp 页面时将"请登录"的字样改换成用户登录名；用户注册功能；用户单击注销账号后，登录名被"请登录"的字样取代。实现这些功能需要学习第 4 章的内置对象。

本章小结

本章介绍了 JSP 页面中常用的语法形式。JSP 页面主要由 JSP 元素和 HTML 代码构成，其中 JSP 代码完成相应的动态功能。JSP 基础语法包括注释、指令、脚本以及动作元素，以 JSP 指令和 JSP 动作最为重要。本章进一步完善了网上购物系统功能，包括页面跳转、访问次数显示以及通过文件包含来简化冗余代码。读者在学习过程中应当通过编程实践来掌握这些语法，灵活组织和使用语言，实现所需的页面效果和功能，积累编程开发经验。

习　题

3-1　JSP 程序主要有哪些类型的代码？
3-2　JSP 中的声明有什么作用？如何进行变量和方法的声明？
3-3　JSP 表达式和 Scriptlet 与普通的 Java 代码在使用上有什么不同？
3-4　JSP 有哪些指令和动作？
3-5　include 指令和 include 动作的区别是什么？
3-6　page 指令有哪些常用属性？
3-7　jsp:forward 动作和 jsp:param 动作怎样联合使用？

第 4 章
JSP 内置对象

为了方便 Web 应用程序的开发，JSP 中内置了一些默认的对象即内置对象。在本章中，我们将学习 JSP 内置对象的定义和作用，要求重点掌握 4 种常用的内置对象：request、response、session 和 application，并在 JSP 程序中运用。

【本章主要内容】
1. 内置对象的作用和作用范围
2. 常用的 4 种内置对象的作用和用法

4.1 JSP 内置对象概述

4.1.1 JSP 的 9 个内置对象

JSP 的内置对象是指在 JSP 页面系统中已经默认内置的 Java 对象，这些对象起简化页面的作用。内置对象由容器进行管理，不需要开发人员显式声明即可使用，所有的 JSP 代码都可以直接访问内置对象。表 4-1 列出了 JSP 的 9 个内置对象，说明了它们各自所属类或接口类型、作用和作用范围。

表 4-1　　　　　　　　　　　　JSP 内置对象列表

内置对象	所属类型	说明	作用范围
application	javax.servlet.ServletContext	调用 getServletConfig()或 getContext()方法后返回的 ServletContext 对象	application
config	javax.servlet.ServletConfig	当前页面配置 JSP 的 Servlet	page
exception	java.lang.Throwable	访问当前页面时产生的不可预见的异常	page
out	java.servlet.jsp.JspWriter	输出流的 JspWriter 对象	page
page	java.lang.Object	当前 JSP 页面实例	page
pageContext	javax.servlet.jsp.PageContext	当前页面对象	page
request	根据协议的不同，可以是 javax.servlet.ServletRequest 或 javax.servlet.HttpServletRequest	由用户提交请求而触发的 request 对象	request
response	根据协议的不同，可以是 javax.servlet.ServletResponse 或 javax.servlet.HttpServletResponse	由用户提交请求而触发的 response 对象	page

续表

内置对象	所属类型	说明	作用范围
Session	javax.servlet.http.HttpSession	会话（session）对象，在发生 HTTP 请求时被创建	session

4.1.2 内置对象作用范围

内置对象的作用范围是指每个内置对象的某个实例在多长的时间和多大的范围内有效，在什么样的范围内可以有效地访问同一个对象实例。在 JSP 中定义了 4 种作用范围：application、session、page 和 request。

1. application

application 作用域就是服务器启动到关闭的整段时间，在这个作用域内设置的信息可以被所有应用程序使用。在所有的 JSP 内置对象中，application 停留时间最长，任何页面在任何时候都可以访问 application 的对象。由于服务器始终需要在内存中保存 application 对象的实例，application 对象占据的资源是巨大的。

2. session

session 即"会话"的意思。session 是指其作用范围在客户端同服务器相连接的时间，直到其连接中断为止。同一浏览器对服务器进行多次访问在此之间传递信息就是 session 作用域的体现。每个用户请求访问服务器时一般就会创建一个 session 对象，用户终止退出时该 session 对象消失，即用户请求访问服务器时 session 对象开始生效，用户断开退出时 session 对象失效。有些服务器对 session 对象有默认的时间限定，如果超过该时间限制，session 会自动失效而不管用户是否已经终止连接。

3. request

request 即"请求"的意思。在 HTTP 中，浏览器给服务器发送一个请求开始到服务器返回给浏览器一个响应信息结束，这个期间就是一个 request。request 指定的 request 对象作用范围是在一个 JSP 页面向另一个 JSP 页面提出请求到请求完成之间，在完成请求后此范围即结束。下面这个例子包括 3 个页面。

```
page1.jsp
    <%@ page contentType="text/html;charset=GB2312"%>
    <%
    request.setAttribute("username","july");
    %>
    <jsp:forward page="page2.jsp"/>
page2.jsp
    <%@ page contentType="text/html;charset=GB2312"%>
    <%
    out.println("属性 username 的值为："+request.getAttribute("username"));
    %>
    <a href="page3.jsp" target=_blank>page3.jsp</a>
page3.jsp
    <%@ page contentType="text/html;charset=GB2312"%>
    <%
    out.println("属性 username 的值为："+request.getAttribute("username"));
    %>
```

由于 page2.jsp 和 page1.jsp 发生了请求关系，因此可以访问到 username 属性。page3.jsp 和 page2.jsp 的 JSP 部分程序是一样的，但是 page3.jsp 没有和 page1.jsp 发生任何请求关系，page3.jsp 无法访问该属性。

除了利用 forward 方法可以实现在页面跳转中共享 request 对象的数据以外，还可以使用包含（include）。

将 page1.jsp 中的

`<jsp:forward page="page2.jsp"/>`

改为：

`<jsp:include page="page2.jsp" flush="true"/>`

可以实现完全相同的效果。表明使用<jsp:include>标记包含的网页也可以取得 Request 的对象。

4. page

request Scope 允许在不同页面之间传递数据，但是 page 则不同，它只能够获取本页的数据，如果把上例的 page1.jsp 和 page2.jsp 页面中的 request 对象全部替换成 pageContext，然后重新执行，会发现连 page2.jsp 也无法访问到 username 属性。

4.2 request 对象

4.2.1 request 对象的主要方法

request 对象是从客户端向服务器发出请求，客户端通过 HTML 表单或在网页地址后提供参数的方法提交数据，再通过 request 对象的相关方法来获取这些数据。与 request 相联系的是 HttpServletRequest 类。通过 getParameter 方法可以得到 request 的参数，通过 GET、POST、HEAD 等方法可以得到 request 的类型，通过 cookies、Referer 等可以得到引入的 HTTP 头。request 对象有以下一些主要方法，见表 4-2。

表 4-2　　　　　　　　　　　　request 对象的主要方法

方法	说明
Object getAttribute(String name)	返回 name 指定的属性值，如果不存在该属性则返回 null
Enumeration getAttributeNames()	返回 request 对象所有属性的名字
String getCharacterEncoding()	返回请求中的字符编码方法，可以在 response 对象中设置
String getContentType()	返回在 response 中定义的内容类型
Cookie[] getCookies()	返回客户端所有 Cookie 对象，其结果是一个 Cookie 数组
String getHeader(String name)	获取 HTTP 协议定义的文件头信息
Enumeration getHeaderNames()	获取所有 HTTP 协议定义的文件头名称
Enumeration getHeaders(String name)	获取 request 指定文件头的所有值的集合
ServletInputStream getInputStream()	返回请求的输入流
String getLocalName()	获取响应请求的服务器端主机名
String getLocalAddr()	获取响应请求的服务器端地址

方法	说明
int getLocalPort()	获取响应请求的服务器端端口
String getMethod()	获取客户端向服务器提交数据的方法（GET 或 POST）
String getParameter(String name)	获取客户端传送给服务器的参数值，参数由 name 属性决定
Enumeration getParameterNames()	获取客户端传送给服务器的所有参数名称，返回一个 Enumerations 类的实例。使用此类需要导入 util 包
String[] getParameterValues(String name)	获取指定参数的所有值。参数名称由"name"指定
String getProtocol()	获取客户端向服务器传送数据所依据的协议，如 HTTP/1.1、HTTP/1.0
String getQueryString()	获取 request 参数字符串，前提是采用 GET 方法向服务器传送数据
BufferedReader getReader()	返回请求的输入流对应的 Reader 对象，该方法和 getInputStream()方法在一个页面中只能调用一个
String getRemoteAddr()	获取客户端用户 IP 地址
String getRemoteHost()	获取客户端用户主机名称
String getRemoteUser()	获取经过验证的客户端用户名称，未经验证返回 null
StringBuffer getRequestURL()	获取 request URL，但不包括参数字符串
void setAttribute(String name,Java.lang.Object object)	设定名字为 name 的 reqeust 参数的值，该值由 object 决定

4.2.2　request 对象的应用

【例 4-1】在【例 2-3】的 login.jsp 的基础上，编写 showUserInfor.jsp，用 request 的 getParameter 方法获取表单提交的信息。showUserInfor.jsp 核心代码如下：

```
<body>
    <%
        request.setCharacterEncoding("utf-8");//用于解决中文乱码
        String username=request.getParameter("userName");
        String passwordHint=request.getParameter("passwordHint");
        String gender=request.getParameter("gender");
        String selectyear=request.getParameter("selectyear");
        String selectmonth=request.getParameter("selectmonth");
        String selectid=request.getParameter("selectid");
        String userID=request.getParameter("userID");
    %>
    您的信息如下，请核对:<br/>
    用户名：<%=username %><br/>
    真实姓名：<%=selectid %><br/>
    忘记密码提示问题：<%=passwordHint %><br/>
    性别：<%=gender %><br/>
    出生年月：<%=selectyear %><br/>
    证件类型：<%=selectmonth %><br/>
    证件号：<%=userID %><br/>
</body>
```

运行结果如图 4-1 所示。

图 4-1 【例 4-1】运行结果

【例 4-2】通过 request.getParameterValues(String name)方法获得指定名称的成组信息，多用于获取 checkbox 类（名字相同，但值有多个）的数据。编写并运行下列代码，注意比较 request.getParameterValues 和 getParameter 方法：

```
<body bgcolor="#FFFFF0">
     用户购物调查   <br/>
  <form action="" method="post">
     您获得商品信息的来源：
  <input type="checkbox" name="favor" value="网络">网络
  <input type="checkbox" name="favor" value="电视">电视
  <input type="checkbox" name="favor" value="广播">广播
  <input type="checkbox" name="favor" value="广告手册">广告手册
  <br>
  <input type="submit" value="进入" name="qwe">
  </form>
  <%
  request.setCharacterEncoding("utf-8");  //解决中文乱码问题
  if(request.getParameter("qwe")!=null ){
       for(int i=0;i<request.getParameterValues("favor").length;i++){
           out.println("购物喜好"+i+":"+request.getParameterValues("favor")[i]+"<br>");
       }
       out.println(request.getParameter("qwe"));
  }
  %>
</body>
```

运行结果如图 4-2 所示。

【例 4-3】当 request 对象获取客户提交的汉字字符时，可能会出现乱码问题，必须进行特殊处理。首先，将获取的字符串用 ISO-8859-1 进行编码，并将编码存放到一个字节数组中，然后再将这个数组转化为字符串对象。

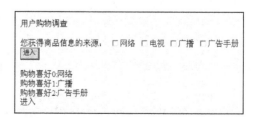

图 4-2 request.getParameterValues 方法的运用

```
String textContent=request.getParameter("userName");
byte b[]=textContent.getBytes("ISO-8859-1");
```

```
textContent=new String(b);
```

在【例 4-2】中使用下列代码来代替 request.setCharacterEncoding("utf-8");语句处理中文乱码。

```
<%!
public String trans(String str) throws Exception{
  byte b[]=str.getBytes("ISO-8859-1");
  str=new String(b,"utf-8");
  return str;
}
%>
<%
//request.setCharacterEncoding("utf-8");
if(request.getParameter("qwe")!=null ){
   for(int i=0;i<request.getParameterValues("favor").length;i++){
     out.println("购物喜好"+i+":"+trans(request.getParameterValues("favor")[i])+"<br>");
   }
   out.println(trans(request.getParameter("qwe")));
}
%>
```

【例 4-4】下面显示了 request 多个方法的用法,请运行并观察结果,体会各种方法的作用。

```
<%
out.println("Protocol: " + request.getProtocol() + "<br>");
out.println("Scheme: " + request.getScheme() + "<br>");
out.println("Server Name: " + request.getServerName() + "<br>" );
out.println("Server Port: " + request.getServerPort() + "<br>");
out.println("Protocol: " + request.getProtocol() + "<br>");
out.println("Server Info: " + getServletConfig().getServletContext().getServerInfo()+"<br>");
out.println("Remote Addr: " + request.getRemoteAddr() + "<br>");
out.println("Remote Host: " + request.getRemoteHost() + "<br>");
out.println("Character Encoding: " + request.getCharacterEncoding() + "<br>");
out.println("Content Length: " + request.getContentLength() + "<br>");
out.println("Content Type: "+ request.getContentType() + "<br>");
out.println("Auth Type: " + request.getAuthType() + "<br>");
out.println("HTTP Method: " + request.getMethod() + "<br>");
out.println("Path Info: " + request.getPathInfo() + "<br>");
out.println("Path Trans: " + request.getPathTranslated() + "<br>");
out.println("Query String: " + request.getQueryString() + "<br>");
out.println("Remote User: " + request.getRemoteUser() + "<br>");
out.println("Session Id: " + request.getRequestedSessionId() + "<br>");
out.println("Request URI: " + request.getRequestURI() + "<br>");
out.println("Servlet Path: " + request.getServletPath() + "<br>");
out.println("Accept: " + request.getHeader("Accept") + "<br>");
out.println("Host: " + request.getHeader("Host") + "<br>");
out.println("Referer : " + request.getHeader("Referer") + "<br>");
out.println("Accept-Language : " + request.getHeader("Accept-Language") + "<br>");
out.println("Accept-Encoding : " + request.getHeader("Accept-Encoding") + "<br>");
out.println("User-Agent : " + request.getHeader("User-Agent") + "<br>");
out.println("Connection : " + request.getHeader("Connection") + "<br>");
out.println("Cookie : " + request.getHeader("Cookie") + "<br>");
out.println("Created : " + session.getCreationTime() + "<br>");
out.println("LastAccessed : " + session.getLastAccessedTime() + "<br>");
%>
```

request.getParameter() 和 request.getAttribute() 都能够获得传递来的信息（参数或属性），但它们的使用是有区别的。

（1）request.getParameter()通过容器来取得通过类似 post、get 等方式传入的 HTTP 请求数据，传递的数据从客户端传到服务器端。request.setAttribute()和 getAttribute()只是在 Web 容器内部流转，仅仅是请求处理阶段，传递的数据只存在于 Web 容器内部。

（2）request.getParameter()方法获得 String 类型的数据，request.getAttribute()获得 Object 类型的数据。

（3）Servlet 技术中 HttpServletRequest 类有 setAttribute()方法，而没有 setParameter()方法。

4.3 response 对象

4.3.1 response 对象的主要方法

response 对象的作用是处理 HTTP 连接信息，如 Cookie、HTTP 文件头信息等，它有很多功能是和 request 对象相匹配的。与 response 相联系的是 HttpServletResponse 类，用于控制 HTTP 连接。因为输出流是放入缓冲的，所以可以设置 HTTP 状态码和 response 头。主要用于向客户端发送数据，如 Cookie、HTTP 文件头等信息。表 4-3 列出了 response 对象的主要方法。

表 4-3　　　　　　　　　　　　response 对象的主要方法

方法	说明
void addCookie(Cookie cookie)	添加一个 Cookie 对象，用来保存客户端的用户信息
void addHeader(String name,String value)	添加 HTTP 头。该 Header 将会传到客户端，若同名的 Header 存在，原来的 Header 会被覆盖
boolean containsHeader(String name)	判断指定的 HTTP 头是否存在
String encodeRedirectURL(String url)	对于使用 sendRedirect()方法的 URL 编码
String encodeURL(String url)	将 URL 予以编码，回传包含 session ID 的 URL
void flushBuffer()	强制把当前缓冲区的内容发送到客户端
int getBufferSize()	取得以 kb 为单位的缓冲区大小
String getCharacterEncoding()	获取响应的字符编码格式
String getContentType()	获取响应的类型
ServletOutputStream getOutputStream()	返回客户端的输出流对象
PrintWriter getWriter()	获取输出流对应的 writer 对象
void reset()	清空 buffer 中的所有内容
void resetBuffer()	情况 buffer 中所有的内容，但是保留 HTTP 头和状态信息
void sendError(int sc,String msg) 或 void sendError(int sc)	向客户端传送错误状态码和错误信息。如：505：服务器内部错误；404：网页找不到错误
void sendRedirect(String location)	向服务器发送一个重定位至 location 位置的请求
void setCharacterEncoding(String charset)	设置响应使用的字符编码格式

续表

方法	说明
void setBufferSize(int size)	设置以 kb 为单位的缓冲区大小
void setContentLength(int length)	设置响应的 BODY 长度
void setHeader(String name, String value)	设置指定 HTTP 头的值。设定指定名字的 HTTP 文件头的值，若该值存在，它将会被新值覆盖
void setStatus(int sc)	设置状态码。为了使得代码具有更好的可读性，用 HttpServletResponse 中定义的常量而非整数，例如与状态代码 404 对应的状态信息是"Not Found"，HttpServletResponse 中的对应常量名字为 SC_NOT_FOUND

4.3.2 response 对象的应用

【例 4-5】页面自动刷新。

```
<%@page contentType="text/html;charset=gb2312"%>
<HTML>
    <HEAD>
        <TITLE>页面自动刷新</TITLE>
    </HEAD>
    <BODY>
    <%!
        int i = 0 ;
    %>
    <%
        response.setHeader("refresh","1") ;   //每一秒钟自动刷新一次。
    %>
    <h1><%=i++%></h1>
    </BODY>
</HTML>
```

【例 4-6】页面自动跳转。例如，编写一个用户登录页面 login.jsp（请自行编写），单击"确定"按钮后提交给 loginDeal.jsp 页面处理，如果输入信息为空，则转向 loginError.jsp 页面，在该页面停留 3 秒自动回到 login.jsp 页面。

```
loginDeal.jsp:
<HTML>
    <HEAD>
        <TITLE>登录判断页面</TITLE>
    </HEAD>
    <body>
    <%
        String username=request.getParameter("username");
        String password=request.getParameter("password");
        if(username!=null&&username.equals("")||password!=null&&password.equals("")){
            response.sendRedirect("loginError.jsp");
        } else{
            response.sendRedirect("index.jsp");
        }
    %>
    </body>
</html>
```

```
loginError.jsp:
<HTML>
    <HEAD>
            <TITLE>页面自动跳转</TITLE>
    </HEAD>
<body>
    <h1 align="center">用户名和密码不能为空！<br>
    <%
    response.setHeader("refresh","3;URL=userlogin.jsp") ;
    %>
    3秒后自动跳转回登录页面<br>
    或按<a href="userlogin.jsp">这里跳转回登录页面</a>
    </h1>
</body>
</HTML>
```

使用 sendRedirect()方法，即向服务器发送一个重新定向的请求。当用它转到另外一个面页时，等于重新发出了一个请求，所以原来页面的 request 参数转到新页面之后就失效了。此语句之后的其他语句仍然会继续执行，为了避免错误，往往会在此方法后使用"return"中止其他语句的执行。

比较一下使用 sendRedirect()方法和使用<jsp:forward>进行页面跳转的区别：

（1）sendRedirect 实现请求重定向，forward 实现的是请求转发，在 Web 服务器内部的处理机制是不一样的。forward 方法只能转发给同一个 Web 站点的资源，而 sendRedirect 方法还可以定位到同一个 Web 站点的其他应用，或通过传入绝对路径定位到别的 Web 站点。

（2）forward 重定向后，浏览器 URL 地址不变，sendRedirect 转发后，浏览器 URL 地址变为目的 URL 地址。

（3）使用 forward 重定向的过程，是浏览器先向目的 Servlet 发送一次 Request 请求，然后在服务器端由 Servlet 再将请求发送到目的 URL，再由服务器端 Servlet 返回 Response 到浏览器端，浏览器和服务器发生一次请求响应。使用 sendRedirect 转发，浏览器先向目的 Servlet 发送一次请求，Servlet 看到 sendRedirect 将目的 URL 返回到浏览器，浏览器再去请求目的 URL，目的 URL 再返回 response 到浏览器。浏览器和服务器发生两次请求响应。

（4）forward 方法的调用者与被调用者之间共享 Request 和 Response。sendRedirect 方法由于两次浏览器服务器请求，所以有两个 Request 和 Response。如果使用 request.setAttribute 传递参数或属性就需要用 forward。

无论是 forward 方法还是 sendRedirect 方法调用，前面都不能有 PrintWriter 输出到客户端。

4.3.3 Cookies 的运用

Cookies 是当用户浏览某网站时，由 Web 服务器置于用户硬盘上的小文本文件，记录用户的用户 ID、密码、浏览过的网页、停留的时间等信息。这些信息以"名/值"对(name-value pairs)的形式储存在客户端的硬盘或内存。当用户再次来到该网站时，网站读取 Cookies 得知用户的相关信息，就可以做出相应的动作，如在页面显示欢迎用户的标语，或者让用户不必输入 ID、密码就直接登录等。

Cookie 的目的是为了方便用户以及向服务器端传送相关信息。一个网站只能取得它放在用户的电脑中的信息，无法从其他的 Cookies 文件中取得信息，也无法得到用户的电脑上的其他任何东西。Cookies 中的内容大多数经过了加密处理，Cookie 不能用来做任何方式的运行或解释，因此也无法被病毒利用。浏览器一般只能为每个站点接受 20 个 Cookie，总计 Cookie 不能超过 300个，每个 Cookie 被限制在 4KB 以内，这样不用担心 Cookies 会占满硬盘空间，也不用担心会被用于运行服务器所禁止的攻击。

Cookie 在安全问题上虽然不存在什么巨大的隐患，但它对用户个人隐私问题却是一个威胁。例如，有些用户并不希望服务器记住自己的私人信息。又如，在线购物时用户密码、信用卡密码等重要信息绝不应该利用 Cookie 处理，而应当在用户真正输入用户密码、信用卡密码等信息后才能确认生效。否则一旦盗取客户 Cookie 文件则可能造成重要个人信息的泄漏。

为客户端设置 Cookie，可以通过 new Cooike（name，value）方法创建一个或多个包含合适名称和值的 Cookie。通过 cookie.setXxx()方法可以设置一些可选属性值，通过 response.addCookie（cookie）可以将 Cookie 传送到客户端。需要读取 Cookies 则调用 request.getCookies()方法，该方法返回 Cookie 对象数组。遍历这个数组，通过 getName()方法就可以找到与期望名称相符合的Cookie，然后再调用 getValue()方法就可以获得该 Cookie 的值。

【例 4-7】下面的代码的作用是设置 Cookie 后显示获取的 Cookie。

```jsp
setCookie.jsp:
<%@page contentType="text/html;charset=gb2312"%>
<HTML>
    <HEAD>
        <TITLE>Cookie 的使用</TITLE>
    </HEAD>
    <BODY>
    <%
        Cookie c1 = new Cookie("name","aaa") ;
        Cookie c2 = new Cookie("password","111") ;
        // 最大保存时间为 60 秒
        c1.setMaxAge(60) ;
        c2.setMaxAge(60) ;
        // 通过 response 对象将 Cookie 设置到客户端
        response.addCookie(c1) ;
        response.addCookie(c2) ;
    %>
    </BODY>
</HTML>
getCookie.jsp:
  <body>
    <%
        // 通过 request 对象，取得客户端设置的全部 Cookie
        // 实际上客户端的 Cookie 是通过 HTTP 头信息发送到服务器端上的
        Cookie c[] = request.getCookies() ;
    %>
    <%
        for(int i=0;i<c.length;i++){
            Cookie temp = c[i] ;
    %>
    <%=temp.getName()%> and <%=temp.getValue()%> <br/>
    <%
        }
```

```
    %>
</body>
```

运行结果为：

```
name and aaa
password and 111
JSESSIONID and 4432402873DEB21339594493A4E52343
```

在超过 60 秒后单独运行 getCookie.jsp，则显示结果只有：

```
JSESSIONID and 4432402873DEB21339594493A4E52343
```

表示在 setCookie.jsp 中设置的两个 cookie（c1 和 c2）已经失效。

4.4　session 对象

4.4.1　session 对象的主要方法

在网络程序中经常会出现这样的需求，服务器需要不断识别是从哪个客户端发送来的请求，以便针对用户的状态进行相应的处理。例如，在网上商城中使用的购物车就需要判定哪个用户将某商品放入了自己的购物车，而不是放入了别人的购物车，并且要保证购物车中的商品信息在用户选购商品过程中不能丢失。session 就是用来处理这种情况的。

从一个客户打开浏览器并连接到服务器开始，到客户关闭浏览器离开这个服务器结束，被称为一个 session（会话）。session 在第一个 JSP 页面被装载时自动创建，完成会话期管理。当一个客户访问一个服务器时，可能会在这个服务器的几个页面之间反复连接，反复刷新一个页面，服务器应当通过某种办法知道这是同一个客户，这就需要借助 session 对象。session 对象能够在一个访问期间在不同的页面间传输数据，存储特定用户会话所需的信息。当用户在应用程序的 Web 页之间跳转时，存储在 session 对象中的变量将在整个用户会话中一直存在下去。当一个客户首次访问服务器上的一个 JSP 页面时，JSP 引擎产生一个 session 对象，同时分配一个 String 类型的 ID 号，JSP 引擎同时将这个 ID 号发送到客户端，存放在 Cookie 中，这样 session 对象和客户之间就建立了一一对应的关系。当客户再访问连接该服务器的其他页面时，不再分配给客户新的 session 对象，直到客户关闭浏览器后，服务器端该客户的 session 对象取消，并且和客户的会话对应关系消失。当客户重新打开浏览器再连接到该服务器时，服务器为该客户再创建一个新的 session 对象。当会话过期或被放弃后，服务器将终止该会话。网上购物时购物车中最常使用的就是 session。当用户把物品放入购物车时，就可以将用户选定的商品信息存放在 session 中，当需要进行付款等操作时，又可以将 session 中的信息取出来。表 4-4 列出了 session 对象的常用方法。

表 4-4　　　　　　　　　　　　session 对象方法列表

方法	说明
Object getAttribute(String name)	获取指定名字的属性
Enumeration getAttributeNames()	获取 session 中所有的属性名称
long getCreationTime()	返回当前 session 对象创建的时间。单位是毫秒，由 1970 年 1 月 1 日零时算起

续表

方法	说明
String getId()	返回当前 session 的 ID。每个 session 都有一个独一无二的 ID
long getLastAccessedTime()	返回当前 session 对象最后一次被操作的时间。单位是毫秒,由 1970 年 1 月 1 日零时算起
int getMaxInactiveInterval()	获取 session 对象的有效时间
void invalidate()	强制销毁该 session 对象
ServletContext getServletContext()	返回一个该 JSP 页面对应的 ServletContext 对象实例
HttpSessionContext getSessionContext()	获取 session 的内容
Object getValue(String name)	取得指定名称的 session 变量值,不推荐使用
String[] getValueNames()	取得所有 session 变量的名称的集合,不推荐使用
boolean isNew()	判断 session 是否为新的,所谓新的 session 只是由服务器产生的 session 尚未被客户端使用
void removeAttribute(String name)	删除指定名字的属性
void pubValue(String name, Object value)	添加一个 session 变量,不推荐使用
void setAttribute(String name, Java.lang.Object object)	设定指定名字属性的属性值,并存储在 session 对象中
void setMaxInactiveInterval(int interval)	设置最大的 session 不活动的时间,若超过这时间,session 将会失效,时间单位为秒

获取 session 对象的方法如下。

1. 使用 session 关键字直接引用 session 对象

2. 使用 request 对象的 getSession()方法

使用 request 对象的 getSession()方法可以返回 HttpSession 接口的实例对象,也就是 session 对象,这个新获得的 HttpSession 对象不能够被命名为 session,因为 session 是 JSP 引擎自动创建的当前 session 对象的一个同步副本。

3. 使用 PageContext 对象的 getSession()方法

使用 pageContext 对象的 getServletContext()方法可以获得 application 对象的副本,同样,使用 pageContext 对象的 getSession()方法也可以获取 session 对象的一个副本。

4.4.2 session 对象的应用

【例 4-8】编写并运行下列代码,体会 session 对象主要方法的作用。

```
<body>
    session 的 创 建 时 间 :<%=session.getCreationTime()%>    &lt;%=new Date(session.getCreationTime())%><br><br>
        session 的 Id 号:<%=session.getId()%><br><br>
        客户端最近一次请求时间:<%=session.getLastAccessedTime()%>  <%=new java.sql.Time(session.getLastAccessedTime())%><br><br>
        两次请求间隔多长时间此 SESSION 被取消(s):<%=session.getMaxInactiveInterval()%><br><br>
        是否是新创建的一个 SESSION:<%=session.isNew()?"是":"否"%><br><br>
    <%
    session.putValue("name","Amy");
    session.putValue("nmber","123");
```

```
%>
<%
 for(int i=0;i<session.getValueNames().length;i++)
  out.println(session.getValueNames()[i]+"="+session.getValue(session.getValueNames()[i]));
%>
<!--返回从格林威治时间(GMT)1970年01月01日0：00：00起到计算当时的毫秒数-->
</body>
```

运行结果如图 4-3 所示。

```
session的创建时间：1391822416890&lt; %=new
Date（session.getCreationTime()）%>
session的Id号：F59175A1C8D77C70954AEDB911983E63
客户端最近一次请求时间：1391823839765  09:43:59
两次请求间隔多长时间此SESSION被取消 (s):1800
是否是新创建的一个SESSION：否
nmber=123 name=Amy
```

图 4-3 【例 4-8】第一次运行结果

```
session的创建时间：1391824178609 & lt; %=new
Date（session.getCreationTime()）%>
session的Id号：4213ED81202B8D6E06CEA7365BE800CD
客户端最近一次请求时间：1391824178609 & nbsp; 09:49:38
两次请求间隔多长时间此SESSION被取消 (s):1800
是否是新创建的一个SESSION：是
nmber=123 name=Amy
```

图 4-4 【例 4-8】第二次运行结果

关闭浏览器，重新打开浏览器，再次运行本程序，显示结果如图 4-4 所示。关闭浏览器，第一次的 session 被取消了，再次打开浏览器时，为新建立的 session。如果不关闭浏览器而刷新页面，则不会新分配 sessionId，只是更新最近一次的请求时间。

【例 4-9】在 usesession1.jsp 中为 session 设置了属性 "username"，并将其值设置为 "Mike"，再转到 usesession2.jsp 页面后，可以从 session 中取得该属性的值。

```
usesession1.jsp:
<%
  session.setAttribute( "username", "Mike");
%>
<html>
<head>
<title></title>
</head>
<body>
<a href="nextpage.jsp">continue</a>
</body>
</html>
```

usesession1.jsp 在 session 中存储用户姓名，并链接到 usesession2.jsp。nextpage.jsp 通过 session 对象获取到存储的姓名属性 username 的值。

```
usesession2.jsp:
<html>
<head>
<title></title>
</head>
<body>
Hello, <%= session.getAttribute( "username" ) %>
<% session.setMaxInactiveInterval(30);%>
</body>
</html>
```

session 会因为超时而发生失效(系统的默认 30 分钟)，判断为用户已经离开网站，session 对象被自动清空。也可使用 invalidate()方法强制销毁该 session 对象。

session 的有效时间设置有两种方法。

1. 在 web.xml 中设置

```
<session-config>
<session-timeout>30</session-timeout> <!-- 单位为分钟 -->
</session-config>
```

2. 在创建 session 时直接设置

```
session.setMaxInactiveInterval(1800); //单位为秒钟
```

4.5　application 对象

4.5.1　application 对象的主要方法

在 JSP 中使用 session 来保存每个用户的私有信息,但有时服务器需要管理面向整个应用的参数,使每个客户都能获得同样的参数值。为此 JSP 提供了 Application 对象。

Application 对象具有全局作用范围,整个应用程序共享,它的生命周期为应用程序启动到停止。服务器启动后就产生了这个 application 对象,当客户访问各个页面时,这个 application 对象都是同一个,直到服务器关闭。与 session 不同的是,所有客户的 application 对象都是同一个,即所有客户共享这个内置的 application 对象,用于在多个用户间保存数据,所有用户都共享同一个 application,因此从中读取和写入的数据都是共享的。

表 4-5 列出了 application 对象的主要方法及其说明。

表 4-5　　　　　　　　　　　　application 对象的主要方法

方法	说明
Object getAttribute(String name)	获取指定名字的 application 对象的属性值
Enumeration getAttributes()	返回所有的 application 属性
ServletContext getContext(String uripath)	取得当前应用的 ServletContext 对象
String getInitParameter(String name)	返回由 name 指定的 application 属性的初始值
Enumeration getInitParameters()	返回所有的 application 属性的初始值的集合
int getMajorVersion()	返回 servlet 容器支持的 Servlet API 的版本号
String getMimeType(String file)	返回指定文件的 MIME 类型,未知类型返回 null
String getRealPath(String path)	返回给定虚拟路径所对应物理路径
void setAttribute(String name, Java.lang.Object object)	设定指定名字的 application 对象的属性值
Enumeration getAttributeNames()	获取所有 application 对象的属性名
String getInitParameter(String name)	获取指定名字的 application 对象的属性初始值
URL getResource(String path)	返回指定的资源路径对应的一个 URL 对象实例,参数以"/"开头
InputStream getResourceAsStream(String path)	返回一个由 path 指定位置的资源的 InputStream 对象实例
String　getServerInfo()	获得当前 Servlet 服务器的信息

续表

方法	说明
Servlet getServlet(String name)	在 ServletContext 中检索指定名称的 servlet
Enumeration getServlet()	返回 ServletContext 中所有 servlet 的集合
void log(Exception ex, String msg/String msg, Throwablet /String msg)	把指定的信息写入 servlet log 文件
void removeAttribute(String name)	移除指定名称的 application 属性
void setAttribute(String name, Object value)	设定指定的 application 属性的值

4.5.2　application 对象的应用

由于 application 对象具有在所有客户端共享数据的特点，因此经常用于记录所有客户端公用的一些数据，例如页面访问次数。

【例 4-10】利用 application 实现网站计数器。

```
<%@ page language="java" contentType="text/html;charset=GB2312"%>
<html>
<head>
    <title>网站计数器</title>
</head>
<body>
<%
    if(application.getAttribute("count")==null){
        application.setAttribute("count","1");
        out.println("欢迎,您是第1位访客! ");
    }
    else{
        int i = Integer.parseInt((String)application.getAttribute("count"));
        i++;
        application.setAttribute("count",String.valueOf(i));
        out.println("欢迎,您是第"+i+"位访客! ");
    }
%>
<hr>
</body>
</html>
```

运行上面的例子，即使将页面关闭重新打开，或者从不同客户端浏览器打开该网页，计数器仍然有效，直到重启服务器为止。

除了能够在多个 JSP 之间、JSP 和 Servlet 之间共享数据之外，Application 对象还可用来加载 Web 应用的配置参数。

【例 4-11】如下 JSP 页面显示配置文件中给出的访问数据库所使用的驱动、URL、用户名及密码。

```
<body>
<%
//从配置参数中获取驱动
String driver =application.getInitParameter("driver");
//从配置参数中获取数据库 url
String url = application.getInitParameter("url");
```

103

```
//从配置参数中获取用户名
String username= application.getInitParameter("username");
//从配置参数中获取密码
String password = application.getInitParameter("password");
Class.froName(driver);
Connection conn = DriverManager.getConnection(url,username,password);
Statement stmt = conn.createStatement();
ResultSet  rs = stmt.executeQuery("select * from userInfo");
%>
<table bgcolor="0099dd" border="1" align="center">
<%
while(rs.next()){
%>
<tr>
<td><%=rs.getString(2)%> </td>
<td><%=rs.getString(3)%> </td>
</tr>
<%
}
%>
</table>
</body>
```
web.xml 配置如下（数据库使用 mySql）：
```
<!---配置第一个参数：driver-->
<context-param>
  <param-name>driver</param-name>
  <param-value>com.mysql.jdbc.Driver</param-value>
</context-param>
<!--配置第二个参数：url-->
<context-param>
  <param-name>url</param-name>
  <param-value>jdbc:mysql://localhost:3306/j2ee</param-value>
</context-param>
<!--配置第三个参数：username-->
<context-param>
  <param-name>username</param-name>
  <param-value>root</param-value>
</context-param>
<!--配置第四个参数：password-->
<context-param>
  <param-name>password</param-name>
  <param-value>1234</param-value>
</context-param>
```

4.6 exception 对象

4.6.1 exception 对象的主要方法

当 JSP 页面发生错误时，会产生异常。而 exception 就是用来针对异常做出相应处理的对象。当异常发生时，则使用 errorPage 命令指定该由哪个页面处理发生的异常。要使用该内置对象，必须在 page 命令中设定<%@ page isErrorPage="true"%>，否则编译会出现错误。Exception 对象的主要方法见表 4-6。

表 4-6　　　　　　　　　　　　　exception 对象的主要方法

方法	说明
String getMessage()	返回错误信息
void printStackTrace()	以标准错误的形式输出一个错误和错误的堆栈
void toString()	以字符串的形式返回对异常的描述
void printStackTrace()	打印出 Throwable 及其 call stack trace 信息

4.6.2　exception 对象的应用

【例 4-12】一个使用 exception 对象的例子。

```
exceptionSource.jsp
<%@ page errorPage="exceptionShow.jsp" %>
<%@ page contentType="text/html;charset=GB2312" %>
<%
    //计算结果
    String result = "";
    //判断是否提交表单
    String action = request.getParameter("action");
    if( action != null){
        int n = (new Integer(request.getParameter("number"))).intValue();
        result = String.valueOf(100/n);
    }
%>
<html>
    <head>
        <title>Exception 实例</title>
    </head>
<body>
    <form name=exception method=post action=" exceptionSource.jsp?action=submit">
        请输入一个数：<input name="number" value=""><input type=submit value="提 交">
        <br>100 除以该数得：<%=result%>
    </form>
</body>
</html>
exceptionShow.jsp
<%@page isErrorPage="true" %>
<%
    out.println("exception.toString():");
    out.println("<br>");
    out.println(exception.toString());
    out.println("<p>");
    out.println("exception.getMessage():");
    out.println("<br>");
    out.println(exception.getMessage());
%>
```

在地址栏中输入 http://localhost:8080/exception Source.jsp，如果在文本框中输入 12，则提交表

单后显示如图 4-5 所示。

如果输入 0 并且单击"提交",则页面会提示以下错误语句:

```
exception.toString():
java.lang.ArithmeticException: / by zero
exception.getMessage():
/ by zero
```

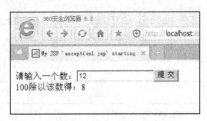

图 4-5 【例 4-12】运行效果

4.7 out 对象

4.7.1 out 对象的主要方法

out 是用于向客户端输出的 PrinterWriter 对象。与 response 对象不同,通过 out 对象发送的内容是浏览器需要显示的内容,是文本一级的,可以通过 out 对象直接向客户端写一个由程序动态生成 HTML 文件。out 对象内部包含了一个缓冲区,它实际上是带有缓冲特性的 PrinterWriter,可以称为 JspWriter。通过 page 指令的 buffer 属性设置缓冲区容量。表 4-7 介绍了 out 对象的主要方法。

表 4-7　　　　　　　　　　　　　out 对象的主要方法

方法	说明
void clear()	清除输出缓冲区的内容,但是不输出到客户端
void clearBuffer()	清除缓冲区的内容,并且输出数据到客户端
void close()	关闭输出流,清除所有内容
void flush()	输出缓冲区里面的数据
int getBuffersize()	获得缓冲区大小。缓冲区的大小可用<%@ page buffer="size" %>设置
int getRemaining()	获得缓冲区可使用空间大小
void newLine()	输出一个换行字符
boolean isAutoFlush()	返回一个 boolean 类型的值,如果为 true 表示缓冲区会在充满之前自动清除;返回 false 表示如果缓冲区充满则抛出异常
print(boolean b/char c/char[] s/double d/float f/int i/long l/Object obj/String s)	输出一行信息,不自动换行
println(boolean b/char c/char[] s/double d/float f/int i/long l/Object obj/String s)	输出一行信息,并自动换行
Appendable append(char c / CharSequence cxq, int start, int end/ CharSequence cxq)	将一个字符或者实现了 CharSequence 接口的对象添加到输出流的后面

4.7.2 out 对象的应用

【例 4-13】使用 out 对象输出一个 HTML 表格。

```
    <style>
    table{ cellspacing:1; border:0; width:300;}
    td{ background-color:#CCFF99;text-align:center;width:100; }
    </style>
<body>
```

```jsp
<%
    int BufferSize=out.getBufferSize();
    int Available=out.getRemaining();
%>
<%
    String[] str = new String[4];
    str[0] = "苹果";
    str[1] = "￥15.98";
    str[2] = "香蕉";
    str[3] = "￥9.30";
    out.println("<html>");
    out.println("<head>");
    out.println("<title>使用 out 对象输出 HTML 表格</title>");
    out.println("</head>");
    out.println("<body>");
    out.println("<table>");
    out.println("<tr >");
    out.println("<td >品名</td>");
    out.println("<td >单价</td>");
    out.println("</tr>");
    for(int i=0;i<3;i=i+2){
    out.println("<tr>");
    out.println("<td > "+str[i]+"</td>");
    out.println("<td > "+str[i+1]+"</td>");
    out.println("</tr>");
    }
    out.println("<tr>");
    out.println("<td >BufferSize:</td>");
    out.println("<td >"+BufferSize+ "</td>");
    out.println("</tr>");
    out.println("<tr>");
    out.println("<td >Available:</td>");
    out.println("<td >"+Available+ "</td>");
    out.println("</tr>");
    out.println("</table>");
    out.println("<body>");
    out.println("</html>");
    out.close();
%>
</body>
```

运行结果如图 4-6 所示。

品名	单价
苹果	￥15.98
香蕉	￥9.30
BufferSize:	8192
Available:	7463

图 4-6 【例 4-13】的运行结果

4.8 其他内置对象

4.8.1 config 对象

config 对象代表当前 JSP 配置信息，但 JSP 页面通常无需配置，不存在配置信息，该对象在 JSP 页面中较少使用。但 Servlet 需要在 web.xml 文件中配置，可以指定配置参数。config 对象的主要方法见表 4-8。

表 4-8　　　　　　　　　　　　　　　config 对象的主要方法

方法	说明
String getInitParameter(String name)	返回名称为 name 的初始参数的值
Enumeration getInitParameters()	返回这个 JSP 所有的初始参数的名称集合
ServletContext getContext()	返回 ServletContext 对象
String getServletName()	返回 Servlet 的名称

【例 4-14】下列代码演示了 config 对象方法的作用。

```
<body>
    <% Enumeration enums = 
          pageContext.getAttributeNamesInScope(PageContext.APPLICATION_SCOPE);
       out.println("application 范围内的属性有: "+"<br>");
       while (enums.hasMoreElements()){
         out.println(enums.nextElement()+"<br>");
       }
    %>
    <%
       out.println("服务器信息"+config.getServletContext().getServerInfo()+"<br>");
       out.println("服务器名称"+config.getServletName()+"<br>");
       out.println("初始化参数名"+config.getInitParameterNames()+"<br>");
    %>
</body>
```

运行结果为：

服务器信息 Apache Tomcat/6.0.36
服务器名称 jsp
初始化参数名 org.apache.catalina.util.Enumerator@3a5a9c

4.8.2　page 对象

page 对象有点类似于 Java 编程中的 this 指针，就是指当前 JSP 页面本身。page 是 java.lang.Object 类的对象。page 对象在实际开发过程中并不经常使用。

4.8.3　pageContext 对象

pageContext 内置对象是一个比较特殊的对象，相当于页面中所有其他对象功能的集成者，使用它可以访问到本页面中所有其他的对象，例如 request、response、out 和 page 对象等。当内置对象包括属性时，pageContext 也支持对这些属性的读取和写入，在使用下面这些方法时，需要指定作用范围。

```
Object getAttribute(String name, int scope)
Enumeration getAttributeNamesInScope(int scope)
void removeAttribute(String name, int scope)
void setAttribute(String name, Object value, int scope)
```

PAGE_SCOPE 代表 Page 范围，REQUEST_SCOPE 代表 Request 范围，SESSION_SCOPE 代表 Session 范围，APPLICATION_SCOPE 代表 Application 范围。

4.9 应用举例：网上商城的登录名显示、访问量计数

【例 4-15】在网上商城系统中，用户通过登录页面的合法性验证，在浏览主页面时，各个页面上均显示用户的登录名信息，如图 4-7 所示。

图 4-7 显示用户登录名

在商城入口主页面 index.jsp 的体部增加下列代码，以从 session 对象中获取 username。

```
<%
    String username=(String)(session.getAttribute("username"));
%>
```

在显示部分进行用户登录名的判断，如果用户登录名为空，则显示"请登录"的超链接，否则，显示获取的登录名。

```
<td style="font-family:宋体;font-size:20px;text-align:left;color:#CC6633;font-weight:bold;" width=15%>
    <%
        if(!(username==null ||username.equals(""))){
    %>
    欢迎<%=username %>
    <% }else{
    %>
        <a href="userlogin.jsp">请登录</a>
    <% }
    %>
</td>
```

【例 4-16】在网上商城系统中，利用 application 实现网站计数器。将下列代码加入 index.jsp。

```
<tr bgcolor="white" >
    <td colspan=6>
    <%
        if(application.getAttribute("count")==null){
            application.setAttribute("count","1");
            out.println("欢迎,您是第1位访客! ");
        }
        else{
            int i = Integer.parseInt((String)application.getAttribute("count"));
            i++;
```

```
                application.setAttribute("count",String.valueOf(i));
                out.println("欢迎,您是第"+i+"位访客！");
            }
        %>
    </td>
</tr>
```

以上代码在运行时，每刷新一次，或重打开浏览器，计数都加 1。

如果想实现根据用户登录的 session 进行控制，即在一次会话中如果用户反复刷新页面或打开新的浏览器，不重复计数，则可增加判断条件，代码如下：

```
<%
int i=0;
if(application.getAttribute("num")==null)
            application.setAttribute("num","1");
else{
            if(session.isNew()){   //增加 session 判断条件
    String str=application.getAttribute("num").toString();
    i=Integer.parseInt(str);
    i++;
    application.setAttribute("num",i);
            }
}
%>
欢迎,您是第"+num+"位访客!
```

【例 4-17】 第 3 章的【例 3-7】在用户登录页面中输入用户登录名和密码，判断输入信息是否合法，根据判断结果，使用<jsp:forward>指令跳转到错误显示页面或网上商城主页面。】实现了在用户登录页面中输入用户登录名和密码，判断输入信息是否合法，根据判断结果，使用<jsp:forward>指令跳转到错误显示页面或网上商城主页面。在此基础上，在错误显示页面中使用 response 对象，自动跳转回用户登录页面。

修改错误显示页面 loginerror.jsp 代码为：

```
<body>
  <%
    String username=request.getParameter("username");
    out.println(username+"登录信息错误,单击<a href='userlogin.jsp'>此处</a>返回登录页面<br/>");
    response.setHeader("refresh","3;URL=userlogin.jsp");
  %>
    3 秒后自动跳转回登录页面<br>
</body>
```

到此为止，已经实现了基本的界面显示、用户选择分区浏览商品、查看商品的详细资料、用户注册与登录以及访问计数统计等功能，接下来要实现网上商城的重要核心功能——购物车：

- 将需要购买的商品加入购物车；
- 从购物车中取出不需要的商品；
- 修改购买数量；
- 计算购物总金额；
- 按照顾客所填写的信息生成订单并提交。

而这些功能的实现需要运用第 5 章 JavaBean 的知识和技术。

本章小结

为了方便 JSP 开发者的使用,在 JSP 中定义了 9 个内置的对象。内置对象由容器进行管理,不需要开发人员显式声明即可使用,所有的 JSP 代码都可以直接访问内置对象。使用这些对象可以实现很多常用的页面处理功能。要求读者熟练掌握 request、response、session 和 application 这 4 个内置对象的常用方法和在实际系统开发中的用途。利用内置对象 request 和 response 可以有效地实现数据、参数在页面之间的传递,页面的灵活跳转等功能,利用 session 和 application 能够实现不同作用范围的参数传递、网页访问量计数,以及公有数据(如下一章将要实现的购物车信息)的存取等重要功能。

习 题

4-1 JSP 有哪些内置对象?
4-2 JSP 内置对象的 4 个作用范围有什么不同?
4-3 当表单提交数据中包含汉字时,应在获取时做什么处理?
4-4 response 的 sendRedirect()方法与 forward 方法有什么区别?
4-5 session 对象的作用域和生命周期是什么?
4-6 试比较 session 对象和 application 对象的异同。
4-7 如何使用 exception 内置对象获取页面异常信息?
4-8 out 对象的主要作用是什么?

第 5 章
JavaBean 技术与应用

为了实现功能划分和代码重用，JSP 中提供了 JavaBean 组件技术。在本章中，我们将学习 JavaBean 的概念、作用，掌握 JavaBean 的创建方法，包括属性和方法的设置，并在网络应用程序中应用 JavaBean 实现逻辑和功能的封装，提高程序可读性和可维护性。

【本章主要内容】
1. JavaBean 组件技术的概念和作用
2. JavaBean 的创建方法
3. JavaBean 在 JSP 网络程序中的应用

5.1 什么是 JavaBean

JavaBean 是 Java 的一种软件组件模型，是 Sun 公司提出的为了适应网络计算的组件结构。采用 JavaBean 可以设计实现能够集成到其他软件产品的独立的 Java 组件。

Bean 的含义是"豆子"，豆子是封装在豆荚里的，JavaBean 设计者的初衷就是让这个类体现豆荚的封装性。JavaBean 可以用来将现实世界的一个实体，包括属性和操作都封装成一个 Java 对象。JSP 通过<jsp:userBean>、<jsp:setProperty>、<jsp:getProperty>动作使用 JavaBean，对它进行实例化、赋值和存取操作。

JavaBean 是用 Java 语言描述的软件组件模型，实际上是一个特殊的 Java 类，遵循一个接口格式。程序中往往有重复使用的部分，JavaBean 正是为了能够重复使用已设计的程序段而设置。每个 JavaBean 都具有特定功能，当需要这个功能的时候就可以调用相应的 JavaBean。在编写 JSP 网页时，对于一些常用的复杂功能，将它们的共同功能抽象出来，组织为 JavaBean。当需要在某个页面中使用该功能时，只要调用该 JavaBean 中的相应方法，而不必在每个页面中都编写实现这个功能的详细代码，从而实现代码的重用。当需要进行修改的时候，只需要修改这个 JavaBean 就可以了，没有必要再去修改每一个调用该 JavaBean 的页面，从而实现好的可维护性。比如网上商城的购物车代码包括实现购物车中添加一件商品的功能，就可以写一个购物车操作的 JavaBean，建立一个 public 的 AddItem 成员方法，前台 JSP 文件里面直接调用这个方法来实现。后来又考虑添加商品的时候需要判断库存是否有货物，没有货物则无法购买，在这个时候就可以直接修改 JavaBean 的 AddItem 方法，加入处理语句来实现，而不必修改前台 JSP 程序。如果把这些处理操作写在 JSP 程序中，则会导致 JSP 页面多次出现重复代码，维护修改都很不方便。由此可见，通过 JavaBean 可以很好地实现逻辑封装、代码重用、程序维护等。

JavaBean 一般分为可视化组件和非可视化组件两种。在早期，JavaBean 最常用的领域是可视化领域，如 AWT（窗口抽象工具集）下的应用。可视化组件可以是简单的 GUI 元素，如按钮或文本框，也可以是复杂的，如报表组件。随着 B/S 结构软件的流行，非可视化的 JavaBean 越来越显示出自己的优势，它们被用于在服务器端实现事务封装、数据库操作等，很好地实现了业务逻辑层和视图层的分离，使得系统具有了灵活、健壮、易维护的特点。JavaBean 作为一个特殊的类，需满足以下规范。

（1）JavaBean 类是一个 public 类，可供其他类实例化。

（2）JavaBean 类如果有构造方法，则这个构造方法必须是没有参数的构造方法。

（3）JavaBean 类所有的属性最好定义为私有的。

（4）JavaBean 类中定义 public 的方法 setXxx() 和 getXxx()来对属性进行操作，其中 Xxx 是首字母大写的私有变量名称。getXxx()方法用来获取属性 xxx 的值，setXxx()方法，用来设置属性 xxx 的值。

第 2.4.15 小节的应用举例中的 GoodsSingle 实际上就是 JavaBean 的一个例子，请读者再次翻阅其代码，体会 JavaBean 的规则。

5.2 创建 JavaBean

JSP 中使用的是不可视的 JavaBean。不可视的 JavaBean 分为值 JavaBean 和工具 JavaBean。值 JavaBean 严格遵循 JavaBean 的规范，通常用来封装表单数据，用来存储信息，如上节的 GoodsSingle。所以，创建一个值 JavaBean 就是创建一个遵循这些规范的 Java 类。

在 MyEclipse 开发平台中可以利用工具自动生成 JavaBean 中的方法。

【例 5-1】在 MyEclipse 下，在 onlineshop 项目中创建一个关于商品的 JavaBean。

步骤如下：

新建一个 web project，命名为 onlineshop。

右键单击该项目的 src 文件夹，选择"New（新建）"菜单下的"package"，新建一个包，命名为 bean（或其他符合命名规范的名字），如图 5-1 所示。这个包用来存放 JavaBean。

图 5-1　创建存放 JavaBean 的包

右键单击这个 package，选择"New（新建）"菜单下的"class"，新建一个类，命名为 goodsBean，如图 5-2 所示。

以上两步（建立包和在包中建立 class 文件）也可以合并为一步，即直接建立 class 文件，在命名时写上包名和.class 文件名，如图 5-3 所示。

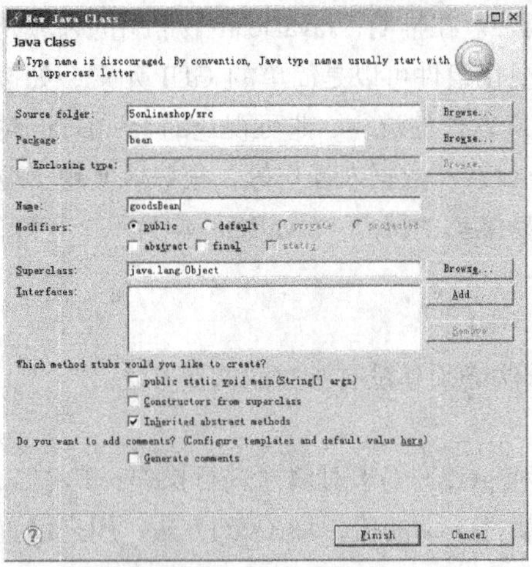

图 5-2 创建 goodsBean 类　　　　图 5-3 合并为一步创建 JavaBean

在自动生成的类的模板中写入下列属性：

```
private int id;
private String name;
private String pic;
private String info;
private float price;
private int store;
```

在类的空白处右键单击鼠标，在弹出的菜单中选择"Source"→"Generate getters and setters"，在图 5-4 中选择要生成 getXXX()和 setXXX()方法的属性，这里全选。

单击"确定"按钮，完成 JavaBean 的创建。

部署该项目，在 Tomcat 所在的盘符下，如本书是：C:\tomcat\webapps\5onlineshop \WEB-INF\classes\bean，可以找到已经编译成字节码文件的 goodsBean.class。

工具 JavaBean 可以不遵守 JavaBean 规范，通常用于封装业务逻辑和进行数据操作，如连接数据库、对数据库进行各种操作，转换特殊字符、解决中文乱码等。

【例 5-2】在 onlineshop 项目中创建一个连接 oracle 数据库的 JavaBean，命名为 DBConnection.java，负责数据库的打开与关闭。

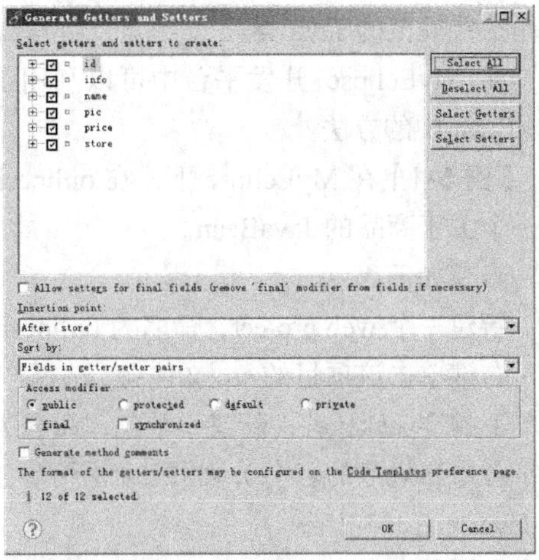

图 5-4 选择要生成 getXXX()和 setXXX()方法的属性

```
import java.sql.*;
public class DBConnection{
    public static final String DBDRIVER="oracle.jdbc.driver.OracleDriver";
    public static final String DBURL="jdbc:oracle:thin:@localhost:1521:mldn";
    public static final String DBUSER="username";
    public static final String DBPASS="password";
    private Connection conn=null;
    public DataBaseConnection(){
        try{
```

```
            Class.forName("DBDRIVER");
            conn=DriverManager.getConnection(DBURL,DBUSER,DBPASS);
        }catch(Exception e){}
    }
    public Connection getConnection(){
        return this.conn;
    }
    public void close(){
        if(this.conn!=null){
            try{
                this.conn.close();
            }catch(Exception e){}
        }
    }
}
```

5.3 在 JSP 中使用 JavaBean

在 JSP 中有两种方法使用 JavaBean。
（1）通过 page 指令导入 JavaBean；
（2）通过 jsp 中有关动作访问 JavaBean。

5.3.1 通过 page 指令导入

【例 5-3】学习如何使用 page 指令导入 JavaBean。创建一个 userbean.java，包括 name，password 两个属性。使用 page 指令将 userbean 导入 showbean.jsp 页面。showbean.jsp 的代码如下：

```
<%@page contentType="text/html;charset=gbk"%>
<%@page import="bean.userbean"%>
  <body>
    <%
      userbean ub=new userbean();
      ub.setName("Amy");
      ub.setPassword("123");
    %>
    用户名：<%=ub.getName() %><br/>
    密码：<%=ub.getPassword() %><br/>
  </body>
```

运行结果如图 5-5 所示。
再通过一个例子看如何使用 JSP 的标签指令完成 JavaBean 的导入。
【例 5-4】使用标签指令<jsp:useBean id="xxx" class="xxxx" scope="xx">改写代码，完成【例 5-3】的功能。运行结果如图 5-6 所示。

```
<%@page contentType="text/html;charset=gbk"%>
<jsp:useBean id="ub" class="bean.userbean" scope="page"/>
<%
    ub.setName("Bob");
    ub.setPassword("abc123");
%>
    用户名：<%=ub.getName() %><br/>
```

密码：<%=ub.getPassword() %>

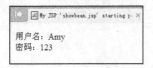
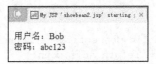

图 5-5 showbean.jsp 运行结果　　　　　图 5-6 使用 JSP 的标签指令

<jsp:useBean id="ub" class="bean.userbean" scope="page"/>为 JSP 的动作，在 JSP 中调用 JavaBean 有 3 个标准动作标签：<jsp:useBean>、<jsp:setProperty>以及<jsp:getProperty>，下面来详细介绍它们的用法。

5.3.2 <jsp:useBean>动作

<jsp:useBean>动作的目的是实例化一个 JavaBean 类，语法为：

<jsp:useBean id="name" scope= "page" class="package.class" />
或者<jsp:useBean id="name" scope="page|request|session|application" typeSpec> body
</jsp:useBean>

其中，id 是用户定义的该实例在指定范围中的名称，scope 参数用于指明该 JavaBean 起作用的范围，class 参数用于指定需要实例化的类。<jsp:userBean id="classname">类似于（但不等价于）Java 语句中的：classname t=new classname();。定义一个 JavaBean 的实例之后，JSP 通过 id 来识别这个 JavaBean，通过 id.method 语句来操作 JavaBean。在执行过程中，<jsp:useBean>首先寻找是否有已经存在的具有相同 id 和 scope 值的 JavaBean 实例，如果没有就会自动创建一个新的实例。其中，typeSpec 定义如下：

```
typeSpec ::=class="className"
| class="className" type="typeName"
| type="typeName" class="className"
| beanName="beanName" type="typeName"
| type="typeName" beanName="beanName"
| type="typeName"
```

表 5-1 对这些属性做了说明：

表 5-1　　　　　　　　　　　　　　　　<jsp:useBean>属性

属性	说明
id	id 属性是 JavaBean 对象的唯一标志，表示一个 JavaBean 对象的实例
class	在此指定 Bean 所在的包名和类名，注意大小写要完全一致
scope	限定了 Bean 的有效范围，有四种：page、request、session 和 application。默认是 page，即 Bean 在当前页有效
type	type 属性的值必须和类名、或父类名、或类所实现的接口名相匹配，值由 id 属性设置的
beanName	给 Bean 设定名称，据此来实例化相应的 Bean

5.3.3 <jsp:setProperty>动作

引入 javabean 以后就要为 javabean 中的属性赋值。JavaServer Pages 中调用的语法如下：

<jsp:setProperty name="beanName"last_syntax />

其中,name 属性代表了已经存在的并且具有一定生存范围(scope)的 JavaBean 实例。last_syntax 表示属性的指定：

```
property="*" |
property="propertyName" |
property="propertyName" param="parameterName" |
property="propertyName" value="propertyValue"
```

表 5-2 列出了<jsp:setProperty>属性的含义。

表 5-2   <jsp:setProperty>属性

属性	说明
name	是必需的，表示通过<jsp:useBean>标签定义的 JavaBean 对象实例。该值指定的参数为<jsp:useBean>中的 id 参数，且<jsp:useBean>必须出现在<jsp:setProperty>之前
property	是必需的，表示设置值的属性 property 名字。如果使用 property="*"，程序就会查找当前的 ServletRequest 所有参数，匹配 JavaBean 中相同名字的属性 property，并通过 JavaBean 中属性的 set 方法赋值 value 给这个属性
param	为可选的，它指定用哪个请求参数作为 Bean 属性的值
value	为可选的，它设定了属性的值。该属性具有数据类型自动转换功能，字符串将被自动转化成数值、布尔、字节等类型。不能同时指定 value 属性和 param 属性

使用<jsp:setProperty>可以设定 Bean 中的各个参数的值，即调用 Bean 中的 set 方法。实现这个功能有两种形式。第一种形式是在<jsp:useBean>的后面使用<jsp:setProperty>：

```
<jsp:useBean id="myName" ... />
…
<jsp:setProperty name="beanInstanceName"{
property= "*" |
property="propertyName" [ param="parameterName" ] |
property="propertyName" value="{string | <%= expression %>}"
}
/>
```

在这种情况下，<jsp:setProperty>无论该页面中使用的 Bean 是否是初次被实例化，都会执行该语句。

第二种形式是将该动作放在<jsp:useBean>内部进行执行：

```
<jsp:useBean id="myName" ... >
...
<jsp:setProperty
name="beanInstanceName"{
property= "*" |
property="propertyName" [ param="parameterName" ] |
property="propertyName" value="{string | <%= expression %>}"
}
/>
</jsp:useBean>
```

在这种情况下，只有在 Bean 首次被实例化的情况下，才会执行设置属性的方法。如果使用的是已有的 JavaBean 实例，则不会执行该方法。

利用 Property 属性设置 JavaBean 属性有 4 种方式。

方式 1：通过自省的方式来设置属性，是最常用的一种。

语法：<jsp:setProperty name="beanName" property="*"/>

name 属性就是找到 JavaBean 中定义的 id

property=*，所有属性都在这里根据参数的名称自动进行设置。注意参数名称和属性名称一致（表单的参数和 JavaBean 的属性名称要一致）。类似于对于 JavaBean 实例化后的对象 tt 设置属性值，执行 tt.setXXX()方法。

【例 5-5】创建一个名为 UserInfo.java 的 bean，包括用户名、邮箱和手机号码 3 个属性。编写一个采集用户信息的页面 getUserInfo.jsp，如图 5-7 所示。编写一个获取用户表单提交信息的页面 showUserInfo.jsp，通过自省的方式来设置 JavaBean 属性，并显示出来，如图 5-8 所示。

getUserInfo.jsp 的代码：

```
<body>
    请输入下列信息：<br>
    <form action="showUserInfo.jsp">
        用户名：<input type="text" name="username"/><br/>
        邮箱：<input type="text" name="email"/><br/>
        手机：<input type="text" name="mobile"/><br/>
        <input type="submit" value="提交"/><input type="reset" value="重置"/>
    </form>
</body>
```

showUserInfo.jsp 的代码：

```
<body>
    <jsp:useBean id="newname" class="bean.userinfo" scope="page"/>
    <jsp:setProperty name="newname" property="*"/>
    获取的用户名：<jsp:getProperty name="newname" property="username"/><br>
    获取的邮箱：<jsp:getProperty name="newname" property="email"/><br>
    获取的手机号 ：<jsp:getProperty name="newname" property="mobile"/><br>
</body>
```

图 5-7　采集用户信息的页面　　　　　　图 5-8　显示用户信息的页面

方式 2：指定一个属性进行设置。

语法：<jsp:setProperty name="beanName" property="propertyname"/>

【例 5-6】在上例的基础上修改 showuserinfo.jsp，只设置 username 属性，并显示出来，如图 5-9 所示。

showUserInfo.jsp 代码如下：

```
<body>
    <jsp:useBean id="newname" class="bean.userinfo" scope="page"/>
    <jsp:setProperty name="newname" property="username"/>
```

```
        获取的用户名：<jsp:getProperty name="newname" property="username"/><br/>
        获取的邮箱：<jsp:getProperty name="newname" property="email"/><br/>
        获取的手机号 ：<jsp:getProperty name="newname" property="mobile"/><br/>
</body>
```

方式 3：将指定的参数给指定的属性。

【例 5-7】修改 showUserInfo.jsp，将 username 属性值设置为参数 email 的值，将 email 属性的值设置为 username 参数的值，并显示出来，如图 5-10 所示。

showUserInfo.jsp 代码如下：

```
<body>
    <jsp:useBean id="newname" class="bean.userinfo" scope="page"/>
    <jsp:setProperty name="newname" property="username" value="<%=namestr%>"/>
    <jsp:setProperty name="newname" property="email" param="username"/>
    <jsp:setProperty name="newname" property="mobile" param="mobile"/>
        获取的用户名：<jsp:getProperty name="newname" property="username"/><br/>
        获取的邮箱：<jsp:getProperty name="newname" property="email"/><br/>
        获取的手机号 ：<jsp:getProperty name="newname" property="mobile"/><br/>
</body>
```

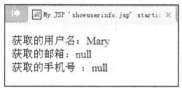

图 5-9 只设置 username 属性的显示结果

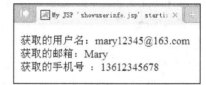

图 5-10 将指定的参数给指定的属性的运行结果

方式 4：设置指定的值给指定的属性。

【例 5-8】修改 showUserInfo.jsp，将 username 属性值设置为字符串 namestr 的值，其他不变，显示结果如图 5-11 所示。

showUserInfo.jsp 代码如下：

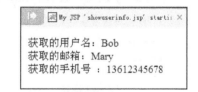

图 5-11 设置指定的值给指定的属性的运行效果

```
<body>
  <%
    String namestr="Bob";
  %>
<jsp:useBean id="newname" class="bean.userinfo" scope="page"/>
    <jsp:setProperty name="newname" property="username" param="email"/>
    <jsp:setProperty name="newname" property="email" param="username"/>
    <jsp:setProperty name="newname" property="mobile" param="mobile"/>
        获取的用户名：<jsp:getProperty name="newname" property="username"/><br/>
        获取的邮箱：<jsp:getProperty name="newname" property="email"/><br/>
        获取的手机号 ：<jsp:getProperty name="newname" property="mobile"/><br/>
</body>
```

5.3.4 <jsp:getProperty>动作

<jsp:getProperty>与<jsp:setProperty>相对应，用于从 JavaBean 中获取指定的属性值。上面的多个例子都已经使用了这个动作元素，只需要指定 name 参数和 property 参数（这两个参数为必要值），其中 name 属性指明了通过<jsp:useBean>引用的 Bean 的 id 属性，property 属性指定了想要获取的属性名。<jsp:getProperty>得到 JavaBean 实例的属性值，并将他们转换为 java.lang.String，

放置在隐含的 Out 对象中。JavaBean 的实例必须在<jsp:getProperty>前面定义。<jsp:getProperty>标签的语法如下：

```
<jsp:getProperty name="name"property="propertyName" />
```

表 5-3 为<jsp:getProperty>标签的属性说明。

表 5-3　　　　　　　　　　　　<jsp:getProperty>标签的属性说明

属性	说明
Name	表示要获得属性值的 Bean 实例，Bean 实例必须在前面用<jsp:useBean>标签定义，否则会抛出 NullPointerException 异常
Property	表示要获得值的 property 的名字

5.4　JavaBean Scope

在第 4 章已经讨论过关于 JSP 元素的 4 种有效范围，JavaBean 也存在 4 种有效范围：page、request、session 和 application。默认是 page，即 Bean 在当前页有效（存储 PageContext 的当前页）。设为 request 表明 Bean 只对当前用户的请求范围内（存储在 ServletRequest 对象中）有效。设为 session 则表明该 Bean 在当前 HttpSession 生命周期的范围内对所有页面均有效。设为 application 表明可以设置所有的页面都使用相同的 ServletContext。下面以网站计数器为例，说明在不同范围内计数器的有效性及其产生的不同效果。该计数器用来记录用户单击按钮的次数。

【例 5-9】网站计数器 JavaBean。

counter.java 的代码如下：

```
package bean;
public class counter{
    int count = 0;
    //获取单击次数
    public int getCount(){
        count++;
        return this.count;
    }
    //设置单击次数
    public void setCount(int count){
        this.count = count;
    }
}
```

5.4.1　page 范围的 JavaBean

page 范围的对象存储在 pageContext 中，所以 page 范围的 Bean 仅在创建它们的页中才能访问。当响应返回到客户端或请求指向另一资源时，对该 page 范围对象的引用将会被释放从而无法再被引用。一个 page 范围的 Bean 经常用于单一实例计算和事务，而不需要进行跨页计算的情况。

【例 5-10】page 范围的网站计数器。

pagebean.jsp 的代码：

```
<jsp:useBean id="counters" scope="page" class="MyCounter.Counter" />
```

```
<%@ page language="java" contentType="text/html;charset=GB2312"%>
<html>
<head>
</head>
  <body>
    <jsp:useBean id="cn" scope="page" class="bean.counter" />
    page 范围的 JavaBean<br/>
    第1个页面中提交次数是：<%=cn.getCount()%><br></br>
  </body>
</html>
```

运行时将得到如图 5-12 所示的结果：

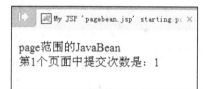
图 5-12　pagebean.jsp 运行结果

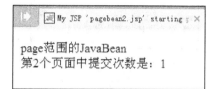
图 5-13　pagebean2.jsp 运行结果

将 pagebean.jsp 的代码略加修改，加入一行转向第 2 个页面的代码：

```
<jsp:useBean id="counters" scope="page" class="MyCounter.Counter" />
<%@ page language="java" contentType="text/html;charset=GB2312"%>
<html>
<head>
</head>
  <body>
    <jsp:useBean id="cn" scope="page" class="bean.counter" />
    page 范围的 JavaBean<br/>
    第1个页面中提交次数是：<%=cn.getCount()%><br></br>
    <jsp:forward page="pagebean2.jsp"/>  </body>
</html>
```

pagebean2.jsp 代码如下：

```
<body>
  <jsp:useBean id="cn" scope="page" class="bean.counter" />
  page 范围的 JavaBean
        第2个页面中提交次数是：<%=cn.getCount()%><br></br>
</body>
```

运行时将会得到如图 5-13 所示的界面。这是因为将 JavaBean 的有效范围设为 page，当单击提交按钮一次或者刷新一次页面时，原来在内存中的实例会被释放，而新的页面会重新实例化一个 JavaBean，这样，页面中显示的记录数会一直保持为 1。

5.4.2　request 范围的 JavaBean

request 范围的 JavaBean 在客户端的一次请求响应过程中均有效。在一次请求过程中，当一个页面提交以后，响应它的过程可以经过一个或者一系列页面，最后所有页面都处理完返回客户端。因此，只要是在一个请求过程中的页面，都可以共享 request。下面的例子中将使用<jsp:forward>动作实现页面的跳转，跳转前后的两个页面处于同一个请求中。

【例 5-11】request 范围的网站计数器。

requestbean.jsp 的代码：

```
<body>
  <jsp:useBean id="cn" scope="request" class="bean.counter" />
  request 范围的 JavaBean<br/>
          第 1 个页面中提交次数是：<%=cn.getCount()%><br/>
</body>
```

运行时将会得到如图 5-14 所示的结果：

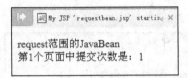 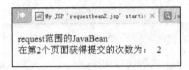

图 5-14　requestbean.jsp 的运行结果　　　　图 5-15　requestbean2.jsp 的运行结果

将 requestbean.jsp 的代码略加修改，加入一行转向第 2 个页面的代码：

```
<body>
  <jsp:useBean id="cn" scope="request" class="bean.counter" />
  request 范围的 JavaBean<br/>
  第 1 个页面中提交次数是：<%=cn.getCount()%><br/></br>
  <jsp:forward page="requestbean2.jsp"/>
</body>
```

requestbean2.jsp 代码如下：

```
<body>
  <jsp:useBean id="cn" scope="page" class="bean.counter" />
  request 范围的 JavaBean<br/>
  第 2 个页面中提交次数是：<%=cn.getCount()%><br/></br>
</body>
```

运行时将会得到如图 5-15 所示的界面。这是因为将 JavaBean 的有效范围设为 request，由于将 JavaBean 的有效范围设置为 request，从第 1 个页面跳转到第 2 个页面过程中就可以在一个请求过程中实现 JavaBean 的共享。

5.4.3　session 范围的 JavaBean

session 范围的 JavaBean 表示 JavaBean 对象被创建后，存在于当前回话中，在同一会话中，共享同一个 JavaBean。分配给每个客户的 JavaBean 不同，但在同一客户打开的多个 JSP 页面，即一次会话期间，用的是同一个 JavaBean。如果在同一客户的不同 JSP 页面中，声明了相同 id 的 JavaBean 且范围仍为 session，更改 JavaBean 的成员变量值，则其他页面中 id 名相同的 Bean 的成员变量也会被改变。当客户从服务器端请求的所有网页都被关闭时，与该客户这一次会话对应的 JavaBean 也会被取消。

【例 5-12】session 范围的网站计数器。

sessionbean.jsp 的代码：

```
<body>
  <jsp:useBean id="cn" scope="session" class="bean.counter" />
```

session 范围的 JavaBean
<% session.setMaxInactiveInterval(10);%>
         第1个页面中提交次数是: <%=cn.getCount()%>
</body>
```

运行时不断刷新页面，将会看到提交次数每次增加1，结果如图 5-16 所示。

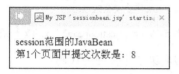
图 5-16  sectionbean.jsp 的运行结果

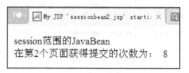
图 5-17  sectionbean2.jsp 的运行结果

将 sessionbean.jsp 的代码略加修改，加入一行转向第 2 个页面的代码：

```
<body>
  <jsp:useBean id="cn" scope="session" class="bean.counter" />
  session 范围的 JavaBean<br/>
  <% session.setMaxInactiveInterval(10);%>
         第1个页面中提交次数是: <%=cn.getCount()%><br/>
  <jsp:forward page="sessionbean2.jsp"/>
</body>
```

sessionbean2.jsp 代码如下：

```
<body>
  <jsp:useBean id="cn" scope="session" class="bean.counter" />
  session 范围的 JavaBean<br/>
  第2个页面中提交次数是: <%=cn.getCount()%><br/></br>
</body>
```

运行时第 2 个页面的次数将从 2 开始，随着每次刷新而增加 2，得到如图 5-17 所示的界面。这是因为将 JavaBean 的有效范围设为 session，在这次会话过程中所有页面获得的 JavaBean 是同一个，累加次数被所有页面共享。但是，如果等待 10 秒钟以后再单击提交按钮，则会从 1 开始计数，这是因为 setMaxInactiveInterval(10)设置了 session 的有效期。过了有效期，session 范围的 JavaBean 会重新在内存中生成实例。

如果新打开一个浏览器访问 sessionbean.jsp，即使是在 10 秒钟有效期内，计数仍会从 1 开始。这是因为 JavaBean 的实例存储在客户端的 session 里，每个客户端实例创建自己的 HttpSession 对象，服务器为新打开的浏览器创建新的 HttpSession，存储新的 JavaBean，所以不能从原来的计数值基础上继续增加。

5.4.4 application 范围的 JavaBean

application 范围内的 JavaBean 一旦建立，除非服务器重新启动，JavaBean 的实例将一直驻留在服务器内存中。不同浏览器，不同客户端，在不同的时间访问，都将共享此实例中存储的信息。

【例 5-13】application 范围的网站计数器。

applicationbean.jsp 的代码：

```
<body>
  <jsp:useBean id="cn" scope="application" class="bean.counter" />
  application 范围的 JavaBean<br/>
```
```

第 1 个页面中提交次数是：<%=cn.getCount()%>
</body>
```

运行时不断刷新页面，将会看到提交次数每次增加 1，如图 5-18 所示的结果：

图 5-18　applicationbean.jsp 的运行结果　　图 5-19　applicationbean2.jsp 的运行结果

将 applicationbean.jsp 的代码略加修改，加入一行转向第 2 个页面的代码：

```
<body>
    <jsp:useBean id="cn" scope="application" class="bean.counter" />
    application 范围的 JavaBean<br/>
    第 1 个页面中提交次数是：<%=cn.getCount()%><br/>
    <jsp:forward page="applicationbean2.jsp"/>
</body>
```

applicationbean2.jsp 代码如下：

```
<body>
    <jsp:useBean id="cn" scope="application" class="bean.counter" />
    application 范围的 JavaBean<br/>
    第 2 个页面中提交次数是：<%=cn.getCount()%><br></br>
</body>
```

运行结果如图 5-19 所示，第 2 个页面的次数将从 2 开始，每次刷新增加 2。将 JavaBean 的有效范围设为 application，在这次会话过程中所有页面获得的 JavaBean 是同一个，累加次数被所有页面共享。即便关闭浏览器，重新打开，甚至在不同的客户端访问 applicationBean2.jsp，提交次数都会持续增加，这是因为它们使用的<jsp:useBean>是同一个，在客户端向服务器请求页面的过程中将会请求已经存在的实例而不是重新创建实例。

5.5　应用举例：网上商城中使用 JavaBean 技术

5.5.1　使用 JavaBean 处理用户登录信息

在第 4 章中我们已经使用 JSP 技术实现了用户登录的信息填写与判断，下面来看采用 JavaBean 技术对页面提交信息的处理方法。

【例 5-14】利用 JavaBean 实现用户登录信息填写与显示，如图 5-20 所示。

图 5-20　用户登录信息填写与显示
```

为了实现要求的功能，要写 3 个 jsp 文件，分别是封装数据的 JavaBean、接受用户输入的页面 jsp 和显示用户信息的 JSP。

定义用户信息结构的代码（JavaBean, .java）：

```java
package pb;
public class personBean{   //getter, setter 略
    private String username;
    private String passwd;
    private String name;
    private String sex;
    private String address;
    private String post;
    private String phone;
    private String email;
}
```

用户登录页面（userlogin.html）：

```html
<html>
 <head><title>用户登录</title>
 </head>
 <body>
  <form name="form1" method="post" action="accept.jsp">
    <table width="450" border="0" cellspacing="1" cellpadding="1">
     <tr>
       <td colspan="2" align="center"><b><font color="#0000FF">用户登录</font></b></td>
     </tr>
     <tr>
       <td width="180" align="right">用户名：</td>
       <td width="272">
          <input type="text" name="username" maxlength="20" size="14" ><FONT color=#ff0000>*</FONT>
       </td>
     </tr>
     <tr>
       <td width="180" align="right">密码：</td>
       <td width="272">
          <input type="password" name="passwd" maxlength="20" size="14"><FONT color=#ff0000>*</FONT>
       </td>
     </tr>
     <tr>
       <td width="180" align="right">  </td>
       <td width="281">
          <input type="submit" name="Submit" value="登录" onclick="javascript:return(checkform());">
          <input type="reset" name="reset" value="重置">
       </td>
     </tr>
    </table>
  </form>
 </body>
</html>
```

接收用户信息的代码（accept.jsp）：

```jsp
<%@ page contentType="text/html; charset=GB2312" %>
<%request.setCharacterEncoding("gb2312");%>
<jsp:useBean id="personBean" scope="page" class="pb.personBean" />
<jsp:setProperty name="personBean" property="*"/>
<html>
  <head>
  </head>
  <body>
  <table width="450" border="0" cellspacing="1" cellpadding="1">
     </tr>
     <tr>
       <td width="180" align="right">用户名：</td>
       <td width="281"><jsp:getProperty name="personBean" property = "username" />
       </td>
     </tr>
     <tr>
       <td width="180" align="right">密码：</td>
       <td width="281"><jsp:getProperty name="personBean" property = "passwd" />
       </td>
     </tr>
  </table>
  </body>
</html>
```

【例 5-15】利用 JavaBean 验证用户登录信息。

同样，要写 3 个文件，分别是封装数据的 JavaBean、接受用户输入的页面 JSP 和处理用户信息的 JSP。

封装数据的 JavaBean userbean 代码如下：

```java
package bean;
public class userbean{
private String username;
private String truename;
private String password;
private String password2;
private String email;
private String retmsg;
public String getUsername(){
    return username;
}
public void setUsername(String username){
    this.username = username;
}
//  以下省略其他属性的 getXXX()和 setXXX()方法
public String check(){
if(username.equals("")){
    retmsg=retmsg+"用户名不能为空！";
}
if(truename.equals("")){
    retmsg=retmsg+"真实姓名不能为空！";
}
if(password.length()<4){
```

```
        retmsg=retmsg+"密码至少为 4 位数！";
    }
    if(!password2.equals(password)){
        retmsg=retmsg+"两次密码必须一致！";
    }
    return retmsg;   //注册信息合法则 retmsg 为空，否则不为空
    }
}
```

用户输入信息页面 index.jsp 核心代码如下：

```
<body>
  <center>
  <h1>请输入用户注册信息：javabean</h1>
    <form name="form1" method="post" action="show.jsp">
        用户名：<input type="text" name="username" value=""/>*<br/>
        真实姓名：<input type="text" name="truename" value=""/>*<br/>
        密码：<input type="password" name="password" value=""/>*<br/>
        确认密码：<input type="password" name="password2" value=""/>*<br/>
        电子邮箱：<input type="text" name="email" value=""/><br/>
    <input type="submit" value="提交" />
    <input type="reset" value="重置"/>
    </form>
    </center>
</body>
```

Show.jsp 核心代码如下：

```
<body>
    <jsp:useBean id="userbean" class="bean.userbean" scope="session" />
<%
    userbean ub=new userbean();
    ub.setUsername(request.getParameter("username"));
    ub.setTruename(request.getParameter("truename"));
    ub.setPassword(request.getParameter("password"));
    ub.setPassword2(request.getParameter("password2"));

    if(ub.check()!=null){   //说明注册信息不合法
        out.println("请重新输入注册信息，2 秒钟后将返回注册页面");
        response.setHeader("refresh","2;url=index4.jsp");
    }
    else{
        request.setAttribute("uername",ub.getUsername());
        response.sendRedirect("suc.jsp");
    }
%>
  </body>
```

5.5.2 使用 JavaBean 处理购物车

购物车是网上购物的重要功能之一，是提供给顾客存放选中的商品的容器，允许顾客选择任意可选的商品放入购物车中、从购物车中取出不需要的商品、清空购物车以及进行购物车内商品总金额的结算等。使用以 session 为有效范围的 JavaBean 可以实现网上购物车的功能，下面介绍

实现方法和过程。

【例 5-16】根据网上商城的购物功能需求，将购物车功能所需的模块分解出来，模块结构如图 5-21 所示。

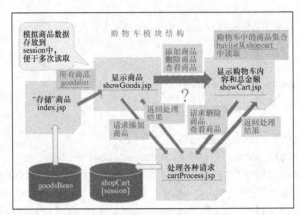

图 5-21 购物车模块结构

实现购物车的代码文件与功能列表见表 5-4。

表 5-4 实现购物车的代码文件与功能列表

代码文件	功能
index.jsp	起始页面，程序加载运行的起点
fruitsectorindex.jsp	存放水果分区商品的模拟数据的页面
clothessectorindex.jsp	存放服装分区商品的模拟数据的页面
stationerysectorindex.jsp	存放文具分区商品的模拟数据的页面
goodsBean.java	商品的封装结构
showGoods.jsp	显示商品的页面，提供放入购物车、查看购物车、回到主页面等链接
shopCart.java	实现商品到购物车的添加、修改购买数量、删除以及清空购物车的操作
cartProcess.jsp	根据其他页面传递过来的参数，调用 shopcart.java 实现相应操作，可返回商品列表 showGoods.jsp 或显示购物车 showCart.jsp 页面
showCart.jsp	显示购物车内的商品列表，可以调用 cartProcess.jsp 实现商品的购买数量的修改、删除以及清空购物车操作，可以返回商品列表 showGoods.jsp 页面

以 Web Project 的 index.jsp 为起始页面，当选择某个分区并单击"进入分区"按钮后，将进入分区页面。此时为了提供给顾客购买商品的功能，需要修改各个分区的页面显示。每个分区所显示的商品的多项信息与商品 JavaBean：goodsBean 对应。

首先创建商品 JavaBean：goodsBean，其属性和方法包括：

```
package bean;
public class goodsBean{
    private int id;
    private String prodno;
    private String name;
    private String pic;
    private String info;
    private float price;
```

```
    private int num;
    public int getNum(){
        return num;
    }
    public void setNum(int num){
        this.num = num;
    }
    public String getName(){
        return name;
    }
    public void setName(String name){
        this.name = name;
    }
    public String getPic(){
        return pic;
    }
    public void setPic(String pic){
        this.pic = pic;
    }
    public String getInfo(){
        return info;
    }
    public void setInfo(String info){
        this.info = info;
    }
    public float getPrice(){
        return price;
    }
    public void setPrice(float price){
        this.price = price;
    }
    public int getId(){
        return id;
    }
    public void setId(int id){
        this.id = id;
    }
    public void setProdno(String prodno){
        this.prodno = prodno;
    }
    public String getProdno(){
        return prodno;
    }
}
```

为每个分区增加一个模拟数据的页面，如对于水果分区，增加"fruitsectorindex.jsp"，核心代码如下：

```
<body>
    <%!
    //模拟数据进行初始化，与商品 JavaBean：goodsBean 对应
    /*  private int id;
            private String name;
            private String pic;
            private String info;
            private float price;
```

```
            private int num;    */
    static ArrayList goodslist=new ArrayList();
    static{
        String[] prodno={"901023","901058","901044","901364"};
        String[] names={"冰糖心苹果","皇帝蕉","蜜桔","大南果梨"};
        String[] pic={"img/apple.jpg","img/banana.jpg","img/orange.jpg","img/pear3.jpg"};
        String[] info={"冰糖心苹果果实个头中大,单重150-200克,大的可达500克以上。果面浓红、色泽艳丽,果形高桩,五棱突出,外观丰美,香甜可口。",
        "皇帝蕉果长约10厘米左右,无籽,皮薄、熟后皮金黄色,果肉橙黄、清甜芬芳、香甜可口,营养丰富,富含多种维生素。",
        "南丰蜜桔为我国古老柑桔的优良品种之一,是江西省的名贵特产,以果色金黄、皮薄肉嫩、食不存渣、风味浓甜、芳香扑鼻而闻名中外。",
        "礼品型优质梨——大南果梨,果面光滑,果皮黄色,阳面有红晕,果皮薄,果心小,可食率高,肉质细腻,易溶于口。果品质量极优,是馈赠亲友的上佳礼品。"};
        float[] price={19.5f,10.4f,8.2f,9.6f};
        int[] num={0,0,0,0};
        for(int i=0;i<4;i++){
            goodsBean single=new goodsBean();
            single.setId(i);
            single.setProdno(prodno[i]);
            single.setName(names[i]);
            single.setPic(pic[i]);
            single.setInfo(info[i]);
            single.setPrice(price[i]);
            single.setNum(1);    //默认购买1件
            goodslist.add(i,single);
        }
    }
%>
<%
    session.setAttribute("goodslist",goodslist);
    response.sendRedirect("showGoods.jsp");
%>
</body>
```

fruitsectorindex.jsp 页面的功能是配合封装商品各项信息的 JavaBean goodsBean 进行商品信息的模拟,将每个字段的信息以数组的方式存储并赋值。运用循环语句将每件商品的各个字段的值封装到 goodsBean 中,再以此添加到集合类 goodslist 中,将 goodslist 作为 session 对象存入属性 "goodslist" 中,以便在整个会话期间被不同的页面多次调用。此页面完成数据存储的功能,并无显示,而是直接转向 showGoods.jsp 页面。

showGoods.jsp 页面的功能是显示当前分区的商品信息。而商品信息来自 fruitsectorindex.jsp 等分区里的 session.setAttribute("goodslist",goodslist); 语句的设置。

showGoods.jsp 页面显示效果以水果区为例,如图 5-22 所示。

在 showGoods.jsp 中,商品信息的显示在第 2 章已经实现了,现在增加了允许用户输入购买数量(千克)的文本框、调节购买数量多少的两个按钮+和-(分别表示增加/减少 1 千克),以及放入购物车按钮。采用 JavaScript 技术,在单击+或-按钮时,调用 JavaScript 函数,实现文本框内数字的相应增减变化,同时判断用户购买数量是否超过单笔购买限量,如果超过了上限或低于下限,则设置为上限或下限。在单击放入购物车按钮时,也要判断用户输入或设置的购买数量是否超过库存量并做相应判断，最后跳转到购物车处理页面 cartProcess.jsp。

图 5-22 水果区 showgoods.jsp 页面显示效果

showGoods.jsp 页面核心代码如下：

```
<body background="img/bgpic.jpg" >
<center>
    <%
        String username=(String)session.getAttribute("username");
    %>
    <!-- 用表格来设计主页面 -->
    <table width=100% border=0>
      <tr bgcolor="white">
         <td height=50px colspan=6>
         <table width=100% border=0>
         <!-- 显示头部信息 -->
          <tr><td>
             <%@ include file="top.html" %>
          </td>
          </tr>
         </table>
         </td>
      </tr>

<tr><td>
<!-- 读取商品集合并显示 -->
<%
ArrayList goodslist=(ArrayList)session.getAttribute("goodslist");
//JOptionPane.showMessageDialog(null,goodslist.size());
%>
 <table border="1" width=100% class="one" bgcolor=#FFFF99>
    <tr><td colspan="6" class="three" ><b>欢迎选购</b></td></tr>
    <tr><td width=15%>名称</td><td>实拍图片</td><td width=20%>详细介绍</td><td>单价(元/千克)</td><td>购买(千克)</td></tr>
      <%
       if(goodslist==null || goodslist.size()==0){
      %>
```

```jsp
          <tr><td colspan="3">目前没有商品！</td></tr>
          <%
          }
          else{
            for(int i=0;i<goodslist.size();i++){
              goodsBean single=(goodsBean)goodslist.get(i);
              int index=i;
          %>
          <tr>
              <td><%=single.getName() %><br/><%=single.getProdno() %></td>
              <td><img src="<%=single.getPic() %>"/ height=150px></td>
              <td style="text-align:left"><%=single.getInfo() %></td>
              <td><%=single.getPrice() %></td>
              <td>
                  <input class="two" type="button" style="background-color:white;" value="-" id="decrease<%=single.getId()%>" size="3"  onclick="decrease(<%=i%>);"/>
                  <input class="two" type="text" style="text-align:right;" value="1" id="buynum<%=single.getId()%>" size="5" />
                  <input class="two" type="button" style="background-color:white;" value="+" id="increase<%=single.getId()%>" size="3"  onclick="increase(<%=i%>);"/>
                  <input type="hidden" name="limit" value="100" >
                  <!-- <input type="hidden" name="no" value=<%=single.getId()%>>-->
                  <br/><p class="four">(单次限购量：100)</p>
                  <input type="button" class="buttontype" value="放入购物车" onclick="itembuy(<%=single.getId()%>);"/>
              </td>
          </tr>
          <%
          }
          }
          %>
          <tr><td colspan="6"><a href="showCart.jsp">查看购物车</a></td></tr>
      </table>
    </td>
    </tr>
    <%!
        static int visitcount=0;
        void add(){
            visitcount++;
        }
    %>
    <%
        add();
    %>
    <tr bgcolor="white"><td class="four" style="text-align:center;" colspan=6>访问次数：<%=visitcount %></td></tr>
              <!-- 显示底部信息  -->
              <tr bgcolor="white">
                <td colspan=6>
                    <%@include file="bottom2.html" %>
                </td>
              </tr>
          </table>
      </center>
  </body>
```

为了实现对购买数量的输入、调整和判断，以及让用户所输入的商品数量能够传递到查看购物车的页面 showCart.jsp，编写下列 JavaScript 代码：

```javascript
<script type="text/javascript">
    function decrease(id){
        var buynum=document.getElementById("buynum"+id).value;
        var limit=document.getElementById("limit").value;
        buynum--;
        if(buynum<0)  buynum=0;
        if(buynum>limit){
            alert("最多只能购买"+limit+"件！");
            buynum=limit;
        }
        document.getElementById("buynum" + id).value=buynum;
    }
    //增加购买量
    function increase(id){
        var buynum=document.getElementById("buynum"+id).value;
        var limit=document.getElementById("limit").value;
        buynum++;
        if(buynum<0)  buynum=0;
        if(buynum>limit){
            alert("最多只能购买"+limit+"件！");
            buynum=limit;
        }
        document.getElementById("buynum" + id).value=buynum;
    }
    //判断购买量是否符合限制条件
    function itembuy(id){
        var buynum=parseInt(document.getElementById("buynum"+id).value);
        var limit=parseInt(document.getElementById("limit").value);
        if(buynum<0){
          buynum=0;
        }
        else if(buynum>limit){
            alert("最多只能购买"+limit+"件！");
            buynum=limit;
        }
        document.getElementById("buynum" + id).value=buynum;
        location.href="cartProcess.jsp?action=buy&id="+id+"&buynum="+buynum;
    }
</script>
```

cartProcess.jsp 页面负责处理购物车中商品的增加、减少、修改数量、删除、清空等操作，要使用到购物车类，因此先编写一个 shopcar.java 类作为 JavaBean，代码如下：

```java
package bean;
import java.util.ArrayList;
import javax.swing.JOptionPane;
public class shopcar{
    private ArrayList buylist=new ArrayList();
    public ArrayList getBuylist(){
        return buylist;
```

```java
        }
        //向购物车添加商品
        public void additem(goodsBean single,int buynum){
            if(single!=null){   //购买了商品
                //如果购物车为空，则直接将该商品放入购物车
                if(buylist.size()==0){
                    //创建临时对象temp存放该商品的信息
                    goodsBean temp=new goodsBean();
                    temp.setId(single.getId());
                    temp.setProdno(single.getProdno());
                    temp.setName(single.getName());
                    temp.setPic(single.getPic());
                    temp.setInfo(single.getInfo());
                    temp.setPrice(single.getPrice());
                    temp.setNum(buynum);
                    //将该商品加入购物车
                    buylist.add(temp);
                }
                //如果购物车不为空
                else{
                    int i=0;
                    //查找购物车里是否有当前要添加的商品
                    for(;i<buylist.size();i++){
                        goodsBean temp=(goodsBean)buylist.get(i);
                        //如果购物车里已有此种商品，则修改它的购买量和库存量即可
                        if(temp.getName().equals(single.getName())){
                            //JOptionPane.showMessageDialog(null, "要添加的商品名："+single.getName());
                            temp.setNum(temp.getNum()+buynum);
                            //JOptionPane.showMessageDialog(null, "shopcar.java:购物车不空,已有商品名："+temp.getName());
                            break;
                        }
                    }
                    //购物车里没有当前要添加的商品，则将该商品添加进购物车，以下代码和购物车为空时添加商品的代码相同
                    if(i>=buylist.size()){
                        goodsBean temp=new goodsBean();
                        temp.setId(single.getId());
                        temp.setProdno(single.getProdno());
                        temp.setName(single.getName());
                        temp.setPic(single.getPic());
                        temp.setInfo(single.getInfo());
                        temp.setPrice(single.getPrice());
                        temp.setNum(buynum);
                        buylist.add(temp);
                    }
                }
            }
        }
```

```
//修改商品购买数量
public void changebuynum(String prodno,int buynum){
    int i=0;
    //在购物车里查找该商品
    for(;i<buylist.size();i++){
        goodsBean temp=(goodsBean)buylist.get(i);
        //如果购物车里已有此种商品，则修改它的购买量即可
        if(temp.getProdno().equals(prodno)){
            //
            temp.setNum(buynum);
            break;
        }
    }
}
//从购物车中删除指定的商品
public void removeitem(String name){
    //逐个取出购物车里的商品
    for(int i=0;i<buylist.size();i++){
        goodsBean temp=(goodsBean)buylist.get(i);
        //如果找到了要删除的商品，则将其从购物车里删除
        if(temp.getName().equals(mytools.tochinese(name))){
            int ans=JOptionPane.showConfirmDialog(null,"您确定要删除这件商品吗？","删除提示",JOptionPane.YES_NO_OPTION);
            if(ans==JOptionPane.YES_OPTION){
                buylist.remove(i);
            }
        }
    }
}
//清空购物车
public void clearcart(){
    buylist.clear();
}
```

另外，为了正确转换页面之间传递的数值和中文信息，编写一个工具 JavaBean 命名为 mytools.java，以实现代码重用，mytools.java 代码如下：

```
package bean;
public class mytools{
    public static int strtoint(String str){
        if(str==null||str.equals("")){
            str="0";
        }
        int i=0;
        try{
            i=Integer.parseInt(str);
        }catch(Exception e){
            i=0;
            e.printStackTrace();
        }
        return i;
```

```java
    }
    public static String tochinese(String str){
        if(str==null){
            str="";
        }
        try{
            str=new String(str.getBytes("ISO-8859-1"),"UTF-8");
        }catch(Exception e){
            str="";
            e.printStackTrace();
        }
        return str;
    }
}
```

cartProcess.jsp 页面实现购物车的添加商品、修改商品购买数量、删除商品以及清空购物车等功能，里面多次调用了刚才完成的 shopcar.java。cartProcess.jsp 的核心代码如下：

```jsp
<jsp:useBean id="mycart" class="bean.shopcart" scope="session"/>
<body>
    <%
        String action=request.getParameter("action");
        if(action==null){
            action="";
        }
        //传递过来的操作参数是 buy，代表购买
        if(action.equals("buy")){
            //读取该分区的商品集合
            ArrayList goodslist=(ArrayList)session.getAttribute("goodslist");
            //获取用户购买的商品的 id
            int id=mytools.strtoint(request.getParameter("id"));
            goodsBean single=(goodsBean)goodslist.get(id);
            //获取用户购买的商品的数量
            int buynum=mytools.strtoint(request.getParameter("buynum"));
            //获取该商品的信息
            mycart.additem(single,buynum);
            //转向显示分区商品列表页面，以便用户继续购物
            response.sendRedirect("showGoods.jsp");
        }
        //传递过来的操作参数是 changebuynum，代表修改购买数量
        else if(action.equals("changebuynum")){
            ArrayList goodslist=(ArrayList)session.getAttribute("goodslist");
            //获取用户要修改购买数量的商品的 name
            String prodno=mytools.tochinese(request.getParameter("prodno"));
            //获取用户修改商品购买的数量
            int buynum=mytools.strtoint(request.getParameter("buynum"));
            //将该商品新的购买信息加入购物车
            mycart.changebuynum(prodno,buynum);
            //转向显示购物车页面，以便用户查看购物车内容，继续调整购物车商品
```

```
            response.sendRedirect("showCart.jsp");
        }
        //传递过来的操作参数是 remove，代表删除商品
        else if(action.equals("remove")){
            //读取该分区的商品集合
            ArrayList goodslist=(ArrayList)session.getAttribute("goodslist");
            //获取该商品的 name
            String name=request.getParameter("name");
            session.setAttribute("goodslist",goodslist);
            //从购物车中删除商品
            mycart.removeitem(name);
            //转向显示购物车页面，以便用户查看购物车内容，继续调整购物车商品
            response.sendRedirect("showCart.jsp");
        }
        //传递过来的操作参数是 clear，代表清空购物车
        else if(action.equals("clear")){
            //读取该分区的商品集合
            ArrayList goodslist=(ArrayList)session.getAttribute("goodslist");
            //清空购物车
            mycart.clearcart();
            //转向显示购物车页面，以便用户用户查看购物车内容，继续调整购物车商品
            response.sendRedirect("showCart.jsp");
        }
        //如果是其他操作，则转向显示商品列表页面
        else{
            response.sendRedirect("showGoods.jsp");
        }
    %>
</body>
```

showCart.jsp 页面查看购物车的效果如图 5-23 所示，在这个页面中显示用户在网上商城各个分区所选购的物品的基本信息，并根据购买商品的情况计算总金额，并允许用户删除已经放入购物车里的商品。

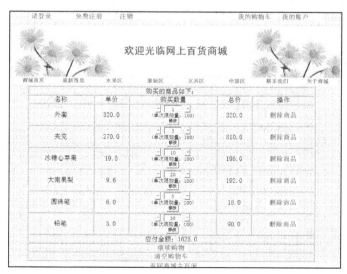

图 5-23 查看购物车页面显示效果

showCart.jsp 页面的核心代码如下：

```jsp
<body background="img/bgpic.jpg">
    <%
        String username=(String)(session.getAttribute("username"));
    %>
    <center>
    <!-- 用表格来设计主页面 -->
    <table width=100% border=0>
        <tr bgcolor="white">
            <td height=50px colspan=6>
            <table width=100% border=0>
            <!-- 显示头部信息 -->
             <tr><td>
                <%@ include file="top.html" %>
             </td>
             </tr>
            </table>
            </td>
        </tr>
<jsp:useBean id="mycart" class="bean.shopcart" scope="session"/>
    <%
        ArrayList buylist=mycart.getBuylist();
        float total=0;
    %>
    <!-- 显示购物车信息 -->
    <tr><td align=center colspan=6>
    <table bgcolor=#FFFFCC border="1" >
        <tr class="two"><td colspan="5">购物车 </td></tr>
        <tr><td width=20%>名称</td><td  width=20%>单价(元)</td><td  width=30%>购买数量</td><td>总价(元)</td><td width=15%>操作</td></tr>
        <%
            if(buylist==null||buylist.size()==0){
        %>
        <tr><td colspan="5">购物车为空！</td></tr>
        <%
            }
            else{
                for(int i=0;i<buylist.size();i++){
                    goodsBean single=(goodsBean)buylist.get(i);
                    String name=single.getName();
                    float price=single.getPrice();
                    int buynum=single.getNum();
                    float pay=((int)((price*buynum+0.05f)*10))/10f;
                    total+=pay;
        %>
        <tr>
         <td><%=name %></td>
         <td><%=price %></td>
         <td >
         <table width=100%
```

```
            <tr><td>
                <input class="buttontype" type="button" value="-" id="decrease<%=i%>" size="3" onclick="decrease(<%=i%>);"/>
                <input class="three" type="text" value="<%=single.getNum() %>" id="buynum<%=i%>" size="5">
                <input class="buttontype" type="button" value="+" id="increase<%=i%>" size="3" onclick="increase(<%=i%>);"/>
                <br/>(上限: 100)
                <input type="hidden" name="limit" value="100" >
                <input type="hidden" name="prodno<%=i%>" value=<%=single.getProdno()%>>
                </td></tr>
                <tr ><td ><input class="buttontype2" type="button" value="修改" onclick="itembuy(<%=i%>);"/>
                </td></tr>
            </table>
            </td>
            <td><%=pay %></td>
            <td><a href="cartProcess.jsp?action=remove&name=<%=single.getName()%>">删除商品</a>
          <%
             }
         }
         %>
        </td></tr>
         <tr><td colspan="5">应付金额：<%=Math.round(total*100)/100.0 %></td></tr>
        </table>
        </td> </tr>
        <tr><td colspan="5" bgcolor=white><a href="showGoods.jsp">继续购物</a>
        <a href="cartProcess.jsp?action=clear">清空购物车</a>
        <a href="order.jsp?action=clear">提交订单</a></td></tr>
        <!-- 显示底部信息   -->
        <tr bgcolor="white">
           <td colspan=6>
              <%@include file="bottom2.html" %>
           </td>
        </tr>
       </table>
    </center>
</body>
```

至此，我们已经完成了购物车的功能。注意体会每个 JavaBean 的用途，以及每个 JSP 页面的作用，思考为了完成所需要的功能，采用了哪些技术进行实现，从而掌握 JSP 网络程序设计多种技术的综合运用。

5.5.3 使用 JavaBean 解决中文乱码和特殊字符的显示

在网上商城中可以设置用户留言的功能，以便商城运营、管理人员及时获得顾客的反馈信息，例如，设计如图 5-24 所示的建议留言页面。但在留言提交后显示出来的可能出现中文乱码，如图 5-24 所示。我们在第 4 章中已经学习了使用：request.setCharacterEncoding("utf-8");语句以及转码函数这两种方法来解决表单提交出现的中文乱码问题。现在采用 JavaBean 来解决中文乱码。

图 5-24　输入中文的留言页面　　　图 5-25　留言提交后显示中文乱码

【例 5-17】创建一个对应于用户建议信息的值 JavaBean，命名为 useSuggestionBean：
use Suggestion Bean 代码如下：

```
package bean;
public class userSuggestionBean{
    private String username;
    private String keyword;
    private String content;
     public String getUsername(){
        return username;
    }
    public void setUsername(String username){
        this.username = username;
    }
    public String getKeyword(){
        return keyword;
    }
    public void setKeyword(String keyword){
        this.keyword = keyword;
    }
    public String getContent(){
        return content;
    }
    public void setContent(String content){
        this.content = content;
    }
}
```

创建一个进行编码转换的工具 JavaBean，命名为 codeExchange.java，内容如下：

```
package bean;
public class codeExchange{
        public static String ChineseCoding(String str){
            if(str==null)  str="";
            try{
                str=new String(str.getBytes("ISO-8859-1"),"utf-8");
            }catch(Exception e){
                str="";
                e.printStackTrace();
            }
            return str;
        }
```

        }

userSuggestion.jsp 用来接收用户建议，内容如下：

```
<body class="one">
        如果您有对商城的建议，请填写：<br>
  <form action="transSuggestion.jsp" method=post >
           用户名：<input type="text" name="username" size=20><br/>
           关键词：<input type="text" name="keyword" size=20><br/>
           内   容：<br/><textarea name="content" rows=10 cols=28></textarea><br/>
     <input type="submit" value="提交"/> <input type="reset" value="重置"/>
  </form>
</body>
```

transSuggestion.jsp 用来转换编码，内容如下：

```
<body>
  <jsp:useBean id="userSuggestion" class="bean.userSuggestionBean" scope="request">
     <jsp:setProperty name="userSuggestion" property="*"/>
  </jsp:useBean>
  <jsp:forward page="showSuggestion.jsp"/>
  <br>
</body>
```

showSuggestion.jsp 用来显示用户建议，内容如下：

```
<body class="one" >
  <jsp:useBean id="userSuggestion" class="bean.userSuggestionBean" scope="request"/>
          用户名：<%=codeExchange.ChineseCoding(userSuggestion.getUsername()) %><br><br>
       建议关键词：<%=codeExchange.ChineseCoding(userSuggestion.getKeyword())%><br><br>
        详细内容：<%=codeExchange.ChineseCoding(userSuggestion.getContent())%><br> <br>
   感谢您的建议！<br/><br/>
      <input type="button" style="background-color:white;" value="返回商城入口" onclick="location.href='indexmenu.jsp'"/>
   </body>
```

运行结果如图 5-26 所示，解决了中文乱码问题。

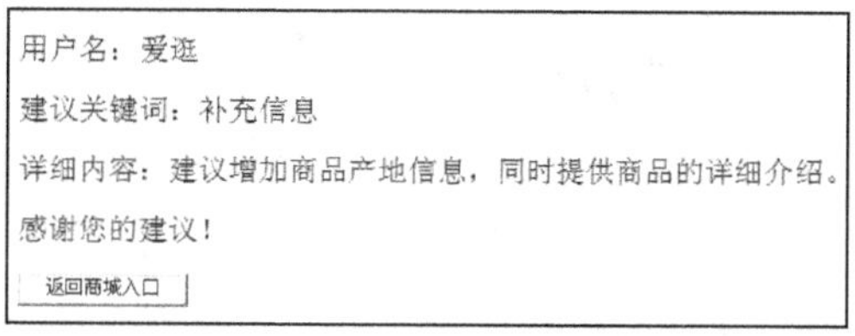

图 5-26 JavaBean 解决中文乱码的结果

本章小结

JavaBean 是 Java 的一种软件组件模型，实际上是一个实现特定功能的类，能够被多次调用，从而实现代码的重用，简化程序的设计过程，实现良好的可维护性。JSP 中使用的是不可视的

JavaBean。不可视 JavaBean 分为值 JavaBean 和工具 JavaBean。值 JavaBean 严格遵循 JavaBean 的规范，通常用来封装表单数据，用来存储信息。创建一个值 JavaBean 就是创建一个遵循这些规范的 Java 类。工具 JavaBean 可以不遵守 JavaBean 规范，通常用于封装业务逻辑和进行数据操作，如连接数据库、对数据库进行各种操作、转换特殊字符、解决中文乱码等。

本章运用 JavaBean 技术实现了购物车的基本功能，包括添加商品、修改商品购买量、删除商品、清空购物车、计算总价等，注意显示商品信息和购物车商品信息的保存和读取。对于较为复杂的系统，建议事先划分功能模块，理清各模块之间的关系、数据的流向、请求与响应的交互。

习　题

5-1　JavaBean 的主要作用是什么？
5-2　JavaBean 与普通的 Java 类有什么联系和区别？
5-3　JavaBean 可以分为几种？JSP 中常用的是哪一种？
5-4　如何在 JSP 文件中引入 JavaBean？
5-5　在使用 Tomcat 的情况下，JavaBean 编译后的类文件存放在什么位置？
5-6　JavaBean 具有哪些属性？如何对属性赋值？
5-7　试比较不同范围的 JavaBean 的生命周期和作用。

第 6 章
Servlet 技术与应用

Servlet 是 Java Web 技术的核心基础，本章将以 Tomcat 为例介绍 Java Web 技术是如何基于 Servlet 工作的，包括 Servlet 容器的工作原理，Web 工程在 Servlet 容器中的启动过程，Servlet 容器对在 web.xml 中定义的 Servlet 的解析方法，用户的请求分配给指定的 Servlet 的流程，Servlet 容器管理下的 Servlet 生命周期，Servlet 的 API 的类层次结构，以及 Servlet 中一些难点问题的分析。

【本章主要内容】
1. Servlet 的工作原理和生命周期
2. Servlet 的运用

6.1　Servlet 概述

Servlet 是在服务器上运行的小程序。小程序 Applet 来自 Java Applet，是一种作为单独文件跟网页一起发送的小程序，通常用在客户端运行，为用户进行运算或者根据用户交互作用提供服务。Java Servlet 对于 Web 服务器就像 Java Applet 对于 Web 浏览器，因此有人将 Servlet 称为"服务器端小程序"。在早期，HTTP 提供了一个标准的机制 CGI(Common Gateway Interface)来扩展服务器的功能，服务器将请求发送到 CGI 程序，CGI 程序则返回一个响应，Java 服务器则会接收请求，然后转发到 Servlet。使用传统的 CGI 程序，每当收到一个 HTTP 请求的时候，系统就要启动一个新的进程来处理这个请求，导致系统性能降低。而使用 Servlet，Java 虚拟机一直在运行，当接到一个请求之后 Java 虚拟机就创建一个 Java 线程马上进行处理，比每次都启动一个新的系统进程效率要高得多。

除了执行效率高之外，Servlet 还提供了 CGI 不能提供的多种强大功能，包括：
- 创建并返回一个包含基于客户端请求性质的动态内容的完整的 HTML 页面。
- 创建可嵌入现有 HTML 页面中的 HTML 片段。
- 与其他服务器资源（包括数据库和基于 Java 的应用程序）进行通信。
- 与多个客户机处理连接，同时处理多个浏览器的请求，并在各个浏览器间通信。
- 建立服务器与 Applet 的新连接，并将该连接保持在打开状态。
- 对客户端提交的特殊类型数据进行过滤，例如，Servlet 可以处理文件上传、图像转换和服务器端包括（SSI）等。
- 将定制的处理提供给所有服务器的标准例行程序。例如，Servlet 可以修改如何认证用户。Servlet 运行在 Servlet 引擎的限制范围之内，有助于保护 Servlet 不受威胁。由于 Servlet 可以运行在多个 Web 服务器上，可以使用免费或价格便宜的服务器，大大减少成本开支。由于 Servlet 是在 Java 平台上运行的，具备了 Java 的跨平台性，大大提高了灵活性。

JSP 本质上就是 Servlet。所有的 JSP 页面必须首先被编译成 Servlet，然后在 Servlet 容器中运行，只是 Servlet 无法像 JSP 程序那样直接嵌入 HTML 中。

6.2　Servlet 工作过程与生命周期

最早支持 Servlet 技术的是 JavaSoft 的 Java Web Server。此后，一些其他的基于 Java 的 WebServer 开始支持标准的 ServletAPI。Servlet 的主要功能在于交互式地浏览和修改数据，生成动态 Web 内容，这个过程包括下列步骤：

（1）客户端发送请求至服务器端。
（2）服务器将请求信息发送至 Servlet。
（3）Servlet 生成响应内容并将其传给服务器。响应内容动态生成，通常取决于客户端的请求。
（4）服务器将响应返回给客户端。

Servlet 的生命周期从 Web 服务器开始运行时开始，在此期间会不断处理来自浏览器的访问请求，并将响应结果通过 Web 服务器返回给客户端，直到 Web 服务器停止运行，Servlet 才会被清除。Servlet 部署在容器中，由容器管理生命周期。整个生命周期可以分成 4 个阶段：

1. 加载阶段

Servlet 容器负责加载和实例化 Servlet。当 Servlet 容器启动时，或在容器检查到需要这个 Servlet 来响应一个请求时，创建 Servlet 实例。Servlet 容器启动，通过 Java 的反射 API 来创建 Servlet 实例，调用 Servlet 的默认构造。

2. 初始化阶段

在 Servlet 实例化之后，容器必须调用 Servlet 的 init()方法初始化这个对象，目的是为了让 Servlet 对象在处理客户请求前完成一些初始化工作，如建立数据库连接，获取配置信息等。对于每一个 Servlet 实例，init()方法只能被调用一次。在初始化期间，Servlet 实例可以使用容器为它准备的 ServletConfit 对象从 web 应用程序的配置信息（在 web.xml 中配置）中获取初始化的参数信息。在初始化期间，如果发生错误，Servlet 实例可抛出异常来通知容器。

3. Servlet 运行阶段

当 Web 服务器接受到浏览器的访问请求后，将把该请求传送给 Servlet 容器。Servlet 容器将请求包装成 HttpServletRequest 和 HttpServletResponse 对象，封装从 Web 客户接收到的 HTTP 请求和由 Servlet 生成的响应，并使用这两个对象作为参数，调用 service()方法。在 service()方法中，可以从 HttpServletRequest 类中提取来自 HttpSession、reqeust 或 cookie 等对象的状态信息，进行特定应用的处理，并且用 HttpServletResponse 对象生成 HTTP 响应数据。

4. Servlet 结束阶段

当 Servlet 容器检测到一个 Servlet 实例应该从服务中被移除的时候，就会调用实例的 destroy()方法，以便让该实例释放它所使用的资源，保存数据到持久存储设备中，释放内存，关闭容器。

图 6-1 显示了 Servlet 的生命周期。当一个请求映射到一个 Servlet 时，该容器执行下列步骤：
（1）如果一个 Servlet 的实例并不存在，则 Web 容器：

① 加载 Servlet 类。
② 创建一个 Servlet 类的实例。
③ 调用 init 初始化 Servlet 实例。该初始化过程将在初始化 Servlet 中讲述。
（2）调用 service 方法，传递一个请求和响应对象。服务方法将在编写服务方法中讲述。
（3）如果该容器要移除这个 Servlet，可调用 Servlet 的 destroy 方法来结束该 Servlet。

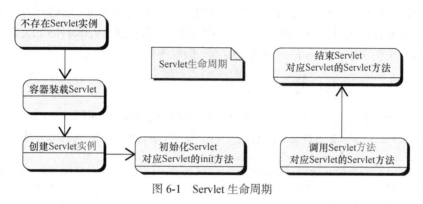

图 6-1　Servlet 生命周期

6.3　Servlet 的接口和类

一个 servlet 就是 Java 语言中的一个类，是在服务器上驻留，通过"请求-响应"编程模型来访问的应用程序。使用 Servlet 就必须引入 javax.Servlet 包，包中定义了 Servlet 的各种类和接口。所有的 Servlet 应用都是通过实现这些接口或者继承这些类来完成的。这些类和接口放在包 javax.Servlet 和包 javax.Servlet.http 中，其中部分接口与 JSP 内置对象对应，对应关系见表 6-1。

表 6-1　　　　　　　Servlet 接口与 JSP 内置对象的对应关系

Servlet 的类与接口	JSP 内置对象
Javax.servlet.http.HttpServletRequest	request
Javax.servlet.http.HttpServletResponse	Response
Javax.servlet.ServletContext	application
Javax.servlet.http.HttpSession	session
Javax.servlet.ServletConfig	config

6.3.1　Servlet 接口

Servlet API 的核心是 javax.servlet.Servlet 接口，所有的 Servlet 类都必须实现这一接口。在 Servlet 接口中定义了 5 个方法，其中有 3 个方法都由 Servlet 容器来调用，容器会在 Servlet 的生命周期的不同阶段调用特定的方法。

init(ServletConfig config)方法：负责初始化 Servlet 对象。容器在创建好 Servlet 对象后，就会调用该方法。

service(ServletRequest req, ServletResponse res)方法：负责响应客户的请求，为客户提供相应服务。当容器接收到客户端要求访问特定 Servlet 对象的请求时，就会调用该 Servlet 对象的 service()

方法。这个方法是 Servlet 应用程序的入口，相当于 Java 应用程序中的 main 函数。服务器传入 service()方法的参数有两个：ServletRequest（即 JSP 中的 request）和 ServletResponse（即 JSP 中的 response）对象，前者实现了 HTTPServletRequest 接口，封装了浏览器向服务器发送的请求；后者实现了 HTTPServletResponse 接口，封装了服务器向浏览器返回的信息。

destroy()方法：负责释放 Servlet 对象占用的资源。

Servlet 接口还定义了两个返回 Servlet 的相关信息的方法：getServletConfig()返回一个 ServletConfig 对象，在该对象中包含了 Servlet 的初始化参数信息。getServletInfo()返回一个字符串，在该字符串中包含了 Servlet 的创建者、版本和版权等信息。

6.3.2　HttpServlet 类

HttpServlet 是一个抽象类，提供了一个处理 HTTP 协议的框架，用来处理客户端的 HTTP 请求。Servlet 是 javax.servlet.http.HttpServlet 的子类，每个 Servlet 必须完成四个方法：

```
* public void init(ServletConfig config)
* public void doGet(HttpServletRequest request, HttpServletResponse response)
* public void doPost(HttpServletRequest request, HttpServletResponse response)
* public void destroy()
```

浏览器向 Web 服务器发送 HTTP 请求时，由 Servlet 容器负责将该请求包装成 HttpServletRequest 对象并传送给 HttpServlet 类的 doGet()或者 doPost()方法。对 GET 方式的请求，使用 doGet()方法，对 POST 方式的请求则使用 doPost()方法。GET 或者 POST 请求是在 HTML 标单中 form 标记的 Method 属性定义的。处理的结果会被包装成 HttpServletResponse 对象反馈给 Web 服务器，再由 Web 服务器再将结果返回至浏览器。为了提高性能，Servlet 设计多线程，每个 Servlet 仅创建一个实例，每一个请求都传递到同一个对象，有利于 Servlet 容器充分的利用资源，因此 doGet,doPos 在编程时必须保证是线程安全的。整个过程如图 6-2 所示。

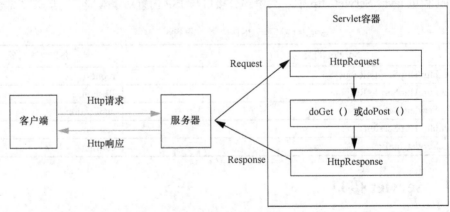

图 6-2　HttpServlet 类处理 HTTP 请求过程

表 6-2 介绍了 HttpServlet 类中方法的主要作用。

表 6-2　　　　　　　　　　　　HttpServlet 类中方法的作用

方法	说明
protected void doDelete(HttpServletRequest request, HttpServletResponse response) throws ServletException,IOException;	被 service 方法调用，处理 HTTP DELETE 操作，客户端请求从服务器上删除 URL 指定的资源

续表

方法	说明
protected void doGet(HttpServletRequest request, HttpServletResponse response) throws ServletException,IOException;	被 service 方法调用,处理一个 HTTP GET 操作,客户端从一个 HTTP 服务器获取资源
protected void doHead(HttpServletRequest request, HttpServletResponse response) throws ServletException,IOException;	被 service 方法调用,处理一个 HTTP HEAD 操作,返回包含内容长度的头信息
protected void doOptions(HttpServletRequest request, HttpServletResponse response) throws ServletException,IOException;	被 service 方法调用,处理一个 HTTP OPTION 操作,决定支持哪一种 HTTP 方法
protected void doPost(HttpServletRequest request, HttpServletResponse response) throws ServletException,IOException;	处理 HTTP POST 操作
protected void doPut(HttpServletRequest request, HttpServletResponse response) throws ServletException,IOException;	处理 HTTP PUT 操作
protected void doTrace(HttpServletRequest request, HttpServletResponse response) throws ServletException,IOException;	被 service 方法调用,处理 HTTP TRACE 操作,产生一个响应,包含 trace 请求中发送的头域信息
protected long getLastModified(HttpServletRequest request);	返回这个请求实体的最后修改时间,有助于浏览器和代理服务器减少服务器和网络资源的装载量

6.3.3　HttpSession 接口

HTTP 是无状态的,因此无法确定某个请求是否是来自同一用户的请求,使跨请求的会话难以实现。为了解决这个问题,Servlet 实现了一个 javax.servlet.http.HttpSession 接口。HttpSession 提供了一个会话 ID 关键字,一个参与会话行为的客户端在同一会话的请求中存储和返回它。servlet 引擎查找适当的会话对象,并使之对当前请求可用。servlet 容器采用 Cookie 或 URL Rewriting 来保证请求中包含 session id,用这个 session id 来标识属于同一个 session 的请求,保存在 session 中的属性可以被这些请求共享。表 6-3 给出了 HttpSession 接口的主要方法及其说明。

表 6-3　　　　　　　　　　HttpSession 接口的主要方法

方法	说明
public long getCreationTime()	返回建立 session 的时间
public String getId()	返回分配给这个 session 的标识符
public long getLastAccessedTime()	返回客户端最后一次发出与这个 session 有关的请求的时间
public int getMaxInactiveInterval()throws IllegalStateException	返回一个秒数,这个秒数表示客户端在不发出请求时,session 被 Servlet 维持的最长时间
public Object getValue(String name)　throws IllegalStateException	返回一个标识为 name 的对象
public String[] getValueNames() throws IllegalStateException	以一个数组返回绑定到 session 上的所有数据的名称
public void invalidate()	终止这个 session,所有绑定在这个 session 上的数据都会被清除
public boolean isNew() throws IllegalStateException	返回一个布尔值以判断这个 session 是不是新的

续表

方法	说明
public void putValue(String name, Object value) throws IllegalStateException	以给定的名字，绑定给定的对象到 session 中
public void removeValue(String name) throws IllegalStateException	取消给定名字的对象在 session 上的绑定
public int setMaxInactiveInterval(int interval)	设置一个秒数，表示客户端在不发出请求时，session 被 Servlet 维持的最长时间
public void setAttribute(String name,Object value)	将 value 对象以 name 名称绑定到会话
public object getAttribute(String name)	取得 name 的属性值，如果属性不存在则返回 null
public void removeAttribute(String name)	从会话中删除 name 属性，如果不存在不会执行，也不会抛出错误
public Enumeration getAttributeNames()	返回和会话有关的枚举值
public void invalidate()	使会话失效，同时删除属性对象
public Boolean isNew()	用于检测当前客户是否为新的会话

6.3.4 ServletConfig 接口

每一个 ServletConfig 对象对应着一个唯一的 Servlet。在 Servlet 的初始化中，使用的参数就是 ServletConfig。init()方法保存这个对象，用方法 getServletConfig()返回。主要方法见表 6-4。

表 6-4　　　　　　　　　　　ServletConfig 类的主要方法

方法	说明
public String getInitParameter(String name)	返回一个包含 Servlet 指定的初始化参数的 String
public Enumeration getInitParameterNames()	返回一个列表 String 对象，该对象包括 Servlet 的所有初始化参数名
public ServletContext getServletContext()	返回这个 Servlet 的 ServletContext 对象

6.3.5 ServletContext

ServletContext(javax.servlet.servletContext)定义了 Web 应用中 Servlet 的视图.在 Servlet 中通过 getServletConfig()可以访问得到，在 JSP 中则通过隐式对象 application 得到。servletContext 提供了几个对于创建 Struts 应用的几种方法，见表 6-5。

表 6-5　　　　　　　　　　　ServletContext 类的主要方法

方法	说明
public Object getAttribute(String name)	返回 Servlet 环境对象中指定的属性对象
public Enumeration getAttributeNames()	返回一个 Servlet 环境对象中可用的属性名的列表
public ServletContext getContext(String uripath)	返回一个 Servlet 环境对象，这个对象包含了特定 URI 路径的 Servlet 和资源
public String getMimeType(String file)	返回指定文件的 MIME 类型
public String getRealPath(String path)	返回与一个符合该格式与虚拟路径相对应的真实路径 String。虚拟路径的格式是：/dir/dir/filename.ext
public URL getResource(String uripath)	返回一个 URL 对象，该对象表明一些环境变量的资源

续表

方法	说明
public InputStream getResourceAsStream(String uripath)	返回一个 InputStream 对象，该对象引用指定 URL 的 Servlet 环境对象的内容
public RequestDispatcher getRequestDispatcher(String uripath)	返回一个特定 URL 的 RequestDispatcher 对象。Servlet 引擎负责用一个 request dispatcher 对象封装目标路径
public String getServerInfo()	返回一个 String 对象，包括 Servlet 引擎的名字和版本号
public void log(String msg) public void log(String msg, Throwable t)	把指定的信息写到一个 Servlet 环境对象的 log 文件中
public void setAttribute(String name, Object o)	给 Servlet 环境对象中的对象指定一个名称
public void removeAttribute(String name)	从指定的 Servlet 环境对象中删除一个属性

6.4 Servlet 的创建与配置

6.4.1 创建 Servlet

创建一个 servlet 的过程包括下列 4 个步骤：
（1）继承 HttpServlet 抽象类。
（2）重载需要的方法，如 doGet()或 doPost()方法。
（3）获取 HTTPqingqiu 信息。
（4）生成 HTTP 响应。

使用 MyEclipse 可以十分方便地创建 Servlet，免去很多手写代码的工作和配置操作。

【例 6-1】创建一个简单的 Servlet，功能是向客户端输出一行文字。掌握创建过程，Servlet 所放置的位置、部署后的位置。

创建一个 Web Project，命名为 6onlineshop，右键单击 "src" → "new" → "servlet"，新建一个 servlet 并命名为 myFirstServlet，单击 "Next" 按钮，如图 6-3 所示创建 myFirstServlet。

 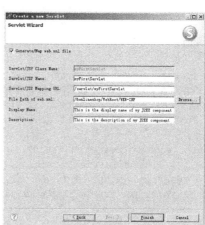

图 6-3 创建 myFirstServlet 的步骤

自动生成 servlet 代码如下：

```java
import java.io.IOException;
import java.io.PrintWriter;
import javax.servlet.ServletException;
import javax.servlet.http.HttpServlet;
import javax.servlet.http.HttpServletRequest;
import javax.servlet.http.HttpServletResponse;

public class myFirstServlet extends HttpServlet{
    /**
     * The doGet method of the servlet. <br>
     *
     * This method is called when a form has its tag value method equals to get.
     *
     * @param request the request send by the client to the server
     * @param response the response send by the server to the client
     * @throws ServletException if an error occurred
     * @throws IOException if an error occurred
     */
    public void doGet(HttpServletRequest request, HttpServletResponse response)
            throws ServletException, IOException{
        response.setContentType("text/html");
        PrintWriter out = response.getWriter();
        out
                .println("<!DOCTYPE HTML PUBLIC \"-//W3C//DTD HTML 4.01 Transitional //EN\">");
        out.println("<HTML>");
        out.println("<HEAD><TITLE>A Servlet</TITLE></HEAD>");
        out.println("<BODY>");
        out.print("This is ");
        out.print(this.getClass());
        out.println(", using the GET method");
        out.println("</BODY>");
        out.println("</HTML>");
        out.flush();
        out.close();
    }

    /**
     * The doPost method of the servlet. <br>
     *
     * This method is called when a form has its tag value method equals to post.
     *
     * @param request the request send by the client to the server
     * @param response the response send by the server to the client
     * @throws ServletException if an error occurred
     * @throws IOException if an error occurred
     */
    public void doPost(HttpServletRequest request, HttpServletResponse response)
            throws ServletException, IOException{
        response.setContentType("text/html");
        PrintWriter out = response.getWriter();
        out
                .println("<!DOCTYPE HTML PUBLIC \"-//W3C//DTD HTML 4.01 Transitional //EN\">");
```

```
            out.println("<HTML>");
            out.println("<HEAD><TITLE>A Servlet</TITLE></HEAD>");
            out.println("<BODY>");
            out.print("This is ");
            out.print(this.getClass());
            out.println(", using the POST method");
            out.println("</BODY>");
            out.println("</HTML>");
            out.flush();
            out.close();
        }
    }
```

上述代码是 UTF-8 编码，直接放到 src 目录中有可能出现乱码，请选择 Windows->Preferences... 菜单，选择左侧的 General->Workspace，将 Text file encoding 设置为 UTF-8 即可。

来看一下这个 Servlet 的结构。该 Servlet 包括两个方法：doGet()方法和 doPost()方法。这两个方法都包括两个参数，一个是 HttpServletRequest，用于向该方法传递浏览器的请求，另一个是 HttpServletResponse 参数，用来将处理过的数据返回给客户端浏览器。在 doGet()这个方法中，向浏览器返回了一组纯 HTML 代码用于显示一行字符。

部署这个工程，在浏览器中输入以下 URL：http://localhost:8080/6onlineshop/servlet/myFirstServlet，得到下列运行结果：

This is class myFirstServlet, using the GET method

打开 Tomcat 安装目录，可以看到，刚创建的 servlet 保存在\webapps\6onlineshop\WEB-INF\classes 子目录下并形成了 class 文件。该目录为 Tomcat 调用 Servlet 的默认位置。也可以保存在其他任何目录，然后通过配置 Tomcat 来调用该位置的 Servlet。而 URL 路径中为什么要使用 servlet/myFirstServlet 呢？

打开 web.xml 文件，可以看到 servlet 的配置信息：

```xml
<?xml version="1.0" encoding="UTF-8"?>
<web-app version="2.5"
    xmlns="http://java.sun.com/xml/ns/javaee"
    xmlns:xsi="http://www.w3.org/2001/XMLSchema-instance"
    xsi:schemaLocation="http://java.sun.com/xml/ns/javaee
    http://java.sun.com/xml/ns/javaee/web-app_2_5.xsd">
  <servlet>
    <description>This is the description of my J2EE component</description>
    <display-name>This is the display name of my J2EE component</display-name>
    <servlet-name>myFirstServlet</servlet-name>
    <servlet-class>myFirstServlet</servlet-class>
  </servlet>
  <servlet-mapping>
    <servlet-name>myFirstServlet</servlet-name>
    <url-pattern>/servlet/myFirstServlet</url-pattern>
  </servlet-mapping>
  <welcome-file-list>
    <welcome-file>index.jsp</welcome-file>
  </welcome-file-list>
</web-app>
```

注意其中的：

```
<servlet-mapping>
```

```xml
        <servlet-name>myFirstServlet</servlet-name>
        <url-pattern>/servlet/myFirstServlet</url-pattern>
    </servlet-mapping>
```

这就是 myFirstServlet 的映射 URL 路径。

web 应用程序的部署描述符文件 web.xml 用于给默认的 Servlet 程序设置默认映射，它会映射请求模式到被引用的 Servlet。Tomcat 在启动时就会读取这个文件，只有在该文件中正确配置需要访问的 Servlet 映射，才可以准确无误地访问到 Servlet。打开该文件可以看到其中已经有一些默认的映射，包括 Tomcat 自带 Servlet 实例的映射。

```xml
<servlet>
    <servlet-name>org.apache.jsp.index_jsp</servlet-name>
    <servlet-class>org.apache.jsp.index_jsp</servlet-class>
</servlet>
<servlet-mapping>
    <servlet-name>org.apache.jsp.index_jsp</servlet-name>
    <url-pattern>/index.jsp</url-pattern>
</servlet-mapping>
```

这些映射的含义就是将已经完成的 Servlet 注册到 Tomcat 中去，这样，Tomcat 在启动时就会载入这些 Servlet 类文件。当浏览器向服务器发送请求时，浏览器将根据该 web.xml 中的注册信息选择相应的 Servlet 进行处理，并将得到的返回信息发送给客户端。因此，如果没有在该文件中注册新创建的 Servlet 信息，Web 服务器将无法处理该请求。

6.4.2 配置 web.xml

web.xml 的模式(Schema)文件是由 Sun 公司定义的，每个 web.xml 文件的根元素<web-app>中，都必须标明这个 web.xml 使用的是哪个模式文件。例如：

```xml
<?xml version="1.0" encoding="UTF-8"?>
<web-app version="2.5"
xmlns="http://java.sun.com/xml/ns/javaee"
xmlns:xsi="http://www.w3.org/2001/XMLSchema-instance"
xsi:schemaLocation="http://java.sun.com/xml/ns/javaee
http://java.sun.com/xml/ns/javaee/web-app_2_5.xsd">
</web-app>
```

下面介绍 web.xml 常用的标签元素及功能。

1．指定欢迎页面

访问一个网站时，默认看到的第一个页面叫做欢迎页。一般会在 web.xml 中指定欢迎页。对于 tomcat 来说，如果 web.xml 文件中配置了欢迎页，就返回指定页面作为欢迎页，否则依次查找 index.html、index.jsp，返回第一个找到的页面；否则显示 The requested resource is not available 页面。例如下例指定了 2 个欢迎页面，显示时按顺序从第一个找起，显示第一个存在的页面。

```xml
<welcome-file-list>
<welcome-file-list>
<welcome-file>index.jsp</welcome-file>
<welcome-file>index1.jsp</welcome-file>
</welcome-file-list>
```

2．命名与定制 URL

可以为 Servlet 和 JSP 文件命名并定制 URL。

(1) 为 Servlet 命名：

```
<servlet>
<servlet-name>servlet1</servlet-name>
<servlet-class>net.test.TestServlet</servlet-class>
</servlet>
```

(2) 为 Servlet 定制 URL：

```
<servlet-mapping>
<servlet-name>servlet1</servlet-name>
<url-pattern>*.do</url-pattern>
</servlet-mapping>
```

3. 定制初始化参数

可以定制 servlet、JSP、Context 的初始化参数，然后可以再 servlet、JSP、Context 中获取这些参数值。

```
<servlet>
<servlet-name>servlet1</servlet-name>
<servlet-class>net.test.TestServlet</servlet-class>
<init-param>
<param-name>userName</param-name>
<param-value>Tommy</param-value>
</init-param>
<init-param>
<param-name>E-mail</param-name>
<param-value>Tommy@163.com</param-value>
</init-param>
</servlet>
```

经过上面的配置，在 servlet 中可调用 getServletConfig().getInitParameter(paramname) 获得参数名对应的值。

4. 指定错误处理页面

通过异常类型或错误码来指定错误处理页面。

```
<error-page>
<error-code>404</error-code>
<location>/error404.jsp</location>
</error-page>
----------------------------
<error-page>
<exception-type>java.lang.Exception<exception-type>
<location>/exception.jsp<location>
</error-page>
```

5. 设置过滤器

当客户端发出 Web 资源的请求时，Web 服务器根据应用程序配置文件设置的过滤规则进行检查，若客户请求满足过滤规则，则对客户请求/响应进行拦截，对请求头和请求数据进行检查或改动，把请求/响应交给请求的 Web 资源处理。比如在编写 web 程序的时候时常出现中文乱码，按照前述的处理方法需要在许多的地方加代码。现在编写一个编码过滤器，把项目设置成统一的编码方式：

首先实现 Filter 接口类：

```java
public class CharsetFilter implements Filter{
    private String charset;     //编码方式
    private boolean flag;       //标识是否启用过滤器
    public void destroy(){
        //销毁过滤器
    }
    public void doFilter(ServletRequest request, ServletResponse response,
            FilterChain chain) throws IOException, ServletException{
        // TODO Auto-generated method stub
        if(flag&&null!=charset){  //过滤器设为启用且字符编码不为空
            //设置编码方式
            request.setCharacterEncoding(charset);
            response.setCharacterEncoding(charset);
            //System.out.println("成功使用了过滤器");
        }else{
            //System.out.println("没有启用过滤器");
        }
        chain.doFilter(request, response);
    }
    public void init(FilterConfig config) throws ServletException{
        //初始化过滤器
        this.charset=config.getInitParameter("charset");
        this.flag="true".equals(config.getInitParameter("flag"));
        System.out.println("设置的字符编码方式为："+charset+" 是否启用："+flag);
    }
}
```

然后配置 xml 文件：

```xml
  <filter>
      <filter-name>myCharsetFilter</filter-name>
      <filter-class>filter.CharsetFilter</filter-class>
      <init-param>
         <param-name>charset</param-name>
         <param-value>utf-8</param-value>
      </init-param>
      <init-param>
         <param-name>flag</param-name>
         <param-value>true</param-value>
      </init-param>
  </filter>
  <filter-mapping>
      <filter-name>myCharsetFilter</filter-name>
      <url-pattern>/*</url-pattern>
  </filter-mapping>
  <servlet-name>Test</servlet-name>
  <servlet-class>servlet.Test</servlet-class>
</servlet>

<servlet-mapping>
  <servlet-name>Test</servlet-name>
  <url-pattern>/servlet/Test</url-pattern>
</servlet-mapping>
```

6. 设置监听器

Servlet 监听器用于监听一些重要事件的发生，如 Web 应用信息的初始化，销毁，增加，修改，删除值等，监听器对象可以在事情发生前后做一些必要的处理。servlet 规范中为每种事件监听器都定义了相应的接口，在编写事件监听器程序时需实现这些接口。一些 Servlet 事件监听器需要在 web.xml 中进行注册。一个 web.xml 可以注册多个 servlet 事件监听器，web 服务器按照它们在 web.xml 中注册顺序来加载和注册这些 servlet 事件监听器。

第一步：编写监听器类，例如：

```
package servlet;

import javax.servlet.ServletContextEvent;
import javax.servlet.ServletContextListener;
import javax.servlet.http.HttpSessionEvent;
public class listen implements ServletContextListener{

 public void contextInitialized(ServletContextEvent sce)  {
     System.out.println("ServletContext 对象被创建了");
 }

 public void contextDestroyed(ServletContextEvent sce)  {
     System.out.println("ServletContext 对象被销毁了");
 }
}
```

第二步：部署监听器事件

```
<listener>
  <listener-class> listen.MyListener</listener-class>
</listener>
```

运行 tomcat 服务器会在命令窗口中显示：

> ServletContext 对象被创建了

表示 WEB 服务器在开启之后创建了 ServletContext 对象并调用了监听器 listen 中的 contextDestroyed()方法。

关闭 tomcat 服务器会在命令窗口中显示：

> ServletContext 对象被销毁了

表示 WEB 服务器在关闭之前销毁了 ServletContext 对象并调用了监听器 listen 中的 contextDestroyed()方法。

7. 设置会话(Session)过期时间，其中时间以分钟为单位，假如设置 60 分钟超时。

```
<session-config>
<session-timeout>60</session-timeout>
</session-config>
```

6.4.3 Servlet 3.0 中的改进

相对于之前的版本，Servlet 3.0 中的 Servlet 有以下改进：支持注解配置，支持异步调用，支持文件上传。本小节介绍注解配置的方法和应用，其他功能可参阅资料。

以往 Servlet 需要在 web.xml 文件中进行配置（Servlet 3.0 同样支持），在 Servlet 3.0 中引入了注解，只需要在对应的 Servlet 类上使用@WebServlet 注解进行标记，应用程序启动后就可以访问该 Servlet。@WebServlet 用于将一个类声明为 Servlet，该注解将会在部署时被容器处理，容器将根据具体的属性配置将相应的类部署为 Servlet，该注解具有下列的一些常用属性，value 或者 urlPatterns 是必需的（但二者不能共存，同时指定时忽略 value 的取值），用于设置访问路径，其他属性均为可选属性。

表 6-6　　　　　　　　　　　　　　　　　@WebServlet 的属性及说明

属性名	数据类型	功能
name	String	指定 Servlet 的 name 属性，等价于 <servlet-name>。如果没有显式指定，则该 Servlet 的取值即为类的全限定名
value	String[]	等价于 urlPatterns 属性。两个属性不能同时使用
urlPatterns	String[]	指定一组 Servlet 的 URL 匹配模式。等价于<url-pattern>标签
loadOnStartup	int	指定 Servlet 的加载顺序。等价于<load-on-startup>标签
initParams	WebInitParam[]	指定一组 Servlet 初始化参数。等价于<init-param>标签
asyncSupported	boolean	声明 Servlet 是否支持异步操作模式。等价于<async-supported>标签
description	String	Servlet 的描述信息。等价于<description>标签
displayName	String	Servlet 的显示名。等价于<display-name>标签

1. Servlet 的注解配置

下面是一个使用@WebServlet 的简单 Servlet 示例。

```
import java.io.IOException;
import javax.servlet.ServletException;
import javax.servlet.annotation.WebServlet;
import javax.servlet.http.HttpServlet;
import javax.servlet.http.HttpServletRequest;
import javax.servlet.http.HttpServletResponse;
/**
 * Servlet3.0 支持使用注解配置 Servlet。@WebServlet 的 urlPatterns 和 value 属性都可以用来表示 Servlet 的部署路径。
 */
@WebServlet(name = "/HelloServlet", urlPatterns = {"/HelloServlet"}, loadOnStartup = 1, initParams = {
        @WebInitParam(name = "name", value = "Amy"), @WebInitParam(name = "age", value = "20")})
public class HelloServlet extends HttpServlet {
    private static final long serialVersionUID = 1L;
    public HelloServlet() {
        super();
    }
    protected void doGet(HttpServletRequest request, HttpServletResponse response) throws ServletException, IOException {
        doPost(request, response);
    }
    protected void doPost(HttpServletRequest request, HttpServletResponse response) throws ServletException,
            IOException {
        request.setCharacterEncoding("UTF-8");
        ServletConfig config = getServletConfig();
        PrintWriter out = response.getWriter();
        out.println("<html>");
```

```
            out.println("<body>");
            out.println("Hello world"+"<br />");
            out.println(config.getInitParameter("name"));
            out.println("</body>");
            out.println("</html>");
        }
    }
```

注解@WebServlet 在 Web 应用程序中标记一个继承了 HttpServlet 的类为 Servlet，其属性 urlPatterns 的值相当于 web.xml 中的 url-pattern。在地址栏输入如下的路径即可访问上面代码所定义的 Servlet：

http://localhost:8080/web/ HelloServlet

2. Filter 的注解配置

filter 接口的注解配置和 servlet 类似，例如：

```
@WebFilter(servletNames = {"SimpleServlet"},filterName="SimpleFilter")  public class LessThanSixFilter implements Filter{...}
```

配置之后，就可以不必在 web.xml 中配置相应的 <filter> 和 <filter-mapping> 元素，容器会在部署时根据指定的属性将该类发布为过滤器。

等价的 web.xml 中的配置形式：

```
<filter>
<filter-name>SimpleFilter</filter-name>
<filter-class>xxx</filter-class>
</filter>  <filter-mapping>
<filter-name>SimpleFilter</filter-name>
<servlet-name>SimpleServlet</servlet-name>
```

下面举例说明</filter-mapping>创建过滤器。

```
CharSetFilter.java:
package com.tanlan.servlet3;
import java.io.IOException;
import javax.servlet.Filter;
import javax.servlet.FilterChain;
import javax.servlet.FilterConfig;
import javax.servlet.ServletException;
import javax.servlet.ServletRequest;
import javax.servlet.ServletResponse;
import javax.servlet.annotation.WebFilter;
/**
 * 处理编码问题的 Filter
 */
@WebFilter(urlPatterns={"/*"})
public class CharSetFilter implements Filter {
    public void doFilter(ServletRequest request, ServletResponse response, FilterChain chain)
        throws IOException, ServletException {
        request.setCharacterEncoding("UTF-8");
            chain.doFilter(request, response);
    }
    public void init(FilterConfig filterConfig) throws ServletException {
    }
    public void destroy() {
    }
}
```

为 Filter 配置初始化参数：
```
@WebServlet(urlPatterns={"/UserServlet"},initParams={@WebInitParam(name="name",value="Servlet3")})
@WebFilter(urlPatterns={"/*"},initParams={@WebInitParam(name="name",value="Filter'stanlan")})
```
调用的代码 CharSetFilter.java 为：
```
public void init(FilterConfig filterConfig) throws ServletException {
    System.out.println(filterConfig.getInitParameter("name"));
```

3. Listener 的注解配置

@WebListener 注解用于将类声明为监听器，@WebListener 标注的类必须实现以下至少一个接口：

```
ServletContextListener
ServletContextAttributeListener
ServletRequestListener
ServletRequestAttributeListener
HttpSessionListener
HttpSessionAttributeListener
```

示例如下：
```
@WebListener("这是一个监听器")
public class SimpleListener implements ServletContextListener{...}
```

6.5 Servlet 的应用

6.5.1 Serlvet 接收数据与显示

【例 6-2】paramsForm.jsp 页面，页面中输入数据提交后由 Servlet（ThreeParams.java）处理，运行效果如图 6-4 所示。

图 6-4 【例 6-2】运行效果图

数据页面 paramsForm.jsp
```
<%@page contentType="text/html" pageEncoding="UTF-8"%>
<html>
    <head>
        <meta http-equiv="Content-Type" content="text/html; charset=UTF-8">
        <title>数据页面</title>
    </head>
    <body style="font-size:40px;" >
    <form method="post" action="ThreeParams">
```

```html
          <p>数据1<input type="text" name="gr1"></p>
           <br>
           <p>数据2<input type="text" name="gr2"></p>
          <br>
          <p>数据3<input type="text" name="gr3"></p>
          <br>
          <p>
            <input type="submit" value="提交">
             <input type="reset" value="清除">
          </p>
      </form>
     </body>
</html>
```

读取表单参数的 Servlet 文件（ThreeParams.java）：

```java
public class threeParams extends HttpServlet{
    protected void processRequest(HttpServletRequest request, HttpServletResponse response)
throws ServletException, IOException{
        response.setContentType("text/html;charset=UTF-8");
        PrintWriter out = response.getWriter();
        out.println("<html>");         out.println("<body style='font-size:40px;' >");
        out.println(request.getParameter("gr1") +"<br>");
        out.println(request.getParameter("gr2") +"<br>");
        out.println(request.getParameter("gr3") +"<br>");
        out.println("</body>");        out.println("</html>");
        out.close();
    } protected void doGet(HttpServletRequest request, HttpServletResponse response)
         throws ServletException, IOException{
        processRequest(request, response);
    }
    protected void doPost(HttpServletRequest request, HttpServletResponse response)
         throws ServletException, IOException{
        processRequest(request, response);
    }
}
```

6.5.2　JSP+Servlet+JavaBean 实现留言板

【例 6-3】运用 JSP+Servlet+JavaBean 实现一个留言板程序。Servlet 主要用于 MVC 模式中控制器部分。Servlet 处理数据并可处理时间、保存留言、中文转码。运行效果如图 6-5 留言输入界面如图 6-6 所示。

图 6-5　留言输入界面

留言板程序结构如图 6-7 所示。

图 6-6 留言显示界面

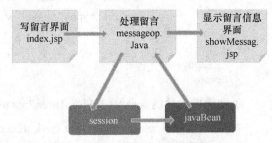

图 6-7 留言板程序结构

定义留言信息数据结构的 Bean（MessageBean.java）。

```java
package pac;
public class MessageBean{
    private String author;
    private String title;
    private String content;
    private String time;
    public MessageBean(){
    }
    public String getAuthor(){
        return author;
    }
    public void setAuthor(String author){
        this.author = author;
    }
    public String getTitle(){
        return title;
    }
    public void setTitle(String title){
        this.title = title;
    }
    public String getContent(){
        return content;
    }
    public void setContent(String content){
        this.content = content;
    }
    public String getTime(){
        return time;
    }
    public void setTime(String time){
        this.time = time;
    }
}
```

留言输入页面（index.jsp）：

```jsp
<%@page contentType="text/html" pageEncoding="UTF-8"%>
<html>
    <head>
        <meta http-equiv="Content-Type" content="text/html; charset=UTF-8">
        <title>留言板页面</title>
    </head>
    <body background="image/f.jpg" style="font-size:40px;" >
        <form action="AddMessageServlet" method="post">
            留 言 者：<input type="text" name="author" size="30">
            <br>
            留言标题：<input type="text" name="title" size="30">
            <br>
            留言内容：<textarea name="content" rows="8" cols="30"></textarea>
            <p>
            <input type="submit" value="提交">
            <input type="reset" value="重置">
            <a href="showMessage.jsp">查看留言</a>
        </form>
    </body>
</html>
```

留言板信息处理 Servlet 文件（AddMessageServlet.java）：

```java
package pac;
import java.io.IOException;   //省略需引入的包
public class AddMessageServlet extends HttpServlet{
    protected void doGet(HttpServletRequest request, HttpServletResponse response) throws ServletException, IOException{
        doPost(request,response);
    }
    protected void doPost(HttpServletRequest request, HttpServletResponse response) throws ServletException, IOException{
        //中文编码处理
        String author=new String(request.getParameter("author").getBytes("ISO-8859-1"),"UTF-8");
        String title=new String(request.getParameter("title").getBytes("ISO-8859-1"),"UTF-8");
        String content=new String(request.getParameter("content").getBytes("ISO-8859-1"),"UTF-8");
        //获取当前时间并格式化时间为指定格式
        SimpleDateFormat format=new SimpleDateFormat("yyyy-MM-dd HH:mm:ss");
        String today=format.format(new Date());
        //JavaBean 保存 messageBoard.jsp 文件提交的数据
        MessageBean mm=new MessageBean();
        mm.setAuthor(author); mm.setTitle(title);
        mm.setContent(content); mm.setTime(today);
        //获取 session 对象，HttpSession 相当于 JSP 中的 session
        HttpSession session=request.getSession();
        //通过 session 对象获取应用上下文 ServletContext，相当于 JSP 中的 application
        ServletContext scx=session.getServletContext();
        //获取存储在应用上下文中的集合对象（JSP 的 Application 对象）
        ArrayList wordlist=(ArrayList)scx.getAttribute("wordlist");
        if(wordlist==null) wordlist=new ArrayList();
```

```
    //将封装了信息的值 JavaBean 存储到集合对象中
    wordlist.add(mm);
    //将集合对象保存到应用上下文中
    scx.setAttribute("wordlist",wordlist);
    response.sendRedirect("showMessage.jsp");
  }
}
```

显示留言信息页面（showMessage.jsp）：

```
<%@page import="pac.MessageBean"%>
<%@page import="java.util.ArrayList"%>
<%@page contentType="text/html" pageEncoding="UTF-8"%>
<html>
    <head><meta http-equiv="Content-Type" content="text/html; charset=UTF-8">
        <title>显示留言内容</title>
    </head>
    <body background="image/f.jpg" style="font-size:40px;" >
        <% ArrayList wordlist=(ArrayList)application.getAttribute("wordlist");
            if(wordlist==null||wordlist.size()==0)
                out.print("没有留言可显示！");
            else{
                for(int i=wordlist.size()-1;i>=0;i--){
                    MessageBean mm=(MessageBean)wordlist.get(i);
        %>
         留 言 者：<%=mm.getAuthor() %>
        <p>留言时间：<%=mm.getTime() %></p>
        <p>留言标题：<%=mm.getTitle() %></p>
        <p>留言内容：<textarea rows="8" cols="30" readonly>
                        <%=mm.getContent()%> </textarea> </p>
        <a href="index.jsp">我要留言</a>  <hr width="90%">
        <%    }
            }
        %>
    </body>
</html>
```

【例 6-4】统计当前网站在线人数。

编写 counter.java 代码如下：

```
package sessioncount;
import javax.servlet.http.HttpSessionEvent;
import javax.servlet.http.HttpSessionListener;
public class counter implements HttpSessionListener{
    private static int activeSessions = 0;
    public void sessionCreated(HttpSessionEvent se){
        activeSessions++;
        }
    public void sessionDestroyed(HttpSessionEvent se){
        if(activeSessions > 0)
            activeSessions--;
        }
    public static int getActiveSessions(){
        return activeSessions;
```

            }
        }

配置 web.xml：

```xml
<?xml version="1.0" encoding="UTF-8"?>
<web-app version="2.5"
    xmlns="http://java.sun.com/xml/ns/javaee"
    xmlns:xsi="http://www.w3.org/2001/XMLSchema-instance"
    xsi:schemaLocation="http://java.sun.com/xml/ns/javaee
    http://java.sun.com/xml/ns/javaee/web-app_2_5.xsd">
  <welcome-file-list>
    <welcome-file>index.jsp</welcome-file>
  </welcome-file-list>
  <!-- Listeners -->
  <listener>
    <listener-class>
       sessioncount.counter
    </listener-class>
  </listener>
</web-app>
```

编写测试代码：

```jsp
<%@ page import="sessioncount.counter" %>
<%@ page language="java" import="java.util.*" pageEncoding="UTF-8"%>
<%
String path = request.getContextPath();
String basePath = request.getScheme()+"://"+request.getServerName()+":"+request.getServerPort()+path+"/";
%>
<!DOCTYPE HTML PUBLIC "-//W3C//DTD HTML 4.01 Transitional//EN">
<html>
  <head>
    <base href="<%=basePath%>">
    <title>My JSP 'test.jsp' starting page</title>
    <meta http-equiv="pragma" content="no-cache">
    <meta http-equiv="cache-control" content="no-cache">
    <meta http-equiv="expires" content="0">
    <meta http-equiv="keywords" content="keyword1,keyword2,keyword3">
    <meta http-equiv="description" content="This is my page">
    <!--
    <link rel="stylesheet" type="text/css" href="styles.css">
    -->
  </head>
  <body bgcolor="#FFFFFF">
     在线人数:<%=counter.getActiveSessions()%>
  </body>
</html>
```

6.5.3 应用举例：网上商城中使用 Servlet 实现购物车

在第 5 章中我们使用 JSP+JavaBean 实现了网上商城的购物车。现在运用 Servlet 实现相同功能的购物车。通过对比两个例子，可以体会两种方法各自的优势。

【例 6-5】利用 Servlet 实现购物车。

前面分析过，Servlet 适合做业务控制，所以可以将原来 JSP 中有关数据操作的部分提取出来，交给 Servlet 完成。在【例 5-16】中，cartProcess.jsp 是用来处理业务逻辑的，现在将其用 servlet（cartProcess.java）代替。cartProcess.jsp 将购物车内的商品列表存放在实例化的 JavaBean（shopcart.java）中，在 cartProcess.jsp 中使用<jsp:useBean id="mycart" class="bean.shopcart" scope="session"/>，将数据作用范围设置为 session，同一次会话中在不同的页面跳转都可以存取购物车里的商品集合，既实现了数据的保存，又区分了不同用户的购物车。而 Servlet 中没有像 JSP 那样的内置对象机制，使用 JavaBean 是通过 Java 实例化类的代码进行的，所以对购物车内的商品数据要采用 session 内置对象属性，在同一个会话中得以保存。Servlet 购物车功能模块结构如图 6-8 所示。

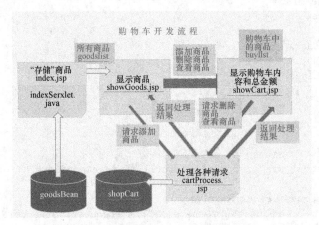

图 6-8　Servlet 购物车功能模块结构图

cartProcess.java 代码与 cartProcess.jsp 代码十分相似，仅有少量修改，核心代码如下：

```
package servlet;
import java.io.IOException;
import java.io.PrintWriter;
import java.util.ArrayList;
import javax.servlet.ServletException;
import javax.servlet.http.HttpServlet;
import javax.servlet.http.HttpServletRequest;
import javax.servlet.http.HttpServletResponse;
import javax.servlet.http.HttpSession;
import javax.swing.JOptionPane;
import bean.goodsBean;
import bean.mytools;
import bean.shopcar;

public class cartProcess extends HttpServlet{
    /**
     * The doGet method of the servlet. <br>
     *
     * This method is called when a form has its tag value method equals to get.
     *
     * @param request the request send by the client to the server
     * @param response the response send by the server to the client
     * @throws ServletException if an error occurred
     * @throws IOException if an error occurred
```

```java
    */
    public void doGet(HttpServletRequest request, HttpServletResponse response)
            throws ServletException, IOException{
        response.setContentType("text/html");
        PrintWriter out = response.getWriter();

        //获得存放在session属性buylist里的购物车商品集合
        //与第5章不同,第5章是从JavaBean的实例中获得
        HttpSession session=request.getSession();
        shopcar mycart=new shopcar();
        ArrayList buylist=(ArrayList) session.getAttribute("buylist");
        //如果购物车为空,则新建一个ArrayList数组
        if(buylist==null){
            buylist=new ArrayList();
        }
        //将获得的购物车商品列表放入mycart(JavaBean的实例化对象),
        //利用mycart进行商品的添加、修改购买量、删除、购物车的清空操作
        mycart.setBuylist(buylist);

        //获得传递过来的操作参数action
        String action=request.getParameter("action");

            if(action==null){
                action="";
            }
            //传递过来的操作参数是buy,代表购买
            if(action.equals("buy")){
                //读取该分区的商品集合
                ArrayList goodslist=(ArrayList)session.getAttribute("goodslist");

                //获取用户购买的商品的id
                int id=mytools.strtoint(request.getParameter("id"));
                goodsBean single=(goodsBean)goodslist.get(id);

                //获取用户购买的商品的数量
                int buynum=mytools.strtoint(request.getParameter("buynum"));

                //获取该商品的信息
                mycart.additem(single,buynum);
                //将buylist写入session的属性buylist,第5章没有这一步
                session.setAttribute("buylist", buylist);

                //转向显示分区商品列表页面,以便用户继续购物
                response.sendRedirect("showGoods.jsp");
            }

            //传递过来的操作参数是changebuynum,代表修改购买数量
             else if(action.equals("changebuynum")){
                ArrayList goodslist=(ArrayList)session.getAttribute("goodslist");

                //获取用户要修改购买数量的商品的prodno
                String prodno=mytools.tochinese(request.getParameter("prodno"));
```

```
            //获取用户修改商品购买的数量
            int buynum=mytools.strtoint(request.getParameter("buynum"));
            //JOptionPane.showMessageDialog(null,"修改 prodno: "+prodno+"的购买
量为"+buynum);

            //将该商品新的购买信息加入购物车
            mycart.changebuynum(prodno,buynum);

            //将 buylist 写入 session 的属性 buylist
            session.setAttribute("buylist", buylist);

            //转向显示购物车页面,以便用户查看购物车内容,继续调整购物车商品
            response.sendRedirect("showCart.jsp");
        }

        //传递过来的操作参数是 remove,代表删除商品
        else if(action.equals("remove")){
            //读取该分区的商品集合
            ArrayList goodslist=(ArrayList)session.getAttribute("goodslist");

            //获取该商品的 name
            String prodno=request.getParameter("prodno");

            //将 buylist 写入 session 的属性 buylist
            session.setAttribute("buylist", buylist);

            //从购物车中删除商品
            mycart.removeitem(prodno);

            //转向显示购物车页面,以便用户查看购物车内容,继续调整购物车商品
            response.sendRedirect("showCart.jsp");
        }

        //传递过来的操作参数是 clear,代表清空购物车
        else if(action.equals("clear")){
            //读取该分区的商品集合
            ArrayList goodslist=(ArrayList)session.getAttribute("goodslist");

            //清空购物车
            mycart.clearcart();

            //将 buylist 写入 session 的属性 buylist
            session.setAttribute("buylist", buylist);

            //转向显示购物车页面,以便用户用户查看购物车内容,继续调整购物车商品
            response.sendRedirect("showCart.jsp");
        }

        //如果是其他操作,则转向显示商品列表页面
        else{
```

```
                        response.sendRedirect("showGoods.jsp");
            }
    }
```

web.xml 文件中相应的配置如下：

```xml
<servlet>
  <description>This is the description of my J2EE component</description>
  <display-name>This is the display name of my J2EE component</display-name>
  <servlet-name>cartProces</servlet-name>
  <servlet-class>servlet.cartProcess</servlet-class>
</servlet>
<servlet-mapping>
  <servlet-name>cartProces</servlet-name>
  <url-pattern>/cartProcess</url-pattern>
</servlet-mapping>
```

在涉及调用 cartProcess.jsp 的地方都修改为 cartProcess。

另一个修改的地方是 showCart.jsp，在第 5 章中，以下代码用于获得购物车商品列表：

```jsp
<jsp:useBean id="mycart" class="bean.shopcar" scope="session"/>
<%
    ArrayList buylist=mycart.getBuylist();
    float total=0;
%>
```

修改为：

```jsp
<%
    ArrayList buylist=(ArrayList)session.getAttribute("buylist");
    float total=0;
%>
```

本章小结

　　Servlet 是在服务器上运行的小程序。Servlet 运行在 Servlet 引擎的限制范围之内，安全性好；运行在多个 Web 服务器上，可以大大减少成本开支；在 Java 平台上运行，具备了 Java 的跨平台性，提高了灵活性；但包含大量格式控制代码，导致开发效率不高。JSP 是 Servlet 的扩展，弥补了这种不足，JSP 通过在标准的 HTML 页面中插入 Java 代码，其静态的部分无需 Java 程序控制，只有动态生成信息时才使用 Java 脚本控制。JSP 本质上就是 Servlet，所有的 JSP 页面必须被编译成 Servlet 后在 Servlet 容器中运行。

　　将 JSP、Servlet 和 JavaBean 结合起来使用，即为 MVC 模式：JSP 充当 View 的角色实现表示层，负责在预定义的页面模板中显示动态内容；Servlet 充当 Controller 的角色负责处理数据，调用 JavaBean 中的方法，返回数据给 JSP；JavaBean 充当 Model 角色，负责提供可复用组件以及对数据库的访问等。这一模式具有清楚的责任划分，可以充分发挥每类开发者的作用和长项，对提高软件结构、开发效率以及日后的维护工作都具有重要意义。

　　本章运用 Servlet 技术取代 JSP 实现了第 5 章中购物车的操作的功能，可以看到，以 MCV 模式实现的系统使得代码功能划分更为清晰，逻辑关系也更为明显。注意购物车信息的存取方式发生了改变，以及基于 web.xml 中关于 Servlet 的配置信息调用 Servlet。

习 题

6-1　Servlet 的运行原理是什么？
6-2　Servlet 的运行包括哪几个生命周期？
6-3　Servlet 有哪些主要的接口和类？
6-4　Servlet 在客户端同服务器的交互中是如何调用的？
6-5　如何建立和配置 Servlet？

第 7 章
MVC 设计模式

随着用户对应用程序期望的不断提高，软件功能的丰富复杂，在互联世界里，应用程序必须与其他应用程序和服务交互，在多种环境中运行，软件日益增加的复杂性影响其设计、部署、维护和管理等各个环节，需要运用软件架构模式进行系统的总体布局和结构设计，架构良好的应用程序能够持续运行，易于维护，具有良好的可扩展性，能够根据不断变化的要求进行更新升级，减少开发和维护成本。简单的独立式桌面应用程序的设计方法在大多数业务和商业应用中已不再满足开发需求。

MVC 是一种经典的 WEB 应用软件架构模式，在 UI 框架和 UI 设计思路中扮演着非常重要的角色。从设计模式的角度来看，MVC 模式是一种复合模式，它将多个设计模式结合起来，用来解决许多设计问题。MVC 模式把应用程序分成 3 个核心部件：Model（模型）、View（视图）、Control（控制器），分别处理自己的任务，能够提高系统的灵活性和复用性。

【本章主要内容】
1. 了解 JSP 三大技术在 Web 应用程序中的作用和相互关系
2. 掌握 MVC 模式的思想
3. 理解和运用 MVC 模式进行 Web 应用程序设计

7.1 JSP、Servlet 与 JavaBean

我们已经学习了 JSP 中的三大技术：JSP、Servlet 和 JavaBean，现在来分析和总结一下它们之间的联系、区别、用途和使用方式。

7.1.1 JSP 与 Servlet

在没有 JSP 之前，就已经出现了 Servlet 技术。Servlet 是利用输出流动态生成 HTML 页面，由于包括大量的 HTML 标签、大量的静态文本及格式等，所有的表现逻辑，包括布局、色彩及图像等，都必须耦合在 Java 代码中，导致 Servlet 的开发效率低下。JSP 的出现弥补了这种不足，JSP 通过在标准的 HTML 页面中插入 Java 代码，其静态的部分无需 Java 程序控制，只有那些需要从数据库读取并根据程序动态生成信息时，才使用 Java 脚本控制。

从表面上看，JSP 页面已经不再需要 Java 类，似乎完全脱离了 Java 面向对象的特征。事实上，每个 JSP 页面就是一个 Servlet 实例——JSP 页面由系统编译成 Servlet，Servlet 再负责响应用户请求。JSP 是 Servlet 的特例，每个 JSP 页面都会由 Servlet 容器生成对应的 Servlet。

早期的 Servlet 是服务器端的程序，动态生成 HTML 页面发到客户端，每一个 JSP 在第一次运行时被转换成 Servlet 文件，再编译成.class 来运行。有了 JSP，Servlet 不必再负责生成 HTML 页面，转而集中实现控制程序逻辑的作用，控制 JSP 和 JavaBean 之间的数据流转。可以把 JSP 看作 Servlet 的一种简化，使用 JSP 只需要完成程序员需要输出到客户端的内容，大大简化和方便了网页的设计和修改。JSP 中的 Java 脚本镶嵌到一个类中的工作由 JSP 容器完成。而 Servlet 则是一个完整的 Java 类，这个类的 Service 方法用于生成对客户端的响应。JSP 最终还是编译成 Servlet，每一个 JSP 在第一次运行时被转换成 Servlet 文件，再编译成.class 来运行。JSP 必须编译成 Servlet 才能执行，所以 JSP 比 Servlet 执行速度慢。而 JSP 能够实现的功能 Servlet 都能实现。

除了上述用途和分工的区别，Servlet 与 JSP 在语法机制上的区别还表现在：

（1）Servlet 中没有内置对象，原来 JSP 中的内置对象都是必须通过 HttpServletRequest 对象，或由 HttpServletResponse 对象生成。

（2）对于静态的 HTML 标签，Servlet 都必须使用页面输出流逐行输出。

Servlet 是 Java 应用环境下对服务器的扩展，最普遍的用途是扩展 Web 服务器。由于 Servlet 在服务器端运行，因此它和浏览器不存在任何兼容问题。JSP 和 Servlet 具有不同的特点，应用的场合也不同，程序员在使用的时候，可以根据自己的需要进行选择。

JSP 和 Servlet 有如下转换规则。

（1）JSP 页面的静态内容、JSP 脚本都会转换成 Servlet 的 xxxService()方法，类似于自行创建 Servlet 时 service()方法。

（2）JSP 声明部分转换成 Servlet 的成员部分。所有 JSP 声明部分可以使用 private、protected、public、static 等修饰符。

（3）JSP 的输出表达式(<%= ..%>部分)，输出表达式会转换成 Servlet 的 xxxService()方法里的输出语句。

（4）JSP 的 9 个内置对象或者是 xxxService()方法的形参，或者是该方法的局部变量，只能在 JSP 脚本和输出表达式中使用。

7.1.2　JSP 与 JavaBean

在第 5 章中已经学习过，JavaBean 设计者的初衷就是体现封装性。JavaBean 可以用来将现实世界的一个实体，包括属性和操作都封装成一个 Java 对象，用 JavaBean 表示。JSP 通过<jsp:userBean>、<jsp:setProperty>、<jsp:getProperty>动作使用 JavaBean，对它进行实例化、赋值和存取操作。

JavaBean 也是 class 文件，比普通的 Java 文件增加了一些限制，要满足下列规范。

（1）这个类是可序列化的，即必须实现 java.io.Serializable 接口。

（2）这个类必须带有一个无参数的构造方法。

（3）若成员变量名为×××，则要有方法 get×××()，用来获取属性；set×××()，用来修改属性；对于 Boolean 类型的成员变量,可用 is 代替 get 和 set 类中的方法的访问。属性都必须是 public 的。类中如果有构造方法，那么这个构造方法也是 public 的，并且无参数。

（4）这个类包含所有必需的事件处理方法。

正是这些规范，使得 JavaBean 成为了组件技术。

在 JSP 中使用 JavaBean 与使用一般的 Java 类的不同在于，通过<jsp:useBean >调用 JavaBean 的，而其他类则按照 Java 代码使用。Bean 的参数中还可以指定范围，如<jsp:useBean

scope="application" />，该 Bean 在服务器的 JVM 中将只有一个实例。JavaBean 是和 WebServer 相关的，不同的页面可以通过 Bean 交互。而在一个页面中的类就没有这个功能。

7.1.3 JavaBean 与 Servlet

JavaBean 和 Servlet 在本质上都是 Java 的类，但形成规范和用途有很大区别。

JavaBean 是组件技术，可以用在任何地方，包括用在 servlet 里。真正大规模使用 JavaBean 组件技术的是在 Swing 中，Swing 中的所有控件如 JButton、JTree 等用的都是 JavanBean 技术，这些控件的基本编程模型是 MVC 模型。Servlet 主要是用来接收请求、封装值 JavaBean、调用工具 JavaBean 的相应业务逻辑方法、向客户端发出响应、进行页面跳转等。

按照 Sun 的定义，JavaEE 应用由两大部分组成：

（1）组件：表示业务逻辑、表现逻辑，这部分由开发人员完成。

（2）标准的系统服务：由 JavaEE 平台即容器来提供，这个范围之外的都不属于 JavaEE 应用的范畴。

Servlet 作为 JavaEE 应用表现逻辑的组件之一，是 JavaEE 应用的一部分。而 JavaBean 的产生早于 J2EE，其技术用途更为广泛，不限于 JavaEE 使用，不属于 JavaEE 技术范围。

JavaBean 则可以脱离 JavaEE 环境单独存在，既可以用在客户端，也可以用在服务器端。Servlet 是只能在 JavaEE 容器中存在的特殊 Java 类，没有容器 Servlet 是不能生存的。

7.2 MVC 模式

在前面章节中，我们已经了解到了几种开发 JSP 的方式，下面做比较分析。下面介绍 MVC（模型-视图-控制器）三层开发模式的概念、原理和过程。

7.2.1 JSP 网络程序开发模式

1. 纯 JSP 模式

这是最简单的一种模式，将所有代码放在 JSP 页面中，即页面显示、数据处理和操作调用混合，技术不复杂，适合开发简单程序。但是 Java 代码与 HTML 代码混在一起，结构不清晰，维护和调试困难，代码几乎没有可重用性，不易维护和扩展，执行效率不高，并且安全性不好，只适合开发小规模的 Web 应用。另外，直接向数据库发送请求并用 HTML 显示，开发速度往往比较快，但由于数据页面的分离不够直接彻底，难以体现出业务模型的风格，实现模型的重用性，产品设计弹性力度小，很难满足用户的变化性需求。

2. JSP+JavaBean 模式

在这种模式中，JSP 页面独自响应请求并将处理结果返回客户，JavaBean 相当于数据模型层，所有的数据通过 Bean 来处理，实现了页面的表现和业务逻辑相分离，可以较好地满足中小型应用开发。当业务逻辑很复杂时，页面中嵌入大量的脚本语言或 Java 代码，整个页面将会变得非常复杂，仍会带来代码开发和维护、管理的困难。

3. JSP+Servlet+JavaBean 模式

这种模式结合了 JSP 和 Servlet 的技术优点，可以方便地通过 JSP 来表现页面，通过 Servlet 来完成大量的事务处理。Servlet 技术非常适用于服务器端的处理和编程。Servlet 充当一个控制者的角色，并负责向客户发送请求。Servlet 创建 JSP 所需要的 Bean 和对象，然后根据用户的请求行为，决定将哪个 JSP 页面发送给客户。从开发的观点来看，这种模式具有更灵活的页面表现，更清晰的开发者角色划分，可以充分发挥每个开发者的特长，界面设计人员可以充分发挥自己的表现力，设计出优美的界面表现形式，设计人员可以充分发挥自己的商务处理思维，来实现项目中的业务处理，这些优势在大型项目开发中表现得尤为突出。

7.2.2 MVC 模式的组成

MVC 最初是在 Smalltalk-80 中被用来构建用户界面的，M 代表模型（Model），V 代表视图（View），C 代表控制器（Controller）。把一个应用的输入、处理、输出流程划分成三个层——模型层、视图层、控制层，可增加代码的重用率，减少数据表达，数据描述和应用操作的耦合度，同时大大提高软件的可维护性、可修复性、可扩展性、灵活性以及封装性。

模型表示企业数据和业务规则，是应用对象，没有用户界面。被模型返回的数据是中立的，模型与数据格式无关，一个模型能为多个视图提供数据，应用于模型的代码只需写一次就可以被多个视图重用，减少了代码的重复性。

视图表示用户看到并与之交互的界面，代表流向用户的数据。在视图中其实没有真正的处理操作发生，视图只是作为一种输出数据并允许用户操纵的方式。

控制器定义用户界面对用户输入的响应方式，负责接受用户的输入并调用模型和视图去完成用户的需求，把用户的动作转成针对模型的操作。模型通过更新视图的数据来反映数据的变化。

MVC 设计模式三部分关系如图 7-1 所示。

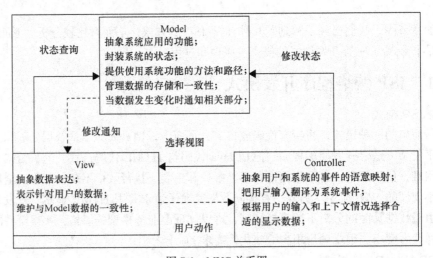

图 7-1 MVC 关系图

这三层是紧密联系在一起的，但又是互相独立的，每一层内部的变化不影响其他层。每一层都对外提供接口（Interface），供上面一层调用。这样一来，软件就可以实现模块化，修改外观或者变更数据都不用修改其他层，大大地方便了维护和升级。很多程序本质上都是这种模式：对外提供一组触发器，然后执行一些内部操作，最后返回结果。例如，在计算器中，按钮和数据显示区就是"视图层"，需要运算的数字就是"数据层"，执行加减乘除的那些内部运算步骤就是"控制层"。每一层执行不同的功能，整个程序的结构非常清楚。又如，在汽车的架构中，各类仪表如速度表、油量表等属于"视图层",油门属于"控制层",发动机和车轮属于"数据层"。当踩油门时,导致车轮转速加快,在仪表中显示出速度、油量数据的变化。可见 MVC 模式的应用是非常广泛的。

从网络三层结构的角度看,一个网络项目可分为 3 层:数据层(data layer)负责数据的存储和表示,业务层(business layer)负责数据计算、数据分析、数据库处理,表示层(presentation layer)实现页面的显示。基于这样的考虑,开发者提出了 JSP/Servlet/JavaBean 模式,JSP 充当 View,负责在预定义的页面模板中显示动态内容,Servlet 充当 Controller,负责对大量的客户端请求进行处理及调用各类 JavaBean,由 JavaBean 充当 Model,负责提供可复用组件以及对数据库的访问等。大大地减少了 JSP 页面中 Java 程序和 HTML 代码混淆的情况。这样的模式本质上就是 MVC 模式思想,具有更加清楚的责任划分,可以充分发挥每类开发者的作用。MVC 具有多个视图对应一个模型的能力。在用户需求的快速变化下,可有多种方式访问应用的要求。例如,订单模型可能有本系统的订单,也有网上订单,或者其他系统的订单,对于订单的处理过程都是一样的。按 MVC 设计模式,一个订单模型以及多个视图即可解决问题,减少了代码的复制,一旦模型发生改变,也易于维护。它还有利于软件工程化管理。由于不同的层各司其职,每一层不同的应用具有某些相同的特征,有利于通过工程化、工具化产生管理程序代码。

图 7-2 所示为 JSP/Servlet/JavaBean 模式的三层结构。

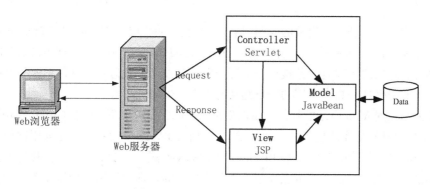

图 7-2 JSP/Servlet/JavaBean 模式

(1)表示层:由用户界面和用于生成界面的代码组成。
(2)业务层:包含系统的业务和功能代码。
(3)数据层:负责完成存取数据库的数据和对数据进行封装。

7.2.3 MVC 模式在网络程序设计中的应用

采用 MVC 模式则可以恰到好处地利用 JSP、Servlet、JavaBean 三者的优点。以留言板程序为例,根据 MVC 模式设计做如下划分。

JSP 文件:显示填写留言的页面(以 HTML 为主)、从数据库取出数据(使用 JavaBean),显示所有的留言信息。

Servlet 文件:接收填写留言页面提交过来的表单数据,进行数据检验或转换,存入数据库并返回留言的显示页面或给出错误提示后返回签写留言的页面。这些操作属于逻辑处理,虽然可以由 JSP 实现,但是使用 Servlet 效率和安全性高多了,也让 JSP 页面变得简洁明了。

JavaBean:用 Java 类表示留言信息的数据结构,包括留言信息的属性(如留言人、留言标题、留言内容、留言时间等）和方法（关于各个属性的 get 和 set 方法以及添加、删除、修改留言属性的方法）。使用 JavaBean，就实现了在 JSP 中对类和实例进行操作，而不是直接去操作数据库，提高了操作代码的可重用性，减少了 JSP 代码的冗余，提高了 JSP 代码的可读性和可维护性。在第 6 章的购物车例子中，Servlet（cartProcess）起着 Control 层的作用，根据用户操作进行相应处理，实现对 JavaBean 的操作，并能够跳转到指定的 JSP。

综合上述，MVC 是构筑软件非常好的基本模式，将业务处理与显示分离，将应用分为模型、视图以及控制层，使得设计开发者会认真考虑应用的额外复杂性，把这些想法融进到架构中，增加了应用的可拓展性，使得应用程序更加强壮，更加有弹性，更加个性化。读者可自行进行网络购物应用的 MVC 模式结构分解。

MVC 理解起来比较容易，设计实现对开发人员的要求比较高。除了具备 MVC 这种基本的设计思想，还需要详细的设计规划。模型和视图的严格分离可能使得调试困难一些，但也比较容易发现错误。MVC 将应用分为 3 层，代码文件类型和数量都会增多，因此对于文件的管理会较为复杂。

本章小结

为了解决大型软件开发中出现的问题，形成了开发中的 3 层架构：表现层（Presentation layer）、业务逻辑层（Business layer）和数据持久层（Persistence layer），3 个层次有各自明确的任务和清晰的功能划分，各层之间存有通信接口，资源分配策略设计合理运用，软件系统的可扩展性和可复用性方面得到极大的提高，系统的安全性和易管理性也得到改善。

三层体系结构对 Web 应用的软件开发产生很大影响，促进了基于组件的设计思想，产生了许多开发 Web 层次框架的实现技术。目前开发 B/S 结构的 Web 应用系统广泛采用这种三层体系结构。本章对 JSP 网络程序的三大技术 JSP/JavaBean/Servlet 进行了综合讨论，分析总结其联系、区别、用途和使用方式，结合实例重点介绍了 MVC 模式的原理和作用，加深读者对 MVC 框架的理解。

习　题

7-1　JSP、JavaBean 和 Servlet 的区别是什么？
7-2　JSP、JavaBean 和 Servlet 有哪些联系？
7-3　如何理解 JSP、Servlet 和 JavaBean 在 MVC 模式中的作用？
7-4　MVC 模式的基本思想是什么？
7-5　结合实例说明 MVC 模式在 JSP 网络程序开发中的运用。

第 8 章 JSP 数据库操作

Java 数据库连接体系结构是用于 Java 应用程序连接数据库的标准方法。作为 API，JDBC 为程序开发提供标准的接口，并为数据库厂商及第三方中间件厂商实现与数据库的连接提供了标准方法。JDBC 使用已有的 SQL 标准并支持与其他数据库连接标准，实现了所有这些面向标准的目标并且具有简单、严格类型定义且高性能实现的接口。

当数据库访问量很大时，频繁的数据库连接操作会导致网站拥塞等严重后果。开发人员设计出连接池的技术，负责分配、管理和释放数据库连接，允许应用程序重复使用一个现有的数据库连接，释放空闲数据库连接，提高对数据库操作的性能。

【本章主要内容】
1. 了解 JDBC 的概念和技术特点
2. 建立 JDBC 连接
3. 通过 SQL 语句来查询记录集
4. 数据库连接池的作用与实现

8.1 数据库管理系统

实际的软件系统中经常会使用到数据库，数据库技术是网络程序中的重要技术之一。前面所实现的系统中商品信息均为模拟信息，并未使用数据库进行存储，用户信息也未写入数据库。为了实现数据的实际存储与读写操作（修改和查询），需采用数据库技术。

8.1.1 数据库（Database）

数据库是按照数据结构来组织、存储和管理数据的仓库。随着信息技术和市场的发展，特别是 20 世纪 90 年代以后，数据管理不再仅仅是存储和管理数据，而转变成用户所需要的各种数据管理的方式。数据库有很多种类型，从最简单的存储有各种数据的表格到能够进行海量数据存储的大型数据库系统都在各个方面得到了广泛的应用。

数据库中的数据是从全局观点出发建立的，按一定的数据模型进行组织、描述和存储。其结构基于数据间的自然联系，从而可提供一切必要的存取路径，且数据不再针对某一应用，而是面向全组织，具有整体的结构化特征。数据库中的数据是为众多用户所共享其信息而建立的，已经摆脱了具体程序的限制和制约。不同的用户可以按各自的用法使用数据库中的数据；多个用户可以同时共享数据库中的数据资源，不仅满足了各用户对信息内容的要求，同时也满足了各用户之间信息通信的要求。

数据库的基本结构分3个层次，反映了观察数据库的3种不同角度。

（1）物理数据层

这是数据库的内层，是物理存贮设备上实际存储的数据的集合，由内部模式描述的指令操作处理的位串、字符和字组成。

（2）概念数据层

这是数据库的中间层，数据库的整体逻辑表示，指出了每个数据的逻辑定义及数据间的逻辑联系，是存储记录的集合。所涉及的是数据库所有对象的逻辑关系，而不是物理存储情况。

（3）逻辑数据层

这是数据库的外层，用户所看到和使用的数据库，表示了一个或一些特定用户使用的数据集合，即逻辑记录的集合。

数据库不同层次之间的联系是通过映射进行转换的。数据库通常分为层次式数据库、网络式数据库和关系式数据库3种。而不同的数据库是按不同的数据结构来联系和组织的。目前，比较流行的数据模型是按关系理论建立的关系结构模型。由关系数据结构组成的数据库系统被称为关系数据库系统。在关系数据库中，对数据的操作几乎全部建立在一个或多个关系表格上，通过对这些关系表格的分类、合并、连接或选取等运算来实现数据的管理。经过几十年的发展和实际应用，技术越来越成熟和完善。代表产品有 Oracle、DB2、MS SQL Server、Sybase、Informix、Access、MySQL、VFP、INGRES 等。

8.1.2 数据库管理系统（DataBase Management System）

数据库管理系统简称 DBMS，是一种操纵和管理数据库的大型软件，用于建立、使用和维护数据库。用户通过 DBMS 访问数据库中的数据，数据库管理员也通过 DBMS 进行数据库的维护工作。它可使多个应用程序和用户用不同的方法在同时或不同时刻去建立，修改和询问数据库。数据库管理系统的主要功能包括如下几种。

1．数据定义

DBMS 提供数据定义语言 DDL（Data Definition Language），供用户定义数据库的三级模式结构、两级映像以及完整性约束和保密限制等约束。DDL 主要用于建立、修改数据库的库结构。

2．数据操作

DBMS 提供数据操作语言 DML（Data Manipulation Language），供用户实现对数据的追加、删除、更新、查询等操作。

3．数据库的运行管理

数据库的运行管理功能是 DBMS 的运行控制、管理功能，包括多用户环境下的并发控制、安全性检查和存取限制控制、完整性检查和执行、运行日志的组织管理、事务的管理和自动恢复。

4．数据组织、存储与管理

DBMS 要分类组织、存储和管理各种数据，需确定以何种文件结构和存取方式在存储级上组织这些数据，如何实现数据之间的联系。数据组织和存储的基本目标是提高存储空间利用率，选择合适的存取方法提高存取效率。

5．数据库的保护

DBMS 对数据库的保护通过四个方面来实现：数据库恢复、数据库并发控制、数据库完整性控制、数据库安全性控制。

6. 数据库的维护

数据库的维护包括数据库的数据载入、转换、转储、数据库的重组合重构以及性能监控等功能，分别由各个使用程序来完成。

8.1.3 结构化查询语言（SQL）

结构化查询语言（Structured Query Language，SQL），是一种数据库查询和程序设计语言，用于存取数据以及查询、更新和管理关系数据库系统；同时也是数据库脚本文件的扩展名。结构化查询语言是高级的非过程化编程语言，允许用户在高层数据结构上工作。它不要求用户指定对数据的存放方法，也不需要用户了解具体的数据存放方式，所以，具有完全不同底层结构的不同数据库系统可以使用相同的结构化查询语言作为数据输入与管理的接口。结构化查询语言语句可以嵌套，具有极大的灵活性和强大的功能。

SQL 语言的功能包括查询、操纵、定义和控制，是一个综合的、通用的关系数据库语言，集成实现了数据库生命周期中的全部操作。SQL 提供了与关系数据库进行交互的方法，可以与标准的编程语言一起工作。无论是 Oracle、Sybase、DB2、Informix、SQL Server 这些大型的数据库管理系统，还是 Visual Foxpro、PowerBuilder 这些 PC 上常用的数据库开发系统，都支持 SQL 语言作为查询语言。

SQL 语言包括 3 种主要程序设计语言类别的语句：

（1）数据定义语言 Data Definition Language(DDL)，用来建立数据库、数据对象和定义其列。例如：CREATE、DROP、ALTER 等语句；

（2）数据操作语言 Data Manipulation Language(DML)，用来插入、修改、删除、查询，可以修改数据库中的数据。例如：INSERT（插入）、UPDATE（修改）、DELETE（删除）语句、SELECT（查询）也就是通常的 CRUD 操作；

（3）数据控制语言 Data Controlling Language（DCL），用来控制数据库组件的存取许可、存取权限等。

8.2 JDBC 技术

8.2.1 JDBC 简介

Java 技术具有卓越的通用性、高效性、平台移植性和安全性，从诞生开始就得到了迅速发展，在云计算和移动互联网的产业环境下，Java 更具备了显著优势和广阔前景。在设计数据库应用程序方面，最开始是在 Java 程序中加入 C 语言的 ODBC 函数调用，无法发挥平台无关性、面向对象等特点。SUN 公司开发以 Java 语言为基础的数据库应用程序开发接口 SQL 类包（也就是 JDBC API），作为 JDK 的标准部件，解决了这一问题。

JDBC（Java Data Base Connectivity，Java 数据库连接）是一种用于执行 SQL 语句的 Java API，可以为多种关系数据库提供统一访问，由一组用 Java 语言编写的类和接口组成。JDBC 为工具/数据库开发人员提供了一个标准的 API（应用程序接口），据此可以构建更高级的工具和接口，使数据库开发人员能够用纯 Java API 编写数据库应用程序。JDBC 提供两种 API，分别是面向开发人员的 API 和面向底层的 JDBC 驱动程序 API，底层主要通过直接的 JDBC 驱动和 JDBC-ODBC 桥驱动实现与数据库的连接。JDBC 可以连接的数据库包括 Oracle、MS SQLServer、Sybase、DB2、Aceess 等。将 Java 语言和 JDBC 结合起来，开发人员不必因为平台的不同而编写不同的代码，只须写一遍程序就可以让它在任何平台上运行，体现了 Java 语言"编写一次，处处运行"的优势。

Java 应用程序访问数据库的过程如下。

① 装载数据库驱动程序。
② 通过 JDBC 建立数据库连接。
③ 访问数据库，执行 SQL 语句，获得执行结果。
④ 断开数据库连接。

8.2.2 JDBC 中的重要类与接口

JDBC 提供了一系列的类与接口，以实现与数据库的交互。表 8-1 列举了几个比较重要的类和接口以及它们的作用。

表 8-1　　　　　　　　　　　　JDBC 重要的类和接口

类或接口名	作用
ava.sql.DriverManager	处理驱动程序的加载和建立新数据库连接
java.sql.Connection	处理与特定数据库的连接
java.sql.Statement	在指定连接中处理 SQL 语句
java.sql.ResultSet	处理数据库操作结果集

1. DriverManager 类

DriverManager 类是用于数据库驱动程序管理的类，跟踪可用的驱动程序，并在数据库和相应驱动程序之间建立连接。使用 JDBC 驱动程序之前，必须先将驱动程序加载并向 DriverManager。该类也处理诸如驱动程序登录时间限制及登录和跟踪消息的显示等事务。DriverManager 类直接继承自 java.lang.object，其主要方法如表 8-2 所示。

表 8-2　　　　　　　　　　　　DriverManager 主要方法

方法	说明
Connection getConnection(String url,String user,String password) throws SQLException	取得与数据库的连接
Static Driver getDriver(String url) throws SQLExcetion	在 DriverManager 已经注册过的所有驱动中寻找能够正确访问给定 URL 数据库的驱动
static void deregisterDriver(Driver driver)	取消指定驱动在 DriverManager 类中的注册
static void registerDriver(Driver driver)	向 DriverManager 类中注册某驱动

2. Connection 接口

Connection 是与数据库的连接对象。打开连接对象与数据库建立连接的标准方法是调用 DriverManager.getConnection()方法。DriverManager 类保存着已注册的 Driver 类的清单，检查清单中的每个驱动程序，直到找到可与参数 URL 中指定的数据库进行连接的驱动程序，使用这个 URL 来建立实际的连接。表 8-3 列出了 Connection 接口的主要方法。

表 8-3　　　　　　　　　　　　　Connection 主要方法

方法	说明
Statement createStatement(int resultSetType,int resultSetConcurrency) throws SQLException	建立 Statement 类对象
void close() throws SQLException	关闭该连接
DatabaseMetaData getMetaData() throws SQLException	建立 DatabaseMetaData 类对象
PreparedStatement prepareStatement(String sql) throws SQLException	建立 PreparedStatement 类对象
boolean getAutoCommit() throws SQLException	返回 Connection 类对象的 AutoCommit 状态
void commit() throws SQLException	提交对数据库新增、删除或修改记录的操作
void rollback() throws SQLException	取消一个事务中对数据库新增、删除或修改记录的操作，进行回滚操作
boolean isClosed() throws SQLException	测试是否已经关闭 Connection 类对象与数据库的联接

3. Statement 接口

Statement 用于将 SQL 语句发送到数据库中，并获取指定 SQL 语句的结果。它只是一个接口的定义，其中包括了执行 SQL 语句和获取返回结果的方法。JDBC 中有三种类型的 Statement 对象：

Statement 对象用于执行不带参数的简单 SQL 语句；

PreparedStatement 对象用于执行带或不带参数的预编译 SQL 语句，从 Statement 继承而来；

CallableStatement 对象用于执行对数据库中的存储过程，从 PreparedStatement 继承而来。

表 8-4 列出了 Statement 接口的主要方法。

表 8-4　　　　　　　　　　　　　Statement 主要方法

方法	说明
Connection getConnection() throws SQLException	获取生成该 Statement 接口的 Connection 对象
boolean execute(String sql)	执行给定的 sql 语句，该语句可能会返回多个 ResultSet，多个更新计数或二者组合的语句
ResultSet executeQuery(String sql) throws SQLException	使用 select 语句对数据库进行查询操作，用于产生单个结果集的语句
int executeUpdate(String sql) throws SQLException	使用 INSERT、DELETE 和 UPDATE 对数据库进行新增、删除和修改操作，并且可以进行表结构的创建、修改和删除
void close() throws SQLException	释放 Statement 对象中的数据库和 JDBC 资源。Statement 是由 Connecion 对象生成的，因此 Statement 的关闭必须在 Connection 关闭之前进行

Statement 对象由 Connection 对象的 createStatement()方法创建，例如：

```
Connection con = DriverManager.getConnection(url, "username", "password");
Statement stmt = con.createStatement();
```

建立了到特定数据库的连接之后，就可以使用该连接发送 SQL 语句。Statement 接口提供了 3 种执行 SQL 语句的方法。

executeQuery 方法用于产生单个结果集的 SQL 语句，如 SELECT 语句。

executeUpdate 方法用于执行 INSERT、UPDATE、DELETE 及 DDL（数据定义语言）语句，例如 CREATE TABLE 和 DROP TABLE。executeUpdate 的返回值是一个整数，表示它执行的 SQL 语句所影响的数据库中的表的行数（更新计数）。

execute 方法用于执行返回多个结果集或多个更新计数的语句。

在 Statement 使用完毕后，最好采用显式的方式将其关闭，即进行显式的资源回收。

4. PreparedStatement 接口

PreparedStatement 接口继承了 Statement 接口，但 PreparedStatement 语句中包含了经过预编译的 SQL 语句，因此可以获得更高的执行效率。在 PreparedStatement 语句中可以包含多个用"？"代表的字段，在程序中可以利用 setXXX 方法设置该字段的内容，从而增强了程序设计的动态性。PreparedStatement 接口的主要成员方法及其含义如表 8-5 所示。

表 8-5　　　　　　　　　　　　　　PrepareStatement 主要方法

方法	说明
ResultSet executeQuery() throws SQLException	使用 SELECT 命令对数据库进行查询
int executeUpdate() throws SQLException	使用 INSERT、DELETE 和 UPDATE 对数据库进行新增、删除和修改操作
ResultSetMetaData getMetaData() throws SQLException	取得 ResultSet 类对象有关字段的相关信息
void setInt(int parameterIndex,int x) throws SQLException	设定整数类型数值给 PreparedStatement 类对象的 IN 参数
void setFloat(int parameterIndex,float x) throws SQLException	设定浮点数类型数值给 PreparedStatement 类对象的 IN 参数
void setNull(int parameterIndex,int sqlType) throws SQLException	设定 NULL 类型数值给 PreparedStatement 类对象的 IN 参数
void setString(int parameterIndex,String x) throws SQLException	设定字符串类型数值给 PreparedStatement 类对象的 IN 参数
void setDate(int parameterIndex,Date x) throws SQLException	设定日期类型数值给 PreparedStatement 类对象的 IN 参数
void setTime(int parameterIndex,Time x) throws SQLException	设定时间类型数值给 PreparedStatement 类对象的 IN 参数

例如：

```
PreparedStatement pstmt = con.prepareStatement("UPDATE EMPLOYEES SET SALARY = ? WHERE ID = ?");
```

在该语句中，包括两个可以进行动态设置的字段：SALARY 和 ID。

用下面的语句设置空字段的值：

```
pstmt.setBigDecimal(1, 7000.00);
pstmt.setInt(2, 45682);
```

PreparedStatement 与 Statement 的区别在于：

（1）前者代码的可读性和可维护性更好。虽然用 PreparedStatement 写代码往往会多出几行，但可读性可维护性上比直接用 Statement 的代码高很多。例如：

```
stmt.executeUpdate("insert into tb_name (col1,col2,col2,col4) values ('"+var1+"','"+var2+"','"+var3+"','"+var4+"')");
```

```
perstmt = con.prepareStatement("insert into tb_name (col1,col2,col2,col4) values
(?,?,?,?)");
perstmt.setString(1,var1);
perstmt.setString(2,var2);
perstmt.setString(3,var3);
perstmt.setString(4,var4);
perstmt.executeUpdate();
```

（2）PreparedStatement 构造的 SQL 语句不是完整的语句，需要在程序中进行动态设置，增加了程序设计的灵活性。

（3）PreparedStatement 语句是经过预编译的，所构造的 SQL 语句的执行效率比较高，对于批量处理可以大大提高效率，对于某些使用频繁的 SQL 语句，用 PreparedStatement 语句比用 Statement 具有明显的优势。而在对数据库只执行一次性存取的时候，PreparedStatement 对象的开销比 Statement 大，建议用 Statement 对象进行处理。

（4）传递给 PreparedStatement 对象的参数可以被强制进行类型转换，使开发人员可以确保在插入或查询数据时与底层的数据库格式匹配。

（5）当处理公共 Web 站点上的用户传来的数据的时候，安全性的问题就凸显出来，恶意代码会导致破坏性结果。例如，select * from tb_name = 'anyone' and passwd = '';drop table tb_name;很多数据库就允许这些语句得到执行，造成数据表被删除。使用预编译语句，就用不着对传入的数据做任何过滤，因为传递给 PreparedStatement 的字符串参数会自动被驱动器忽略。

5. ResultSet 类

结果集（ResultSet）用来暂时存放数据库查询操作获得的结果。它包含了符合 SQL 语句中条件的所有行，提供了一套 get 方法对这些行中的数据进行访问，并提供一系列方法对数据库进行增加、删除和修改操作。ResultSet 类维护一个记录指针（Cursor），记录指针指向数据表中的某个记录，通过适当的移动记录指针，可以方便地存取数据库。表 8-6 列出了 ResultSet 类的主要方法。

表 8-6　　　　　　　　　　　　ResultSet 主要方法

方法	说明
boolean absolute(int row) throws SQLException	移动记录指针到指定的记录
void beforeFirst() throws SQLException	移动记录指针到第一笔记录之前
void afterLast() throws SQLException	移动记录指针到最后一笔记录之后
boolean first() throws SQLException	移动记录指针到第一笔记录
boolean last() throws SQLException	移动记录指针到最后一笔记录
boolean next() throws SQLException	移动记录指针到下一笔记录
boolean previous() throws SQLException	移动记录指针到上一笔记录
void deleteRow() throws SQLException	删除记录指针指向的记录
void moveToInsertRow() throws SQLException	移动记录指针以新增一笔记录
void moveToCurrentRow() throws SQLException	移动记录指针到被记忆的记录
void insertRow() throws SQLException	新增一笔记录到数据库中
void updateRow() throws SQLException	修改数据库中的一笔记录

续表

方法	说明
void update [type] (int columnIndex,type x) throws SQLException	修改指定字段的值
int get [type](int columnIndex) throws SQLException	取得指定字段的值
ResultSetMetaData getMetaData() throws SQLException	取得 ResultSetMetaData 类对象

此外，还有以下关于数据库操作的类和接口：

CallableStatement 接口：用于执行对数据库已存储过程的调用。

DatabaseMetaData 类：保存了数据库的所有特性，并且提供许多方法来取得这些信息。

ResultSetMetaData 类：保存了所有 ResultSet 类对象中关于字段的信息，并提供许多方法来取得这些信息。

8.3 JDBC 驱动

硬件的驱动程序是负责计算机的操作系统与硬件的交互的软件。安装了硬件的驱动程序，操作系统就可以使用该硬件提供的服务。

JDBC 驱动实际上也起到类似的作用。不同数据库的 JDBC 驱动可以负责使用 JDBC 数据库连接的 Java 程序同相应数据库的通信。

8.3.1 JDBC–ODBC 桥

在 JDBC 出现的早期，这种驱动方式是比较流行的。通过这个驱动，可以将 JDBC 对数据库的操作映射为 ODBC 对于数据库的操作。但由于 ODBC 驱动只能运行在 Windows 操作系统平台上，因此使用这种桥接的方式将 Java 的数据库应用限制在了 Windows 平台下，使其失去了平台无关性的特点。同时，由于需要在两种接口间互相调用，执行的效率是比较低的。而且 OBDC 还需要在客户端装载二进制代码和数据库客户端代码，这就增加了很多麻烦。随着各个数据库厂商对 JDBC 的支持，出现了更好的 JDBC 驱动，这种 JDBC-ODBC 桥方式的驱动应用目前已经不常用了。

8.3.2 JDBC Native 桥

这种方式也叫作本地 API 桥方式，需要在 Java 程序执行的机器上安装本地的针对特定数据库的驱动程序，通过这个程序把对数据库的 JDBC 调用转换为数据库的 API 调用，性能比 JDBC-ODBC 方式好一些。但它直接将应用程序与网络库连接，所以必须在使用此驱动程序的计算机上安装网络库。和 JDBC-ODBC 桥驱动程序一样，这种类型的驱动程序也要求将某些二进制代码加载到每台客户机上，因此也将失去平台无关性的优势。

8.3.3 JDBC Network 驱动

这种驱动将应用程序与中间件连接，进而允许客户与后端多个数据库连接。中间件服务器将应用程序的 JDBC 调用映射到适当的数据库驱动程序。这些数据库驱动程序安装在中间件服务器上而不是安装在客户机上。这种 JDBC 方案比前两种更具有灵活性，是目前应用的主流之一。

8.3.4 纯 Java 的本地 JDBC 驱动

这种驱动把 JDBC 操作直接转换成不使用 ODBC 或本机 API 的本机协议,驱动程序完全是用 Java 实现的,不需要其他驱动程序或网络库。此类数据库驱动程序是数据库厂商提供的,能够提供对于本公司数据库系统的最优化访问。不需要数据库客户端网络驱动程序,通过数据库驱动程序包直接访问数据库即可,在执行效率上很有优势,也是是目前应用的主流之一。

本章采用纯 Java 的本地 JDBC 驱动。下面列出常用数据库的连接方法。

1. MySQL

```
String Driver="com.mysql.jdbc.Driver";     //驱动程序
String URL="jdbc:mysql://localhost:3306/db_name"?useUnicode=true&characterEncoding=UTF-8;
//连接的 URL,db_name 为数据库名
String Username="username";     //用户名
String Password="password";     //密码
Class.forName(Driver).newInstance();
Connection con=DriverManager.getConnection(URL,Username,Password);
```

2. Microsoft SQL Server 2.0 驱动(3 个 jar)

```
String Driver="com.microsoft.jdbc.sqlserver.SQLServerDriver";     //驱动程序
String     URL="jdbc:microsoft:sqlserver://localhost:1433;DatabaseName=db_name";
//db_name 为数据库名
String Username="username";     //用户名
String Password="password";     //密码
Class.forName(Driver).newInstance();     //加载数据可驱动
Connection con=DriverManager.getConnection(URL,UserName,Password);     //
```

3. Microsoft SQL Server 3.0 驱动(1 个 jar)

```
String Driver="com.microsoft.sqlserver.jdbc.SQLServerDriver";     //驱动程序
String URL="jdbc:sqlserver://localhost:1433;DatabaseName=db_name";     //db_name
为数据库名
String Username="username";     //用户名
String Password="password";     //密码
Class.forName(Driver).new Instance();     //加载数据可驱动
Connection con=DriverManager.getConnection(URL,UserName,Password);     //
```

4. Sysbase

```
String Driver="com.sybase.jdbc.SybDriver";     //驱动程序
String URL="jdbc:Sysbase://localhost:5007/db_name";     //db_name 为数据可名
String Username="username";     //用户名
String Password="password";     //密码
Class.forName(Driver).newInstance();
Connection con=DriverManager.getConnection(URL,Username,Password);
```

5. Oracle(用 thin 模式)

```
String Driver="oracle.jdbc.driver.OracleDriver";     //连接数据库的方法
String URL="jdbc:oracle:thin:@loaclhost:1521:orcl";     //orcl 为数据库的 SID
String Username="username";     //用户名
String Password="password";     //密码
```

```
Class.forName(Driver).newInstance();      //加载数据库驱动
Connection con=DriverManager.getConnection(URL,Username,Password);
```

6. PostgreSQL

```
String Driver="org.postgresql.Driver";    //连接数据库的方法
String URL="jdbc:postgresql://localhost/db_name";   //db_name 为数据可名
String Username="username";    //用户名
String Password="password";    //密码
Class.forName(Driver).newInstance();
Connection con=DriverManager.getConnection(URL,Username,Password);
```

7. DB2

```
String Driver="com.ibm.db2.jdbc.app.DB2.Driver";//连接具有 DB2 客户端的 Provider 实例
//String Driver="com.ibm.db2.jdbc.net.DB2.Driver";  //连接不具有 DB2 客户端的 Provider 实例
String URL="jdbc:db2://localhost:5000/db_name";  //db_name 为数据可名
String Username="username";    //用户名
String Password="password";    //密码
Class.forName(Driver).newInstance();
Connection con=DriverManager.getConnection(URL,Username,Password);
```

8. Informix

```
String Driver="com.informix.jdbc.IfxDriver";
String URL="jdbc:Informix-sqli://localhost:1533/db_name:INFORMIXSER=myserver";
//db_name 为数据库名
String Username="username";    //用户名
String Password="password";    //密码
Class.forName(Driver).newInstance();
Connection con=DriverManager.getConnection(URL,Username,Password);
```

9. JDBC-ODBC

```
String Driver="sun.jdbc.odbc.JdbcOdbcDriver";
String URL="jdbc:odbc:dbsource";    //dbsource 为数据源名
String Username="username";    //用户名
String Password="password";    //密码
Class.forName(Driver).newInstance();
Connection con=DriverManager.getConnection(URL,Username,Password);
```

8.4 JSP 对 MySQL 数据库操作

8.4.1 安装配置 MySQL

MySQL 是一个开放源码的小型关联式数据库管理系统，开发者为瑞典 MySQL AB 公司。MySQL 被广泛地应用在 Internet 上的中小型网站中。由于其体积小、速度快、总体拥有成本低和开放源码的特点，许多中小型网站都选择了 MySQL 作为网站数据库。本章以 MySQL 数据库为例介绍如何进行 JSP 网络数据库连接与操作。数据库系统虽然类型很多，但 JSP 连接和操作数据库的方法是一致的。

在 Http://dev.mysql.com/get/Downloads/Mysql-5.0/mysql-5.5.20-win32.zip/from/pick 网页上下载后解压缩 mysql-5.5.20-win32.zip。打开下载的 mysql 安装文件 mysql-5.5.20-win32.zip，双击解压缩，运行"setup.exe"，mysql 安装向导启动，如图 8-1 所示，单击"Next"按钮继续。在图 8-2 中选择接受协议项，进行下一步。

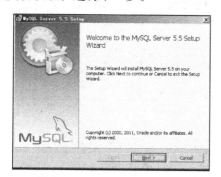

图 8-1　MySQL 安装向导启动

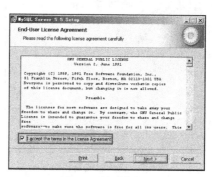

图 8-2　接受协议

图 8-3　选择安装类型

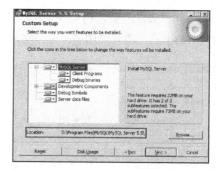

图 8-4　选择 MySQL 程序安装目录和 Data 目录

在图 8-3 中选择安装类型，有"Typical（默认）"、"Complete（完全）"、"Custom（用户自定义）" 3 个选项，选择"Custom"，手工设置后续选项。在图 8-4 中选择 MySQL 程序安装目录和 Data 目录，为了保证系统崩溃等意外情况重做系统盘后数据库数据不受影响，Data 目录和程序目录建议安装在非系统盘。在"Developer Components（开发者部分）"上左键单击，选择"This feature, and all subfeatures, will be installed on local hard drive."，即"此部分及下属子部分内容，全部安装在本地硬盘上"。在上面的"MySQL Server（mysql 服务器）"、"Client Programs（MySQL 客户端程序）"、"Documentation（文档）"也如此操作，以保证安装所有文件。点选"Change..."可手动指定安装目录。单击"下一步"按钮，将先后显示安装开始和安装向导结束界面（如图 8-5 和图 8-6 所示）。

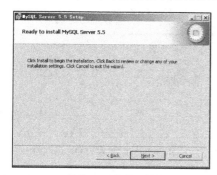

图 8-5　安装开始

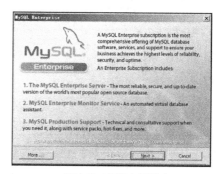

图 8-6　安装向导结束

如图 8-7 所示为在选择加载安装向导项前面打勾，单击"Next"启动 MySQL 配置向导。

如图 8-8 所示为选择配置方式，"Detailed Configuration（手动精确配置）"、"Standard Configuration（标准配置）"，此处选择"Detailed Configuration"，方便熟悉配置过程。

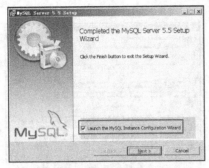 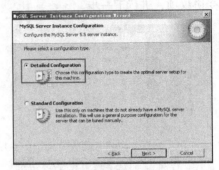

图 8-7　选择加载安装向导　　　　　　　　图 8-8　选择配置方式

如图 8-9 所示为选择服务器类型，"Developer Machine（开发测试类，mysql 占用很少资源）"、"Server Machine（服务器类型，mysql 占用较多资源）"、"DedicatedMySQL Server Machine（专门的数据库服务器，mysql 占用所有可用资源）"，此处可选"Server Machine"，单击"Next"按钮继续。

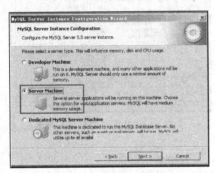 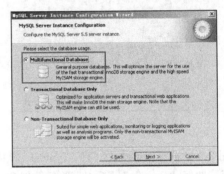

图 8-9　选择服务器类型　　　　　　　　图 8-10　选择配置方式

如图 8-10 所示为选择 MySQL 数据库的用途，"Multifunctional Database（通用多功能型）"、"Transactional Database Only（服务器类型，专注于事务处理）"、"Non-Transactional Database Only（非事务处理型，较简单）"，此处选择"Multifunctional Database（通用多功能型）"，单击"Next"按钮继续。

 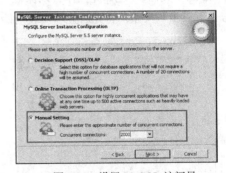

图 8-11　选择服务器类型　　　　　　　　图 8-12　设置 MySQL 访问量

如图 8-11 所示为对 InnoDB Tablespace 进行配置，使用用默认位置，单击"Next"按钮继续。

选择网站的 MySQL 访问量，同时连接的数目，"Decision Support(DSS)/OLAP（20 个左右）"、"Online Transaction Processing(OLTP)（500 个左右）"、"Manual Setting（手动设置，自己输入一个数）"，根据自己的需要选择，例如图 8-12 设置为 2000，单击"Next"按钮继续。

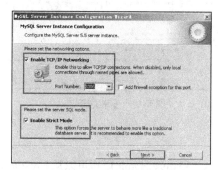
图 8-13　选择服务器类型

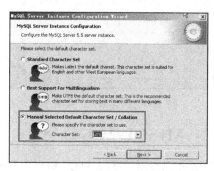
图 8-14　选择编码

如图 8-13 所示，设置启用 TCP/IP 连接，把前面的勾打上，设定端口 Port Number：3306，如果不启用，就只能在自己的机器上访问 MySQL 数据库；选择"启用标准模式"（Enable Strict Mode），可检测语法错误。单击"Next"按钮继续。

如图 8-14 编码选择，建议选择 UTF-8 是国际编码，通用性强。单击"Next"按钮继续。

图 8-15　选择服务器类型

图 8-16　设置密码

如图 8-15 所示为选择将 MySQL 安装为 Windows 服务，还可以指定 Service Name（服务标识名称），是否将 MySQL 的 bin 目录加入到 Windows PATH（加入后，就可以直接使用 bin 下的文件，而不用指出目录名，比如连接，"mysql.exe -uusername -ppassword;"就可以了），全部打上勾，Service Name 不变。单击"Next"按钮继续。

如图 8-16 所示为默认 root 用户（超级管理）的密码（默认为空），如果要修改，就在"New root password"填入新密码（如果是重装，并且之前已经设置了密码，在这里更改密码可能会出错，请留空，并将"Modify Security Settings"前面的勾去掉，安装配置完成后另行修改密码），"Confirm（再输一遍）"内再次输入。"Enable root access from remote machines（是否允许 root 用户在其他的机器上登录）"，如果要保证安全，就不要勾上。最后"Create An Anonymous Account（新建一个匿名用户，匿名用户可以连接数据库但不能操作数据）"，一般不用勾。设置完毕，单击"Next"按钮继续。

确认设置无误，如果有误，单击"Back"按钮返回检查。单击"Execute"使设置生效，如图 8-17 所示。安装完毕，显示如图 8-18 所示的界面，单击"Finish"按钮结束 MySQL 的安装与配置。

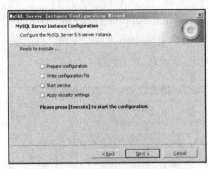
图 8-17 选择服务器类型
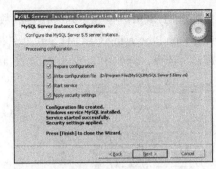
图 8-18 安装完毕

8.4.2 MySQL 基本命令

可以使用命令行工具管理 MySQL 数据库（命令 mysql 和 mysqladmin），也可以从 MySQL 的网站下载图形管理工具如 NaviCat、MySQL Administrator,MySQL Query Browser 和 MySQL Workbench。在可视化工作区中输入 MySQL 命令或利用菜单操作，进行数据库的各类操作并获得执行结果。

下面是 MySQL 基本命令。

（1）创建数据库

`mysql> create database 数据库名称`

（2）创建表

`mysql> create table 表名 (列的名字 (id) 类型 (int (4)) primary key(定义主键) auto_increment (描述 自增),……,);`

（3）查看所有数据库

`mysql> show databases;`

（4）使用某个数据库

`mysql> use 数据库名称;`

（5）查看所使用数据库下所有的表

`mysql> show tables;`

（6）显示表的属性结构

`mysql> desc 表名;`

（7）选择表中数据的显示
（8）* 代表选择所有列

`mysql> select * from 表名 where id=?[and name=?] [or name=?];`

`mysql> select id,name from 表名 order by 某一列的名称 desc(降序, asc 为升序)`

（9）删除表中的数据

`mysql> delete from table where id=? [or name=? (and name=?)];`

（10）删除表

`mysql> drop table;`

（11）删除数据库

`mysql> drop database;`

更多命令操作和使用方法可查找帮助手册。

Navicat 是一个桌面版 MySQL 数据库管理和开发工具。风格类似于和微软 SQLServer 的管理器，易学易用。Navicat 使用图形化的用户界面，可以让用户使用和管理更为轻松。支持中文，有免费版本提供。

图 8-19 是运用 NaviCat 创建的数据库 onlineshop 中的数据表 goods 的结构。

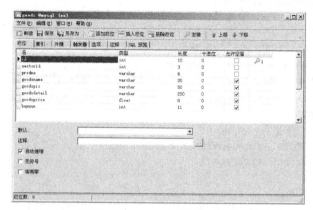

图 8-19 数据库 onlineshop 中的数据表 goods 的结构

相应地，在 goodsBean 中增加一个属性（字段）sectorid。

```
private int sectorid;
```

在 goods 表中输入商品信息，如图 8-20 所示。

图 8-20 goods 表中输入商品信息

8.4.3 应用举例：网上商城的商品后台管理

在 JSP 数据库应用程序中，通常利用 JavaBean 把数据库常用的功能都封装起来，例如连接数据库、查询记录、删除记录、更新记录等。这样在 JSP 页面中就可以直接调用这些 Bean 而不必关心具体的执行细节。此外，这种方法有助于提高应用程序的安全性，因为 Bean 是编译成字节码存储的，这对使用者而言是不可见的。通过 JavaBean 方式封装数据库操作的细节，本质上是一种分层思想，即把对数据库操作的细节封装在数据库访问层中的 JavaBean 实现，页面层的 JSP 只需要调用这些 JavaBean 就可以实现对数据库的访问，这样就减少了 JSP 中的代码量，提高了代码的可重用性。下面通过例子来说明如何在 JavaBean 中使用 JDBC 操作接数据库。

【例 8-1】创建一个 WebProject，命名为 ManageGoods。建立连接数据库的 JavaBean，命名为 conndb.java。

conndb.java 代码如下：

```java
package bean;
import java.sql.Connection;
import java.sql.DriverManager;
public class conndb{
    private Connection cn=null;
    public Connection getcon(){
        try{
            String url="jdbc:mysql://localhost:3306/onlineshop";
            Class.forName("com.mysql.jdbc.Driver"); //获得 MySql 的 JDBC 驱动类
            String userName ="root";
            String password=""; //本章中未设置 MySql 密码，读者可根据自己安装实际在此写上密码
            cn =DriverManager.getConnection(url,userName,password); //获取连接到数据库 onlineshop 的连接对象
        } catch (Exception e){
            // TODO Auto-generated catch block
            e.printStackTrace();
        }
        return cn;
    }
}
```

为了在 JSP 中使用数据库，需要加载相应的驱动包，不同类型的数据库有不同的驱动包，常用数据库系统的驱动包如下。

MySQL5 驱动包：mysql-connector-java-5.1.5-bin.jar, com.mysql.jdbc.Driver, jdbc:mysql://localhost:3306/test

Oracle9 驱动包：class12.jar, oracle.jdbc.driver.OracleDriver, jdbc:oracle:thin:@host:port:databse

MSSQL2000 驱动包：（需要打补丁开启 1433 端口，sp3 或者 sp4 补丁）msbase.jar, mssqlserver.jar, msutil.jar, com.microsoft.jdbc.sqlserver.SQLServerDriver, jdbc:microsoft:sqlserver://localhost: 1433;databaseName = test

MSSQL2005 驱动包：sqljdbc.jar, com.microsoft.sqlserver.jdbc.SQLServerDriver, jdbc:sqlserver://localhost:1433;databaseName=test

SQLlite 驱动包：sqlite-jdbc-3.6.16.jar, org.sqlite.JDBC, jdbc:sqlite:/d:/Java/MyApp/sqllite/clientData.db3

把相应的 JAR 包拷贝到网络工程的 /WebContent/WEB-INF/lib 目录下，再右键单击工程名，选择"Property(属性)"，在图 8-21 所示的对话框中单击"Add External JARs"。

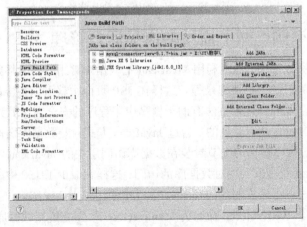

图 8-21 网络工程属性对话框

在如图 8-22 所示的"JAR Selection"对话框中选择下载好的 MySqlJAR 包,单击"打开"按钮。

这时网络工程的目录结构如图 8-23 所示,注意新增的"Reference Libraries"项,表明已经引入了所需要的 JAR 包。

图 8-22 选择 JAR 包

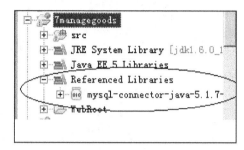

图 8-23 新增的 Reference Libraries 项

在同一个数据库连接中,可以进行多次数据库处理。下面通过例子来介绍对数据分别进行查询、插入、修改和删除操作,使用的是同一个连接。这是一个使用 JavaBean 访问数据库的实例,goodsop.java 用来封装数据库功能,不同的 JSP 页面通过调用 goodsop.java 中相应的方法执行查询、插入、修改和删除等操作。

【例 8-2】对商城的商品数据进行管理,包括查询、插入、修改和删除操作。

建立名为 ManageGoods 的网络工程,引入 MySQL 所需的 JAR 包。

index.jsp 显示提供的操作项目,核心代码如下:

```
<body>
<center>
  <h1>商品数据管理</h1><hr>
  <h2>
  <a href="showGoods.jsp">显示商品</a><br/>
  <a href="searchGoods.jsp">查找商品</a><br/>
  <a href="addGoods.jsp">添加商品</a><br/>
  <a href="reviseGoods.jsp">修改商品</a><br/>
  <a href="deleteGoods.jsp">删除商品</a><br/>
  </h2>
</center>
</body>
```

部署这个工程,运行结果如图 8-24 所示。

下面依次编写各个 JSP 文件。对商品的各种操作是作用于数据库的,而这些操作会被反复调用,因此作为 JavaBean 来编写。在 bean 包中新建一个名为 goodsop 的 JavaBean,代码如下:

图 8-24 商城的商品数据管理主页面

```
package bean;
import java.sql.Connection;
import java.sql.PreparedStatement;
import java.sql.ResultSet;
import java.sql.Statement;
import java.util.ArrayList;
```

```java
import javax.swing.JOptionPane;
public class goodsop{
    //这个 JavaBean 实现关于商品表的操作和关闭数据库连接
    private PreparedStatement ps=null;
    private ResultSet rs=null;
    private Connection con=null;
    public void close(){
        try{
            if(ps!=null){
                ps.close();    //关闭SQL语句接口
                ps=null;
            }
            if(rs!=null){
                rs.close();    //关闭结果集接口
                rs=null;
            }
            if(con!=null){
                con.close();   //关闭数据库连接接口
                con=null;
            }
        }catch(Exception e){
            e.printStackTrace();
        }
    }
}
```

Statement 和 PreparedStatement 对每一次操作建议使用新的实例，使用完成后应当及时关闭以保证该 Statement 不会长期占用系统资源，所以编写了 close()方法。对于数据库连接对象，一般也是在执行完数据库操作后立即将其关闭。数据库连接是一项耗费系统资源的操作，在使用完毕的情况下，需要及时将其关闭，以便释放系统资源，在 close()方法中进行了数据库连接的关闭。但在进行频繁和大量的数据库连接操作的情况下这并不是最好的处理方式，本书将在下一节讨论数据库连接池的解决方案。

另外一个需要注意的问题是，对于查询结果 ResultSet 的处理必须在关闭相应 Statement 对象之前进行，否则该 Resultset 中存储的数据将会因 Statement 对象的关闭而被释放。

为了显示数据表里的所有商品，需要对数据表进行查询操作，在 goodsop.java 中增加 getallgoods 方法：

```java
public ArrayList<goodsBean> getallgoods(String tablename){
    ArrayList<goodsBean> goodslist=new ArrayList<goodsBean>();
    try{
        con=new conndb().getcon();    //建立数据库连接
        String sqlstr="select * from "+tablename;
        ps=con.prepareStatement(sqlstr);
        rs=ps.executeQuery();   //执行SQL查询
        while(rs.next()){
            //如果查询结果不为空，则把查询结果添加到 goodslist 中
            goodsBean t=new goodsBean();
            t.setId(rs.getInt(1));
            t.setSectorid(rs.getInt(2));
            t.setProdno(rs.getString(3));
            t.setName(rs.getString(4));
```

```
                t.setPic(rs.getString(5));
                t.setInfo(rs.getString(6));
                t.setPrice(rs.getFloat(7));
                t.setNum(rs.getInt(8));
                goodslist.add(t);
            }
        }catch(Exception e){
            e.printStackTrace();
        }finally{
            this.close();
        }
        return goodslist;
    }
```

在 getallgoods()方法中，利用 conndb 类（JavaBean）建立数据库连接，设置查询语句并执行查询。查询结果存放在 ResultSet 对象 rs 中。对 ResultSet 对象的处理方式类似于对于表格的处理。程序中首先调用 ResultSet.next()方法，这个方法返回一个布尔类型的值，表示结果集下一行是否存在。如果它为真，就能用结果集对象的 get 方法访问该行。get 方法中的参数接受一个表示数据库表中列名的字符串值并返回一个值，这个值的类型正是对应方法名的一部分。例如，getString()返回一个 java.lang.String 值，getInt()返回一个 int 值等。

编写 showGoods.jsp，使用查询结果并显示在页面上。核心代码如下：

```
<%@ page language="java" import="java.util.*, bean.*" pageEncoding="UTF-8"%>
<body background="img/bgpic.jpg" >
    <div style="width:90%;margin:0,auto;">
    <%
        goodsop gop=new goodsop();
        ArrayList goodslist=gop.getallgoods("goods");
    %>
    <center>
    所有商品列表<hr/>
    <input type="button" value="返回操作主页面" class="buttontype" onclick="location.href='index.jsp'"/><br/>
    <!-- 用表格来设计主页面 -->
    <table width=90% border=1>
        <tr><td width=10%>商品编号</td><td width=10%>品名</td><td width=20%>实拍图片</td><td width=30% >详细介绍</td><td width=10%>单价（元/件）</td><td width=10%>分区编号</td></tr>
        <!-- 显示从数据表中读取的商品信息   -->
        <%
            goodsBean gb;
            for(int i=0;i<goodslist.size();i++){
                gb=(goodsBean)goodslist.get(i);
        %>
            <tr>
                <td><%=gb.getProdno() %></td>
                <td><%=gb.getName() %></td>
                <td><img src="<%=gb.getPic()%>" height=100px/></td>
                <td style="text-align:left;"><%=gb.getInfo() %></td>
                <td><%=gb.getPrice() %></td>
                <td><%=gb.getSectorid() %></td>
            </tr>
        <%
            }
```

```
            %>
                </table>
                <input type="button" value="返回操作主页面" class="buttontype" onclick="location.
href='index.jsp'"/><br/>
            </center>
        </div>
    </body>
```

运行结果如图 8-25 所示。

图 8-25 显示全部商品的运行结果

接着编写查找商品的代码。设置多种查找方式，以满足用户的不同需求，如设置按商品编号查找、按商品名称查找或按商品价格查找。searchGoods.jsp 的核心代码如下：

```
    <body>
        查找商品<hr>
        <form method=post >
        请选择查找条件：<br/>
        <input type="radio" name="select" value="no" class="two" checked="checked">商品编号<br/>
        <input type="radio" name="select" value="name" class="two">商品名称<br/>
        <input type="radio" name="select" value="price" class="two">商品单价<br/>
        <br/>
        请输入查找值：<input type="text" class="two" id="searchvalue" size=5><br/>
        <input type="button" class="buttontype" value="提交" onclick="getRadioValue();"/>
  <input type="reset" class="buttontype" value="重置"/>
        </form>
         <input type="button" value="返回操作主页面" class="buttontype" onclick="location.
href='index.jsp'"/><br/>
        </body>
```

运行结果如图 8-26 所示。

将三种不同的查找方式作为一个单选框组，设置同样的名字 name 不同的值 value。为了区别用户选择的是哪一种方式，需要使用 JavaScript 函数 getRadioValue()：

```
<script language=javascript>
function getRadioValue() {
    var aa = document.getElementsByName("select");
    var bb=document.getElementById("searchvalue");
    for (var i=0; i<aa.length; i++) {
        if(aa[i].checked){
            location.href="opServlet?optype=search&searchtype="+aa[i].value+"&searchvalue="+bb.value;
        }
    }
}
</script>
```

图 8-26 查找商品的页面效果

当用户单击"提交"按钮时，执行 getRadioValue()函数，根据用户所选择的查询方式，将查询方式作为参数 optype，连同查询的值（从 id 为 searchvalue 的文本框中读取）一起传递给 opServlet 进行处理。

可以看到，我们采用了 MVC 构架的数据库访问模式：通过 JSP 页面把对数据库访问的请求提交至 Servlet，由 Servlet 负责分配该请求至相应的 JavaBean 进行实际处理，最后再由 JSP 页面显示 JavaBean 的处理结果。这样的好处是各个模块（文件）的分工很明确，有效地实现了代码重用，既简洁清晰又高效方便。

在 opServlet 中，要做的事情是接受参数，并根据参数调用相应的 goodsop.java(JavaBean)中的方法，再把结果返回给相应的页面进行显示。

opServlet 的核心代码是：

```
public void doGet(HttpServletRequest request, HttpServletResponse response)
        throws ServletException, IOException{
    // 防止中文乱码所进行的编码设置
    response.setContentType("text/html");
    response.setCharacterEncoding("utf-8");
    request.setCharacterEncoding("utf-8");
    PrintWriter out = response.getWriter();

    //使用 goodsop
    goodsop gop=new goodsop();
    goodsBean gb=new goodsBean();
    //读取传入的操作类型参数 optype
    String optype=(String)request.getParameter("optype");
    //操作类型是查询
    if(optype.equals("search")){
        //读取查询类型 searchtype 和查询值 searchvalue
        String searchtype=request.getParameter("searchtype");
        String searchvalue=mytool.character(request.getParameter("searchvalue"));
        //如果是按照商品编码查询,则调用 goodsop 的 getgoodsbyno 方法
        if(searchtype.equals("no")){
            String value=searchvalue;
```

```
            gb=gop.getgoodsbyno("goods", value);
            //将结果设置为属性,跳转到显示查询结果页面
            request.setAttribute("searchResult", gb);
            request.getRequestDispatcher("showSearchResult.jsp").forward(request,
response);
        }else if(searchtype.equals("name")){
            //如果是按照商品名称查询,则调用goodsop的getgoodsbyname方法
            String name=searchvalue;
            gb=gop.getgoodsbyname("goods", name);
            //将结果设置为属性,跳转到显示查询结果页面
            request.setAttribute("searchResult", gb);
            request.getRequestDispatcher("showSearchResult.jsp").forward(request,
response);
        }else if(searchtype.equals("price")){
            //如果是按照商品名称查询,则调用goodsop的getgoodsbyprice方法
            float price=Float.parseFloat(searchvalue);
            gb=gop.getgoodsbyprice("goods", price);
            //将结果设置为属性,跳转到显示查询结果页面
            request.setAttribute("searchResult", gb);
            request.getRequestDispatcher("showSearchResult.jsp").forward(request,
response);
        }
    }
```

在goodsop中补充这三个方法的代码:

```
    //按商品编码查询
    public goodsBean getgoodsbyno(String tablename,String no){
        goodsBean t=new goodsBean();
        try{
            con=new conndb().getcon();
            String sqlstr;
         sqlstr="select * from "+tablename+" where prodno=?";
            ps=con.prepareStatement(sqlstr);
            ps.setString(1, no);
            rs=ps.executeQuery();
            if(rs.next()){
                t.setId(rs.getInt(1));
                t.setSectorid(rs.getInt(2));
                t.setProdno(rs.getString(3));
                t.setName(rs.getString(4));
                t.setPic(rs.getString(5));
                t.setInfo(rs.getString(6));
                t.setPrice(rs.getFloat(7));
                t.setNum(rs.getInt(8));
            }
        }catch(Exception e){
            e.printStackTrace();
        }finally{
            this.close();
        }
        return t;
    }
    //按商品名称查询
    public goodsBean getgoodsbyname(String tablename,String name){
```

```java
            goodsBean t=new goodsBean();
            try{
                con=new conndb().getcon();
                String sqlstr;
                sqlstr="select * from "+tablename+" where goodsname=?";
                ps=con.prepareStatement(sqlstr);
                ps.setString(1, name);
                rs=ps.executeQuery();
                if(rs.next()){
                    t.setId(rs.getInt(1));
                    t.setSectorid(rs.getInt(2));
                    t.setProdno(rs.getString(3));
                    t.setName(rs.getString(4));
                    t.setPic(rs.getString(5));
                    t.setInfo(rs.getString(6));
                    t.setPrice(rs.getFloat(7));
                    t.setNum(rs.getInt(8));
                }
            }catch(Exception e){
                e.printStackTrace();
            }finally{
                this.close();
            }
            return t;
        }
        //按商品价格查询
        public goodsBean getgoodsbyprice(String tablename,Float price){
            goodsBean t=new goodsBean();
            try{
                con=new conndb().getcon();
                String sqlstr;
                sqlstr="select * from "+tablename+" where goodsprice=?";
                ps=con.prepareStatement(sqlstr);
                ps.setFloat(1, price);
                rs=ps.executeQuery();
                if(rs.next()){
                    t.setId(rs.getInt(1));
                    t.setSectorid(rs.getInt(2));
                    t.setProdno(rs.getString(3));
                    t.setName(rs.getString(4));
                    t.setPic(rs.getString(5));
                    t.setInfo(rs.getString(6));
                    t.setPrice(rs.getFloat(7));
                    t.setNum(rs.getInt(8));
                }
            }catch(Exception e){
                e.printStackTrace();
            }finally{
                this.close();
            }
            return t;
        }
```

运行结果如图 8-27 所示。

(a)　　　　　　　(b)　　　　　　　(c)　　　　　　　(d)

图 8-27　查询过程与结果

下一步，编写添加商品的页面 addGoods.jsp，核心代码如下：

```
<body>
添加商品<hr>
<form method=post action="opServlet?optype=add">
    商品编号<input type="text" name="prodno" value="" class="two" ><br/>
    商品分区<input type="text" name="sectorid" value="" class="two" ><br/>
    商品名称<input type="text" name="goodsname" value="" class="two" ><br/>
    商品图片<input type="text" name="goodspic" value="" class="two" ><br/>
    商品介绍<input type="text" name="goodsinfo" value="" class="two" ><br/>
    商品单价<input type="text" name="goodsprice" value="" class="two" ><br/>
<input type="submit" class="buttontype" value="提交" />  <input type="reset" class="buttontype" value="重置"/>
</form>
    <input type="button" value="返回操作主页面" class="buttontype" onclick="location.href='index.jsp'"/><br/>
</body>
```

运行结果如图 8-28 所示。

将用户添加的新商品信息传递给 opServlet，操作参数为 add。

相应地，在 opServlet 中加入处理代码：

```
if(optype.equals("add")){
    String prodno=request.getParameter("prodno");
    int sectorid=Integer.parseInt(request.getParameter("sectorid"));
    String goodsname=request.getParameter("goodsname");
    String goodspic=request.getParameter("goodspic");
    String goodsinfo=request.getParameter("goodsinfo");
    Float goodsprice=Float.parseFloat(request.getParameter("goodsprice"));
    int b=gop.addGoods("goods",sectorid,prodno, goodsname, goodspic, goodsinfo, goodsprice);
    if(b==1){
        request.getRequestDispatcher("addSucc.jsp").forward(request, response);
    }else{
        request.getRequestDispatcher("addFail.jsp").forward(request, response);
    }
}
```

图 8-28　添加商品的页面效果

opServlet 获取新商品信息，调用 goodsop 中的 addGoods 方法进行添加。补充 addGoods 方法如下：

```
public int addGoods(String tablename,int sectorid,String prodno,String goodsname, String goodspic,String goodsinfo,Float goodsprice){
```

```
        int b=0;
        try{
            con=new conndb().getcon();
            String sqlstr;
            //sqlstr="insert into goods(sectorid,prodno,goodsname,goodspic,goodsdetail,
goodsprice,buynum)   values("+sectorid+","+prodno+","+goodsname+","+goodspic+","+goodsinfo+",
"+goodsprice+","+1+")";
            sqlstr="insert into goods(sectorid,prodno,goodsname,goodspic,goodsdetail,
goodsprice,buynum) values(?,?,?,?,?,?,1)";
            ps=con.prepareStatement(sqlstr);
            ps.setInt(1, sectorid);
            ps.setString(2, prodno);
            ps.setString(3, goodsname);
            ps.setString(4, goodspic);
            ps.setString(5, goodsinfo);
            ps.setFloat(6, goodsprice);
            JOptionPane.showMessageDialog(null, "sqlstr="+sqlstr);
            int a=ps.executeUpdate();
            if(a>0){
                b=1;
            }
        }catch(Exception e){
            e.printStackTrace();
        }finally{
            this.close();
        }
        return b;
    }
```

设添加商品信息如图 8-29（a）所示，如果添加商品成功，则跳转到成功的提示信息显示页面图 8-29（b），否则跳转到出错信息显示页面。addSucc.jsp 和 addFail.jsp 显示添加结果信息，以 addSucc.jsp 为例，代码如下：

```
<body>
新商品添加成功！<br>
<%
    response.setHeader("refresh","5;URL=addGoods.jsp") ;
%>
5 秒后自动跳转回添加页面<br>
或按<a href="addGoods.jsp">这里跳转回添加页面</a>
</body>
```

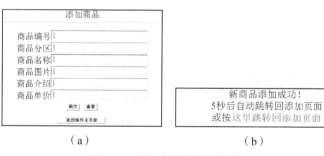

图 8-29　添加商品信息及结果显示

修改商品和删除商品的操作都需要先判断要修改的商品是否在数据库内，如果在则可以继续执行相应的操作，否则不执行。reviseGoods.jsp 核心代码如下：

```html
<body>
    修改商品<hr>
    <form method=post action="opServlet?optype=test&suboptype=revise">
    请输入商品编号,单击"提交"按钮查看有无要修改的商品。<br/><br/>
        商品编号<input type="text" name="prodno" value="" class="two" ><br/>
    <input type="submit" class="buttontype" value="提交" />  <input type="reset" class="buttontype" value="重置"/>
    </form>
     <input type="button" value="返回操作主页面" class="buttontype" onclick="location.href='index.jsp'"/><br/>
</body>
```

将修改操作 optype 设置为 test，suboptype 是用来区别后续操作是修改还是删除。

在 opServlet 中增加处理代码如下：

```java
if(optype.equals("test")){
    String prodno=request.getParameter("prodno");
    int b=gop.testGoods("goods", prodno);
    //如果查找到商品则进入下一步操作：修改或删除
    if(b==1){
        gb=gop.getgoodsbyno("goods", prodno);
        String suboptype=request.getParameter("suboptype");
        if(suboptype.equals("revise")){
          request.setAttribute("searchResult", gb);
          request.getRequestDispatcher("reviseGoods2.jsp").forward(request, response);
        }else if(suboptype.equals("delete")){
            request.setAttribute("searchResult", gb);
            request.getRequestDispatcher("deleteGoods2.jsp").forward(request, response);
        }
    }else{   //如果没有要修改或删除的商品,则跳转到出错提示页面
        request.getRequestDispatcher("testFail.jsp").forward(request, response);
    }
}
```

在 goodsop 中补充 testGoods ()方法代码：

```java
//检查商品是否在数据库中
public int testGoods(String tablename,String prodno){
    int b=0;
    try{
        con=new conndb().getcon();
        String sqlstr;
        //sqlstr="select * from " +tablename+" where prodno='"+prodno+"'";
        sqlstr="select * from "+tablename+" where prodno=?";
        ps=con.prepareStatement(sqlstr);
        ps.setString(1, prodno);
        rs=ps.executeQuery();   //()不能加参数
        if(rs!=null){
            b=1;
        }
    }catch(Exception e){
        e.printStackTrace();
    }finally{
        this.close();
```

```
        }
        return b;
    }
```

如果在数据库中找到了要修改的商品，则跳转到 reviseGoods2.jsp，接受修改信息，该文件的核心代码如下：

```
<body>
 修改商品<hr>
 <%
    goodsBean gb=(goodsBean)request.getAttribute("searchResult");
 %>
    <form method=post action="opServlet?optype=revise"><br/>
        商品编号<input type="text" name="prodno" value="<%=gb.getProdno()%>" class="two" ><br/>
        商品分区<input type="text" name="sectorid" value="<%=gb.getSectorid()%>" class="two" ><br/>
        商品名称<input type="text" name="goodsname" value="<%=gb.getName()%>" class="two" ><br/>
        商品图片<input type="text" name="goodspic" value="<%=gb.getPic()%>" class="two" ><br/>
        商品介绍<input type="text" name="goodsinfo" value="<%=gb.getInfo()%>" class="two" ><br/>
        商品单价<input type="text" name="goodsprice" value="<%=gb.getPrice()%>" class="two" ><br/>
     <input type="submit" class="buttontype" value="提交" />  <input type="reset" class="buttontype" value="重置" />
    </form>
     <input type="button" value="返 回 操 作 主 页 面" class="buttontype" onclick="location.href='index.jsp'"/><br/>
</body>
```

此时是第二次转向 opServlet，操作参数 optype=revise。

进一步的修改操作处理代码为：

```
        if(optype.equals("revise")){
            String prodno=request.getParameter("prodno");
            int sectorid=Integer.parseInt(request.getParameter("sectorid"));
            String goodsname=request.getParameter("goodsname");
            String goodspic=request.getParameter("goodspic");
            String goodsinfo=request.getParameter("goodsinfo");
            Float goodsprice=Float.parseFloat(request.getParameter("goodsprice"));
            int b=gop.reviseGoods("goods",sectorid,prodno, goodsname, goodspic, goodsinfo, goodsprice);
            if(b==1){
                request.getRequestDispatcher("reviseSucc.jsp").forward(request, response);
            }else{
                request.getRequestDispatcher("reviseFail.jsp").forward(request, response);
            }
        }
```

在 goodsop 中补充 reviseGoods()方法代码：

```
        //修改商品
        public int reviseGoods(String tablename,int sectorid,String prodno,String goodsname,String goodspic,String goodsinfo,Float goodsprice){
            int b=0;
            try{
                con=new conndb().getcon();
                String sqlstr;
                sqlstr="update "+tablename+" set sectorid=?,prodno=?,goodsname=?,goodspic=?,
```

```
            goodsdetail=?,goodsprice=?,buynum=1 where prodno=?";
                ps=con.prepareStatement(sqlstr);
                ps.setInt(1, sectorid);
                ps.setString(2, prodno);
                ps.setString(3, goodsname);
                ps.setString(4, goodspic);
                ps.setString(5, goodsinfo);
                ps.setFloat(6, goodsprice);
                ps.setString(7, prodno);
                int a=ps.executeUpdate();//()不能加参数
                if(a>0){
                    b=1;
                }
            }catch(Exception e){
                e.printStackTrace();
            }finally{
                this.close();
            }
            return b;
        }
```

图 8-30 修改操作

修改操作的运行结果如图 8-30 所示。

将商品单价由 160 元（如图 8-31（a）所示）修改为 200 元，提交，如图 8-31（b）所示。通过查询商品功能，得到修改后的商品信息，如图 8-32 所示。

图 8-31 修改商品单价并提交   图 8-32 修改后查询结果

删除商品的代码留给读者作为练习完成。

以上实现了对网上商城数据库的后台管理功能。读者可以根据需要，运用前面学习过的知识、方法和技能，自行加入管理员登录和验证环节。

8.5 数据库连接池

在上面例子中，对于数据库访问量不大的应用程序 JDBC 具有简单易用的优点。但对于大型电子商务网站，同时有成百上千人在线，网站的响应速度下降，严重时甚至会造成服务器崩溃。这是因为，每一次 Web 请求都要建立一次数据库连接，建立连接是一个费时的活动，系统还要分配内存资源,在访问量巨大时则会明显制约网站的应用。所以每一次数据库连接使用完后都应断开,否则如果程序出现异常而未能关闭,将会导致数据库系统中的内存泄漏。如果不能控制被创建的连接对象数,连接过多可能导致内存泄漏,服务器崩溃。

为了解决上述问题,开发人员设计出连接池技术,处理传统连接方式带来的问题。

8.5.1 连接池的基本原理

对于共享资源有一个著名的设计模式资源池(Resource Pool)来解决资源的频繁分配、释放所造成的问题。数据库连接池的基本思想就是为数据库连接建立一个缓冲池,预先在缓冲池中放入一定数量的连接,当需要建立数据库连接时,只需从缓冲池中取出一个,使用完毕之后再放回去。通过设定连接池最大连接数来防止系统无尽地与数据库连接。连接池按照一定规则释放使用次数较多的连接,并重新生成新的连接实例,保持连接池中所有连接的可用性。通过连接池的管理机制还可以监视数据库的连接的数量、使用情况,为系统开发、测试及性能调整提供依据。连接池的基本工作原理见图 8-33。

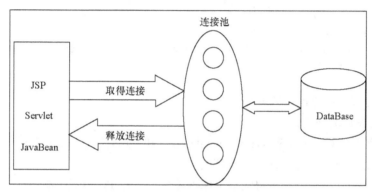

图 8-33 连接池的基本工作原理

连接池技术的核心思想是连接复用,通过建立一个数据库连接池以及一套连接使用、分配和管理策略,使得该连接池中的连接可以得到高效、安全的复用,避免了数据库连接频繁建立、关闭的开销。连接池的工作原理主要由 3 部分组成,分别为连接池的建立、连接池中连接的使用管理、连接池的关闭。

(1)连接池的建立。在系统初始化时,连接池会根据系统配置建立,并在池中创建了几个连接对象,以便使用时能从连接池中获取。连接池中的连接不能随意创建和关闭,这样避免了过大的系统开销。Java 中提供了很多容器类可以方便的构建连接池,例如 Vector、Stack 等。

(2)连接池的管理。连接池管理策略是连接池机制的核心,其管理策略是:当客户请求数据库连接时,首先查看连接池中是否有空闲连接,如果存在空闲连接,则将连接分配给客户使用;如果没有空闲连接,则查看当前所开的连接数是否已经达到最大连接数,如果没达到就重新创建一个连接给请求的客户;如果达到就按设定的最大等待时间进行等待,超出最大等待时间则抛出异常给客户。当客户释放数据库连接时,先判断该连接的引用次数是否超过了规定值,如果超过就从连接池中删除该连接,否则保留为其他客户服务。该策略保证了数据库连接的有效复用,避免频繁的建立、释放连接所带来的系统资源开销。

(3)连接池的关闭。当应用程序退出时,关闭连接池中所有的连接,释放连接池相关的资源,该过程正好与创建相反。

8.5.2 Tomcat 中配置连接池

【例 8-3】在 Tomcat6 下配置数据库连接池，以连接 MySql 数据库为例。

Tomcat 安装目录的\common\lib 目录（或者是\webapps\ManageGoods\WEB-INF\lib 目录）中已经包含了 JDBC 连接数据库的 jar 文件。在 JSP 页面中使用数据库连接时，就可以使用 JDBC 驱动中提供的接口和类。

在 WEB 项目 ManageGoods\中的 META-INF 文件夹下建立一个 context.xml。

```xml
<?xml version='1.0' encoding='utf-8'?>
<!-- The contents of this file will be loaded for each web application -->
<Context>
    <WatchedResource>WEB-INF/web.xml</WatchedResource>
    <Resource name="jdbc/onlineshop"
        type="javax.sql.DataSource"
        auth="Container"
        driverClassName="com.mysql.jdbc.Driver"
        maxActive="100"
        maxIdle="30"
        maxWait="-1"
        url="jdbc:mysql://localhost:3306/mysql?autoReconnect=true"
        username="root" password=""/>
</Context>
```

- name：定义数据库连接的名称。
- type：数据库驱动类型。
- auth：管理方式，分为容器管理（Container）和应用管理(Application)。
- driverClassNam：指定 JDBC 驱动器的类。
- maxActive：表示连接池的最大数据库连接数。设为 0 表示无限制。
- maxIdle：为数据库连接的最大空闲时间。超过此空闲时间，数据库连接将被标记为不可用，然后被释放。设为 0 表示无限制。
- maxWait：表示最大建立连接等待时间。如果超过此时间将接到异常。设为-1 表示无限制。
- url：表示的是需要连接的数据库的地址和名称。
- username：表示登录数据库时使用的用户名。
- password：为登录数据库的密码。

在 Web 项目 ManageGoods\中的 META-INF 文件夹下的 web.xml 中加入下列代码：

```xml
<resource-ref>
    <description>DB Connection</description>
    <res-ref-name>jdbc/onlineshop</res-ref-name>
    <res-type>javax.sql.DataSource</res-type>
    <res-auth>Container</res-auth>
</resource-ref>
```

注意，<res-ref-name>要与 context.xml 中的 Resource name 相同，在本例中都是"jdbc/onlineshop"。

将进行数据库连接的 conndb.java 修改为：

```java
package bean;
import java.sql.Connection;
import javax.naming.Context;
import javax.naming.InitialContext;
```

```
import javax.sql.DataSource;
import javax.swing.JOptionPane;
public class dbpool{
    public Connection getConnect() throws Exception{
        Context ctx = new InitialContext();
        // 获取数据源
        DataSource ds = (DataSource) ctx.lookup("java:comp/env/jdbc/onlineshop");
        // 获取数据库连接
        Connection conn = ds.getConnection();
        if(conn != null && !conn.isClosed()){
            JOptionPane.showMessageDialog(null, "dbpool connection!");  //此处输出的目
的是为了显示现在用的是数据库连接池方式
            return conn;
        }else{
            JOptionPane.showMessageDialog(null, "null connection");
            return null;
        }
    }
}
```

运行 index.jsp，在操作选项中单击任意一项如"显示商品"，则出现如图 8-34 所示的对话框，表明现在是用的数据库连接池，所实现功能与前面的传统连接方法一样，而在连接数量很大时体现了高效和安全的优点。另外，从普通的数据库连接到现在连接池做法，只需修改 conndb.java，其他代码保持不变，体现了代码重用的好处。

图 8-34 数据库连接池运行效果

8.6 应用举例：网上商城系统数据库连接与操作

8.6.1 网上商城系统数据库连接

【例 8-4】使用从数据库中提取的商品数据完成网上购物系统的功能。
在【例 6-5】的基础上，只需要把商城数据由原来的模拟变成从数据库中读取即可。
创建用于连接数据库的 JavaBean 命名为 conndb：

```
package bean;
import java.sql.Connection;
import java.sql.DriverManager;
import javax.swing.JOptionPane;
public class conndb{
    private Connection cn=null;
    public Connection getcon(){
        try{
            String url="jdbc:mysql://localhost:3306/ onlineshop ";
            Class.forName("com.mysql.jdbc.Driver");
            String userName ="root";
            String password="";
            cn =DriverManager.getConnection(url,userName,password);
            if(cn==null)
```

```
            JOptionPane.showMessageDialog(null, "in conndb");
        } catch (Exception e){
            // TODO Auto-generated catch block
            e.printStackTrace();
        }
        return cn;
    }
}
```

index.jsp 中加入下列代码：

```
    <%
        String username=request.getParameter("username");
        session.setAttribute("username",username);
        goodsop gop=new goodsop();
        ArrayList goodslistFruit=gop.getgoodsbysector("goods",901);
        ArrayList goodslistClothes=gop.getgoodsbysector("goods",902);
        ArrayList goodslistStationery=gop.getgoodsbysector("goods",903);
        session.setAttribute("goodslistFruit",goodslistFruit);
        session.setAttribute("goodslistClothes",goodslistClothes);
        session.setAttribute("goodslistStationery",goodslistStationery);
    %>
<jsp:forward page="indexdb.jsp" />
```

indexdb.jsp 的核心代码如下：

```
  <body background="img/bgpic.jpg" >
    <div style="width:90%;margin:0,auto;">
    <%
      String username=request.getParameter("username");
        session.setAttribute("username",username);
        goodsop gop=new goodsop();
        ArrayList goodslistFruit=gop.getgoodsbysector("goods",901);
        ArrayList goodslistClothes=gop.getgoodsbysector("goods",902);
        ArrayList goodslistStationery=gop.getgoodsbysector("goods",903);
        session.setAttribute("goodslistFruit",goodslistFruit);
        session.setAttribute("goodslistClothes",goodslistClothes);
        session.setAttribute("goodslistStationery",goodslistStationery);
     %>
<center>
    <!-- 用表格来设计主页面 -->
    <table width=100% border=0>
        <!-- 显示顶 部信息 -->
        <tr bgcolor="white">
            <td height=50px colspan=6>
            <table >
            <tr><td>
                <%@ include file="top.html" %>
            </td>
            </tr>
            </table>
            </td>
        </tr>

    <tr class="somecolor">
        <td valign="top" width=20%>
          <table  border=0
```

```html
<tr><td class="five" bgcolor=#FF9933 rowspan=4 width=20%>新鲜水果抢先尝</td></tr>
    <tr><td><img src="img/fire.jpg" height=100px></td></tr>
    <tr><td><img src="img/apple.jpg" height=100px></td></tr>
    <tr><td><img src="img/grape.jpg" height=100px></td></tr>
</table>
<table>
    <tr><td class="five" bgcolor=#FF9933 rowspan=4 width=20%>新款服饰</td></tr>
    <tr><td><img src="img/coat.jpg" height=100px></td></tr>
    <tr><td><img src="img/jacket.jpg" height=100px></td></tr>
    <tr><td><img src="img/cap.jpg" height=100px></td></tr>
</table>
<table>
    <tr><td class="five" bgcolor=#FF9933 rowspan=4 width=20%>开学装备</td></tr>
    <tr><td><img src="img/ballpen.jpg" height=100px></td></tr>
    <tr><td><img src="img/pen.jpg" height=100px></td></tr>
    <tr><td><img src="img/notebook.png" height=100px></td></tr>
</table>
</td>

<!-- 显示从数据库取出的商品信息  -->
<td>
<table border=0>

<!-- 提供查询 -->
<tr><td>
    <form action="searchServlet" method=get>按名称搜索
        <input class="four" type="text" name="searchname">
        <input class="buttontype" type="submit" value="搜一搜">
    </form>
</td></tr>

<tr >
    <td class="three" bgcolor=#FFCC33 > <a href="fruitsectorindex.jsp">进入水果区 </a></td>
</tr>
<tr>
    <td>
        <table border=0>
        <%
            goodsBean gb1;
            for(int i=0;i<goodslistFruit.size();i=i+3){
        %>
            <tr>
        <%
                //第一列
                if(i<goodslistFruit.size()){
                gb1=(goodsBean)goodslistFruit.get(i);
        %>
            <td class="ImgDis"><img src="<%=gb1.getPic()%>" height=100px></td>
        <%
                }else{
        %>
            <td class="ImgDis"></td>
```

```jsp
            <%
                }
                //第二列
                if(i+1<goodslistFruit.size()){
                gb1=(goodsBean)goodslistFruit.get(i+1);
            %>
                <td class="ImgDis"><img src="<%=gb1.getPic()%>" height=100px></td>
            <%
              }else{
            %>
                <td class="ImgDis"></td>
            <%
                }
                //第三列
                if(i+2<goodslistFruit.size()){
                    gb1=(goodsBean)goodslistFruit.get(i+2);
            %>
                    <td class="ImgDis"><img src="<%=gb1.getPic()%>" height=100px></td>
            <%
                }else{
            %>
                <td class="ImgDis"></td>
            <%
                }
            %>
              </tr>
            <%
                }
            %>
            </table>
        </td>
    </tr>

    <tr>
        <td class="three" bgcolor=#FFCC33> <a href="clothessectorindex.jsp">进入服装区</a></td>
    </tr>
    <tr>
        <td>
            <table border=0>
            <%
                goodsBean db1;
                for(int i=0;i<goodslistClothes.size();i=i+3){
            %>
                <tr>
            <%
                //第一列
                if(i<goodslistClothes.size()){
                    gb1=(goodsBean)goodslistClothes.get(i);
            %>
                <td class="ImgDis"><img src="<%=gb1.getPic()%>" height=100px></td>
            <%
                }else{
            %>
```

```jsp
                    <td class="ImgDis"></td>
            <%
                }
                //第二列
                if(i+1<goodslistClothes.size()){
                    gb1=(goodsBean)goodslistClothes.get(i+1);
            %>
                    <td class="ImgDis"><img src="<%=gb1.getPic()%>" height=100px></td>
            <%
                }else{
            %>
                    <td class="ImgDis"></td>
            <%
                }
                //第三列
                if(i+2<goodslistClothes.size()){
                    gb1=(goodsBean)goodslistClothes.get(i+2);
            %>
                    <td class="ImgDis"><img src="<%=gb1.getPic()%>" height=100px></td>
            <%
                }else{
            %>
                    <td class="ImgDis"></td>
            <%
                }
            %>
                </tr>
            <%
                }
            %>
            </table>
        </td>
    </tr>

    <tr>
      <td  class="three" bgcolor=#FFCC33>  <a href="stationerysectorindex.jsp">进入文具区</a></td>
    </tr>
    <tr>
      <td>
        <table border=0>
        <%
            for(int i=0;i<goodslistStationery.size();i=i+3){
        %>
            <tr>
        <%
                //第一列
                if(i<goodslistStationery.size()){
                    gb1=(goodsBean)goodslistStationery.get(i);
        %>
                <td class="ImgDis"><img src="<%=gb1.getPic()%>" height=100px></td>
        <%
                }else{
        %>
                <td class="ImgDis"></td>
```

```jsp
                        <%
                            }
                            //第二列
                            if(i+1<goodslistStationery.size()){
                            gb1=(goodsBean)goodslistStationery.get(i+1);
                        %>
                            <td class="ImgDis"><img src="<%=gb1.getPic()%>" height=100px></td>
                        <%
                            }else{
                        %>
                            <td class="ImgDis"></td>


                        <%
                            }
                            //第三列
                            if(i+2<goodslistStationery.size()){
                            gb1=(goodsBean)goodslistStationery.get(i+2);
                        %>
                            <td class="ImgDis"><img src="<%=gb1.getPic()%>" height=100px></td>
                        <%
                             }else{
                        %>
                            <td class="ImgDis"></td>
                        <%
                            }
                        %>
                            </tr>
                        <%
                            }
                        %>
                        </table>
                    </td>
                </tr>

            </table>
            </td></tr>

            <!-- 显示底部信息   -->
            <tr bgcolor="white">
              <td colspan=6><%@include file="bottom.html" %>
              </td>
            </tr>
             </table>
         </center>
        </div>
      </body>
```

在 goodsop.java 中加入根据分区读取商品数据的方法 getgoodsbysector():

```java
public ArrayList<goodsBean> getgoodsbysector(String tablename,int sector){
        ArrayList<goodsBean> goodslist=new ArrayList<goodsBean>();
        try{
            con=new conndb().getcon();
            String sqlstr;
```

```
            sqlstr="select * from "+tablename+" where sectorid=?";
            ps=con.prepareStatement(sqlstr);
            ps.setInt(1, sector);
            rs=ps.executeQuery();
            while(rs.next()){
                goodsBean t=new goodsBean();
                t.setId(rs.getInt(1));
                t.setSectorid(rs.getInt(2));
                t.setProdno(rs.getString(3));
                t.setName(rs.getString(4));
                t.setPic(rs.getString(5));
                t.setInfo(rs.getString(6));
                t.setPrice(rs.getFloat(7));
                t.setNum(rs.getInt(8));
                goodslist.add(t);
            }
        }catch(Exception e){
            e.printStackTrace();
        }finally{
            this.close();
        }
        return goodslist;
    }
```

以水果区为例，将每个分区的数据获取代码修改为：

```
<body>
    <%
        ArrayList goodslist=(ArrayList)session.getAttribute("goodslistFruit");
        session.setAttribute("goodslist",goodslist);
        response.sendRedirect("showGoods.jsp");
    %>
</body>
```

在显示商品的页面 showGoods.jsp 中，由于每件商品在当前页面的位置编号和在数据库中的 id 号不一定相同，在当前页面的位置编号是从所有商品中按照分区筛选出来的并在当前页面按 id 排列，所以要对商品购买数量环节的代码做如下修改。

```
<tr><td>
<!-- 读取商品集合并显示 -->
<%
ArrayList goodslist=(ArrayList)session.getAttribute("goodslist");
//JOptionPane.showMessageDialog(null,goodslist.size());
%>
 <table border="1" width=100% class="one" bgcolor=#FFFFFF>
    <tr><td colspan="6" class="three" ><b>欢迎选购</b></td></tr>
    <tr><td width=15%>名称</td><td>实拍图片</td><td width=20%>详细介绍</td><td>单价(元/千
克)</td><td>购买(千克)</td></tr>
    <%
     if(goodslist==null || goodslist.size()==0){
    %>
    <tr><td colspan="3">目前没有商品! </td></tr>
    <%
    }
    else{
      for(int i=0;i<goodslist.size();i++){
```

```
            goodsBean single=(goodsBean)goodslist.get(i);
            int index=i;
    %>
    <tr>
        <td><%=single.getName() %><br/><%=single.getProdno() %></td>
        <td><img src="<%=single.getPic() %>"/ height=150px></td>
        <td style="text-align:left"><%=single.getInfo() %></td>
        <td><%=single.getPrice() %></td>
        <td >
            <input class="two" type="button" style="background-color:white;" value="-" id="decrease<%=i%>" size="3" onclick="decrease(<%=i%>);"/>
            <input    class="two"    type="text"    style="text-align:right;"    value="1" id="buynum<%=i%>" size="5" />
            <input class="two" type="button" style="background-color:white;" value="+" id="increase<%=i%>" size="3"  onclick="increase(<%=i%>);"/>
            <input type="hidden" name="limit" value="100" >
            <!-- 此处要将本件商品在数据库中的 id 号传出去，以便从数据库中取出商品信息加入购物车-->
            <input type="hidden" id="goodsid<%=i%>" value=<%=single.getId()%>>
            <br/><p class="four">(单次限购量: 100)</p>
            <input type="button" class="buttontype" value="放入购物车" onclick= "itembuy(<%=i%>);"/>
        </td>
    </tr>
    <%
        }
        }
    %>
```

相应地，在 function itembuy(id)中也应修改:

```
function itembuy(id){
    //形参 id 为商品在本页中的位置编号
    var buynum=parseInt(document.getElementById("buynum"+id).value);
    var limit=parseInt(document.getElementById("limit").value);
    //goodsid 则为商品在数据库中的 id
    var goodsid=parseInt(document.getElementById("goodsid"+id).value);
    if(buynum<0){
        buynum=0;
    }
    else if(buynum>limit){
        alert("最多只能购买"+limit+"件! ");
        buynum=limit;
    }
    document.getElementById("buynum" + id).value=buynum;
    //将商品在数据库中的 id 传给 cartServlet
    location.href="cartServlet?action=buy&id="+goodsid+"&buynum="+buynum;
}
```

artServlet（即第 6 章的 cartProcess 这个 servlet）中相应的增加商品到购物车的代码修改如下：

```
if(action.equals("buy")){
    //获取用户购买的商品的 id
    int id=mytools.strtoint(request.getParameter("id"));
    //从数据库里获取用户购买的商品的 id
    goodsBean single=(goodsBean)gop.getgoodsbyid(id);
    //比较: 在第 6 章是从商品列表中获取用户购买的商品的 id（模拟数据）
```

```
        //goodsBean single=(goodsBean)goodslist.get(id);
        //获取用户购买的商品的数量
        int buynum=mytools.strtoint(request.getParameter("buynum"));
        //获取该商品的信息
        mycart.additem(single,buynum);
        //将buylist写入session的属性buylist
        session.setAttribute("buylist", buylist);
        //转向显示分区商品列表页面,以便用户继续购物
        response.sendRedirect("showGoods.jsp");
    }
```

在 goodsop 这个 JavaBean 中增加相应的 getgoodsbyid 方法,代码如下:

```
public goodsBean getgoodsbyid(int goodsid){
    goodsBean t=new goodsBean();
    try{
        con=new conndb().getcon();
        String sqlstr= "select * from goods where id="+goodsid;
        ps=con.prepareStatement(sqlstr);
        rs=ps.executeQuery();
        //如果查找结果不为空
        if(rs.next()){
            t=new goodsBean();
            t.setId(rs.getInt(1));
            t.setSectorid(rs.getInt(2));
            t.setProdno(rs.getString(3));
            t.setName(rs.getString(4));
            t.setPic(rs.getString(5));
            t.setInfo(rs.getString(6));
            t.setPrice(rs.getFloat(7));
            t.setNum(rs.getInt(8));
        }
    }catch(Exception e){
        e.printStackTrace();
    }finally{
        this.close();
    }
    return t;
}
```

其他代码不需改变,即完成了网上商城购物系统中购物车的各项功能。

8.6.2 网上商城系统中的商品查询

【例 8-5】商品查询功能是网上购物系统中的常用功能,下面运用已经学过的数据库技术进行商品的查询与显示。

在 indexdb.jsp 中增加提供查询操作的表单,代码如下:

```
<!-- 提供查询 -->
<tr><td>
    <form action="searchServlet" method=get>按名称搜索
        <input class="four" type="text" name="searchname">
        <input class="buttontype" type="submit" value="搜一搜">
    </form>
</td></tr>
```

运行时页面效果如图 8-35 所示。

图 8-35 提供查询功能的主页面

新建一个名为 searchServlet 的 servlet，用来获得用户提交的查询字段的值并执行数据库查询操作，核心代码如下：

```
public void doPost(HttpServletRequest request, HttpServletResponse response)
        throws ServletException, IOException{
    response.setContentType("text/html");
    PrintWriter out = response.getWriter();
    String searchname="";
    String tablename="goods";
    if(request.getParameter("searchname")!=null){
            searchname=mytools.tochinese((String)request.getParameter("searchname"));
    goodsop gop=new goodsop();
    ArrayList<goodsBean> goodslist=new ArrayList<goodsBean>();
    goodslist=gop.getgoodsbyname(tablename,searchname);
    HttpSession session=request.getSession();
    session.setAttribute("goodslist", goodslist);
    response.sendRedirect("showGoods.jsp");
}
```

本章小结

网络程序设计中经常涉及数据库的交互和操作。这一章中通过实例来运用 JDBC 的强大功能来操作数据库，处理数据库访问业务。JDBC（Java Data Base Connectivity，java 数据库连接）是用于 Java 应用程序连接数据库的标准方法，是一种用于执行 SQL 语句的 Java API，为程序开发提供标准的接口，为多种关系数据库提供统一访问。

为了解决请求过于频繁造成数据库的压力过大的问题，出现了数据库连接池解决方案。连接池技术的核心思想是连接复用，通过建立一个数据库连接池以及一套连接使用、分配和管理策略，使得该连接池中的连接得到高效安全的复用。连接池的工作原理主要由三部分组成，分别为连接池的建立、连接池中连接的使用管理、连接池的关闭。

本章还学习了如何使用 MySQL 数据库；如何使用 MySQL 管理工具；使用操作数据库实现了商场数据的后台管理功能：查找、添加、修改和删除，并运用数据库技术实现了网上商城系统的完整功能。

习　题

8-1　JDBC 驱动有哪 4 种类型？这四种类型之间有什么区别？
8-2　使用 JDBC 连接数据库一般需要哪几个步骤？
8-3　有哪 3 种 Statement 对象？分别适用在什么情况下？
8-4　为什么要使用数据库连接池？
8-5　如何在 Tomcat 中配置数据库连接池？

第 9 章 JSP 高级程序设计

本章主要介绍 JSP 高级程序设计的相关技术。传统的网页如果需要更新内容，必须重载整个网页面。AJAX 技术的出现使得这种冗余操作得以避免。AJAX 是一种用于创建快速动态网页的技术，通过在后台与服务器进行少量数据交换，使网页实现异步局部更新。随着 WEB2.0 及 AJAX 思想在互联网上的快速发展传播，陆续出现了一些优秀的 JS 框架如 jQuery，使程序员从设计和书写繁杂的 JS 代码中解脱出来，集中注意力于功能需求而非实现细节上，提高项目开发速度。表达式语言 EL 是 JSP2.0 引入的一种计算和输出 Java 对象的简单语言，为不熟悉 Java 的开发者提供了一种开发 JSP 应用程序的新途径。JSTL 是一个开放源代码的 JSP 标准标签库，直接使用标签库看代替 JSP 程序中嵌入的 Java 代码。使用 EL 和 JSTL 标签能够降低代码工作量，界面更加简洁便于维护，后台 java 人员和前端的人员更好地实现分工合作，提高团队开发效率。

【本章主要内容】
1. 基于 AJAX 的开发模式和工作原理
2. AJAX 的主要技术和应用范围
3. AJAX 详细的开发过程
4. jQuery 的核心技术
5. jQuery 的网络开发应用
6. EL 的基本语法与应用
7. JSTL 的核心标签库与应用

9.1 AJAX 技术

为了提高用户体验，出现了一种新类型的 Web 应用 Rich Internet Applications（RIA）。典型的 RIA 技术包括微软的 ClickOnce 技术、Sun 的 Java Web Start 技术、Adobe 的 Flash 技术、AJAX 技术。AJAX 代表的是一种开源风格，使用 AJAX 的异步模式，浏览器无须重新加载整个页面，就可以显示新的数据。AJAX 可以减轻服务器和带宽的负担，提供更好的服务响应。

AJAX 全称为 "Asynchronous JavaScript and XML（异步 JavaScript 和 XML）"，是一种创建交互式网页应用的网页开发技术，可以构建更为动态和响应更灵敏的 Web 应用程序。

9.1.1 同步交互与异步交互

同步交互过程：客户端向服务器端发送请求→等待服务器端处理→处理完毕返回，这个期间客户端不能做任何其他事情。发送方发出数据后,等接收方发回响应以后才发下一个数据包的通讯方式。传统的 Web 应用程序就是这种交互方式。

异步交互过程:客户端向服务器端发送请求→等待服务器端处理→处理完毕返回,这个期间客户端可以做其他事情。发送方发出数据后,不等接收方发回响应,接着发送下个数据包的通讯方式。

9.1.2 AJAX 工作原理

AJAX 是 2005 年 2 月正式提出的 JavaScript、XML、XMLHttpRequest 等多项技术的综合运用,主要目的是为 Web 开发提供异步的数据传输和交换方式,在不重载刷新界面的情况下与服务器进行数据交换。关键技术表现在对浏览器端的 JavaScript、DHTML 和与服务器异步通信的组合,使应用程序更加自然和响应灵敏(主要表现为无刷新更新局部页面),从而提升用户的浏览体验。

传统的 Web 应用程序模型是用户界面操作触发 HTTP 请求,服务器在接收到请求后进行一些业务逻辑处理,然后向客户端返回一个 HTML 页面,如图 9-1 所示。当服务器在处理数据的时候,用户处于等待状态,每一步操作都需要等待,太多的等待会使用户失去耐心。例如用户在页面上填写表单并提交,此时向 Web 服务器发出一个请求;服务器接收并处理传来的表单,再向用户返回一个处理结果页面。由于每次应用的交互都需要向服务器发送请求,应用程序的响应时间就依赖于服务器的响应时间,导致了用户界面的响应比本地应用慢得多。另外,前后两个页面中的大部分 HTML 代码往往是相同的,浪费了许多带宽。

AJAX 提供与服务器异步通信的能力,在用户输入字符或单击按钮时,使用 JavaScript 和 DHTML(利用 CSS、JavaScript、HTML 等技术建立的能够与访问者产生互动的网页)立即更新用户界面,并向服务器发出异步请求,以执行更新或查询数据库。当请求返回时,就可以使用 JavaScript 和 CSS 来相应地更新用户界面,而不是刷新整个页面,如图 9-2 所示。在用户看来 Web 站点是即时响应的。

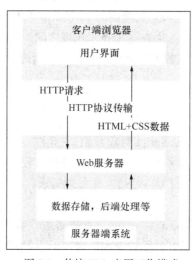

图 9-1 传统 Web 应用工作模式

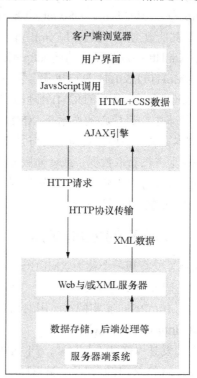

图 9-2 AJAX 应用工作模式

传统的 Web 站点在进行用户登录名和密码验证时，如果仅采用 JavaScript 函数进行判断，则出错提示时会产生整个页面刷新，导致页面跳动的突兀效果。而 AJAX 只和服务器交换有用的或更新了的数据，而其他数据则不再重新加载，不需刷新整个页面，使得应用过程自然，操作流畅。

综上所述，AJAX 应用与传统 Web 应用的区别主要有以下 3 点。

（1）不刷新整个页面，在页面内与服务器通信。

（2）使用异步方式与服务器通信，不需要打断用户的操作，具有更加迅速的响应能力。

（3）应用仅由少量页面组成。大部分交互在页面之内完成，不需要切换整个页面。

9.1.3　AJAX 所使用的技术

1. 基于 XHTML 和 CSS 标准的表示

HTML 用于建立 Web 表单并确定应用程序其他部分使用的字段，XHTML 是 The Extensible HyperText Markup Language（可扩展标识语言）的缩写，就是严谨而准确的 HTML。

2. 使用 Document Object Model 进行动态显示和交互

DOM 是 W3C 制定的一种用于表示 HTML 网页、动态对网页文本的结构和内容进行操作的目标模型，与平台（platform）和语言无关，使 Web 程序员可以方便地对网页文本进行操作。DOM 模型包括文本的结构、文本的行为及文本中的目标，提供了一组用以表示 HTML 或 XML 的标准目标，一个对目标进行组合的标准模型，一组对目标进行访问和操作的标准接口。

3. 使用 JavaScript 绑定一切

JavaScript 代码是运行 AJAX 应用程序的核心代码，帮助改进与服务器应用程序的通信。

4. 使用 XMLHttpRequest 与服务器进行异步通信

XmlHttp 是一套可以在 JavaScript、VbScript、Jscript 等脚本语言中通过 HTTP 协议传送或从接收 XML 及其他数据的一套 API。XmlHttp 最大的用处是可以更新网页的部分内容而不需要刷新整个页面。XmlHttp 提供客户端同 http 服务器通信的协议。客户端可以通过 XmlHttp 对象(MSXML2.XMLHTTP.3.0)向 HTTP 服务器发送请求并使用微软 XML 文档对象模型 Microsoft® XML Document Object Model (DOM)处理回应。

在上述技术中，最核心的技术是 XMLHttpRequest。XMLHttpRequest 为运行在浏览器中的 JavaScript 脚本提供了一种在页面之内与服务器通信的手段。页面内的 JavaScript 可以在不刷新页面的情况下从服务器获取数据，或者向服务器提交数据。而在这个技术出现之前，浏览器向服务器提交数据只能通过 HTML 表单的提交，从服务器获取数据只能通过点击一个超链接，这些操作一般都会带来一次全页面的刷新。

9.1.4　AJAX 的处理过程

一个 AJAX 交互从一个称为 XMLHttpRequest 的 JavaScript 对象开始。它允许一个客户端脚本来执行 HTTP 请求，并且将会解析一个 XML 格式的服务器响应。AJAX 处理过程中的第一步是创建一个 XMLHttpRequest 实例。使用 HTTP 方法（GET 或 POST）来处理请求，并将目标 URL 设置到 XMLHttpRequest 对象上。

当客户端发送 HTTP 请求时，向 XMLHttpRequest 注册一个回调函数，并异步地派发 XMLHttpRequest 请求。控制权马上被返回到浏览器，当服务器响应到达时，回调函数将会被调用。这样使得浏览器并不是挂起等待服务器的响应，而是通过页面继续响应用户的界面交互，并在服务器响应真正到达后处理它们。

在 Java Web 服务器上，到达的请求与任何其他 HttpServletRequest 一样。在解析请求参数后，Servlet 执行必需的应用逻辑，将响应序列化到 XML 中，并将它写回 HttpServletResponse。

9.1.5 XMLHttpRequest 对象

在使用 XMLHttpRequest 对象发送请求和处理响应之前，必须先用 JavaScript 创建一个 XMLHttpRequest 对象。Internet Explorer 把 XMLHttpRequest 实现为一个 ActiveX 对象，其他浏览器（如 Firefox、Safari 和 Opera）把它实现为一个本地 JavaScript 对象。

【例 9-1】创建 XMLHttpRequest 对象的一个实例。

```
var xmlHttp;
function createXMLHttpRequest(){
    if (window.ActiveXObject){
        xmlHttp = new ActiveXObject("Microsoft.XMLHTTP");
    }
    else if (window.XMLHttpRequest){
        xmlHttp = new XMLHttpRequest();
    }
}
```

在上例中，createXMLHttpRequest 方法创建一个全局作用域变量 xmlHttp 来保存这个对象的引用。对 window.ActiveXObject 的调用会返回一个对象，也可能返回 null，以指示浏览器是否支持 ActiveX 控件，相应地得知浏览器是不是 Internet Explorer。如果是，则通过实例化 ActiveXObject 的一个新实例来创建 XMLHttpRequest 对象，并传入一个串指示要创建何种类型的 ActiveX 对象，否则把 XMLHttpRequest 实现为一个本地 JavaScript 对象。表 9-1 XMLHttpRequest 对象的方法显示了 XMLHttpRequest 对象的方法。

表 9-1　　　　　　　　　　　XMLHttpRequest 对象的方法

方法	功能说明
abort()	停止当前请求
getAllResponseHeaders()	返回一个串，其中包含 HTTP 请求的所有响应首部，首部包括 Content-Length、Date 和 URI
getResponseHeader("headerLabel")	与 getAllResponseHeaders() 是对应的，参数 headerLabel 表示指定首部值，并且把这个值作为串返回
open("method","URL"[,asyncFlag[, "userName"[, "password"]]])	建立对服务器的调用。method 提供调用的特定方法（GET、POST 或 PUT）。asyncFlag 指示这个调用是异步的还是同步的，默认值为 true，表示请求是异步的，最后两个参数指定特定的用户名和密码
send(content)	向服务器发出请求。如果请求声明为异步的，这个方法就会立即返回，否则它会等待直到接收到响应为止。可选参数 content 可以是 DOM 对象的实例、输入流，或者串。传入这个方法的内容会作为请求体的一部分发送
setRequestHeader("label", "value")	为 HTTP 请求中一个给定的首部设置值。它有两个参数，第一个串 label 表示要设置的首部，第二个串 value 表示要在首部中放置的值。这个方法必须在调用 open() 之后才能调用

XMLHttpRequest 对象还提供了许多属性，如表 9-2 所示。

表 9-2　　　　　　　　　　　　标准 XMLHttpRequest 属性

属性	描述
onreadystatechange	状态改变的事件触发器。每当 readyState 改变时，就会触发 onreadystatechange 事件
readyState	XMLHttpRequest 的状态信息。对象状态(integer):0 = 未初始化；1 = 读取中；2 = 已读取；3 = 交互中；4 = 完成
responseText	服务器进程返回数据的文本版本
responseXML	服务器进程返回数据的兼容 DOM 的 XML 文档对象
status	服务器返回的状态码，如：404 = "文件未找到"，200 ="成功"
statusText	服务器返回的状态文本信息

AJAX 应用程序的基本流程如下。

（1）从 Web 表单中获取需要的数据。

（2）建立要连接的 URL。

（3）打开到服务器的连接。

（4）设置服务器在完成后要运行的函数。

（5）发送请求。

【例 9-2】利用 AJAX 技术，在单击页面按钮时，所显示的文字发生改变。

页面核心代码如下：

```
<body>
<head>
    <script type="text/javascript">
        function loadXMLDoc(){
            var xmlhttp;
            if (window.XMLHttpRequest){
              // code for IE7+, Firefox, Chrome, Opera, Safari
              xmlhttp=new XMLHttpRequest();
            }
            else{
              // code for IE6, IE5
              xmlhttp=new ActiveXObject("Microsoft.XMLHTTP");
            }
            xmlhttp.onreadystatechange=function(){
              if (xmlhttp.readyState==4 && xmlhttp.status==200){
                document.getElementById("myDiv").innerHTML=xmlhttp.responseText;
              }
            }
            //将请求发送到服务器 open() 方法的 url 参数是服务器上文件的地址
            xmlhttp.open("GET","test1.txt",true);
            xmlhttp.send();
        }
    </script>
</head>
<body>
    <div id="myDiv">原来的文字</div>
    <button type="button" onclick="loadXMLDoc()">单击一下</button>
</body>
```

test1.txt 的内容为：从文件里读出的文字

加载页面如图 9-3 所示，单击后的显示如图 9-4 所示。

图 9-3 【例 9-2】加载页面　　　图 9-4　单击后的显示结果

【例 9-3】利用 AJAX 技术实现在文本框中输入名字时动态显示提示信息。
name.jsp 核心代码如下：

```
<html>
  <head>
<script type="text/javascript">
function showHint(str){
var xmlhttp;
if (str.length==0){
  document.getElementById("txtHint").innerHTML="";
  return;
  }
if (window.XMLHttpRequest){
// code for IE7+, Firefox, Chrome, Opera, Safari
  xmlhttp=new XMLHttpRequest();
  }
else{
  // code for IE6, IE5
  xmlhttp=new ActiveXObject("Microsoft.XMLHTTP");
  }
xmlhttp.onreadystatechange=function(){
  if (xmlhttp.readyState==4 && xmlhttp.status==200){
    document.getElementById("txtHint").innerHTML=xmlhttp.responseText;
    }
  }
xmlhttp.open("GET","hint.jsp?q="+str,true);
xmlhttp.send();
}
</script>
</head>
<body>
<h3>请在下面的输入框中键入字母（A - Z）：</h3>
<form action="">
姓氏：<input type="text" id="txt1" onkeyup="showHint(this.value)" />
</form>
<p>建议：<span id="txtHint"></span></p>
</body>
</html>
```

hint.jsp 核心代码如下：

```
  <body>
    <%
      String[] a=new String[31];
      //用名字来填充数组
      a[1]="Anna";   a[2]="Brittany"; a[3]="Cinderella";   a[4]="Diana";
      a[5]="Eve";    a[6]="Elizabeth"; a[7]="Ellen";       a[8]="Eva";
      a[9]="Elliot"; a[10]="Helen";    a[11]="Johanna";    a[12]="Jim";
      a[13]="Kitty"; a[14]="Liza"; a[15]="Linda";          a[16]="Marsa";
```

```
     a[17]="Nina";a[18]="Oneil";    a[19]="Peter";    a[20]="Petunia";
     a[21]="Raquel";   a[22]="Sunniva"; a[23]="Salla";    a[24]="Sam";
     a[25]="Terassa"; a[26]="Ted";  a[27]="Tim"; a[28]="Violet";
     a[29]="Wenche";   a[30]="Vicky";

     //获得来自 URL 的 q 参数
     String q=(String)request.getParameter("q");
     // JOptionPane.showMessageDialog(null,"q="+q);
     //如果 q 大于 0,则查找数组中的所有提示
     String hint="";
     if(q.length()>0){
        for(int i=1;i<31;i++){
           if(a[i].toUpperCase().indexOf(q.toUpperCase())==0){
              if(hint.equals("")){
                 hint=a[i];
              }else{
                 hint=hint+" , "+a[i];
              }
           }
        }
     }
     //如果未找到提示,则输出 "no suggestion",否则输出提示信息
     if(hint.equals("")){
       response.getWriter().println("无提示");
       }
     else{
       response.getWriter().println(hint);
     }
     %>
   </body>
```

运行时可以看到,如图 9-5 所示,每输入一个字母,就会出现相应的提示信息,显示以该字母开头的名字,如果没有找到相应的名字,则显示"无提示"。

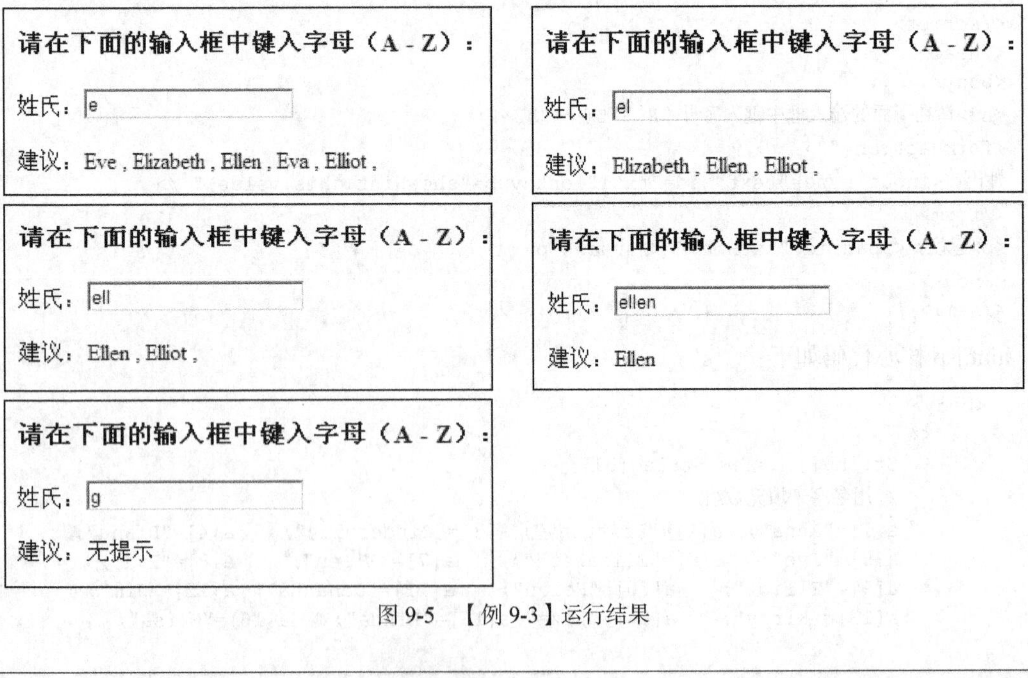

图 9-5 【例 9-3】运行结果

【例 9-4】 AJAX 可用来与数据库进行动态通信。在下拉列表中选择一种商品，则从数据库读取该商品的有关信息。

ajaxdb.jsp 核心代码如下：

```html
<head>
    <script type="text/javascript">
        function showGoodsinfo(str)    {
            var xmlhttp;
            if (str==""){
              document.getElementById("txtHint").innerHTML="";
              return;
            }
            if (window.XMLHttpRequest){
            // code for IE7+, Firefox, Chrome, Opera, Safari
              xmlhttp=new XMLHttpRequest();
            }
            else{
            // code for IE6, IE5
              xmlhttp=new ActiveXObject("Microsoft.XMLHTTP");
            }
            xmlhttp.onreadystatechange=function(){
              if (xmlhttp.readyState==4 && xmlhttp.status==200){
                document.getElementById("txtHint").innerHTML=xmlhttp.responseText;
              }
            }
            xmlhttp.open("GET","getdbinfo.jsp?q="+str,true);
            xmlhttp.send();
        }
    </script>
  </head>

  <body>
    <form action="" style="margin-top:15px;">
        <label>请选择一种商品：
        <select name="goodsname" onchange="showGoodsinfo(this.value)" style="font-family: Verdana, Arial, Helvetica, sans-serif;">
        <option value="901023">冰糖心苹果</option>
        <option value="901058">皇帝蕉</option>
        <option value="901044">蜜桔</option>
        <option value="901364">大南果梨</option>
        <option value="901075">樱桃</option>
        <option value="901032">葡萄</option>
        </select>
        </label>
    </form>
    <br/>
    <div id="txtHint">商品信息如下</div>
  </body>
```

getdbinfo.jsp 的核心代码如下：

```jsp
<body>
    <%
        String prodno=request.getParameter("q");
```

```
            goodsop gop=new goodsop();
            goodsBean gb=new goodsBean();
            gb=gop.getgoodsbyprodno("goods",prodno);
        %>
        <%
           if(gb!=null){
        %>
        <table width=50% border=1>
            <tr><td width=20% align=center>品名</td><td width=30% align=center>实拍图片</td><td width=40% align=center>详情介绍</td><td align=center>单价</td></tr>
            <tr><td ><%=gb.getName() %> </td>
            <td ><img src="<%=gb.getPic() %>"></td>
            <td ><%=gb.getInfo() %></td>
            <td ><%=gb.getPrice() %></td></tr>
        </table>
        <%
           }
           else{
             out.println("没有此商品的信息！");
           }
        %>
    </body>
```

运行结果如图9-6所示。

图9-6 【例9-4】运行结果

9.2 jQuery技术

9.2.1 jQuery技术简介

随着WEB2.0及AJAX思想在互联网上的快速发展传播，陆续出现了一些优秀的JS框架，将这些JS框架应用到项目中能够使程序员从设计和书写繁杂的JS代码中解脱出来，集中注意力于功能需求而非实现细节上，从而提高项目的开发速度。jQuery是继prototype之后的又一个优秀的Javascript框架，其宗旨是简化HTML与JavaScript之间的操作（WRITE LESS，DO MORE）。它的优点如下：

（1）是一个快速、简单的 JavaScript library，提供了强大的事件、样式支持功能函数，简化了 JavaScript 以及 AJAX 编程；

（2）将 JavaScript 代码和 HTML 代码完全分离，便于代码和维护和修改。

（3）语义易懂，容易学习理解，帮助文档丰富。

（4）是一个轻量级的脚本，有助于提高网页加载速度和代码执行效率。

（5）具有跨浏览器功能，解决了不同浏览器的兼容问题。

（6）易于扩展，插件丰富，可以实现逼真细腻的动画效果。

（7）提供了简便的方法帮助解决脚本错误，为开发人员遵循标准 jQuery 脚本编写方法提供了便利。

jQuery 分为三大部分：jQuery 核心、jQuery UI 和 jQuery Plugin。jQuery 核心就是一个 javaScript 库，提供了一系列辅助函数，实现对 HTML DOM 对象的包装。UI 是在这个库的基础上，实现了各种 UI 组件，不同的 CSS 定义可以实现不同的 UI 风格。jQuery Plugin 则是对 jQuery 所做的扩展。下面介绍 jQuery 核心技术。

9.2.2　jQuery 的引入

jQuery 库位于一个 JavaScript 文件中，其中包含了所有的 jQuery 函数。使用 jQuery 首先要引用一个有 jq 的文件，可以通过下面的标记把 jQuery 添加到网页中。

```
<script type="text/javascript" src="http://code.jquery.com/jquery-latest.min.js"></script>
```

这是 jquery 官方最新的地址。建议下载到本地服务器上，通过在 head 标签内加入语句<script src="JS/jquery-1.8.2.min.js" type="text/javascript"></script>来引入 jQuery，其中 src 是 jQuery 库文件的位置，jquery-1.8.2.min.js 为 jQuery 库文件，可以到 jQuery 官网下载。

9.2.3　jQuery 基本语法

jQuery 语法是为 HTML 元素的选取编制的，基础语法是：$(selector).action()，其中：$定义 JQuery，$一般可看作 jquery 格式的标记（javascript 还有一个 property 库，用的也是$符号）；选择符（selector）表示"查询"和"查找"HTML 元素；action() 执行对元素的操作。

【例 9-5】jQuery 基本语法的例子。执行下面的代码，分别单击不同的按钮，观察运行结果。

```
<head>
<!-- 本章使用的jquery版本号为1.8.2.min.js，读者可根据自己下载的版本号修改  -->
<script src="scripts/jquery-1.8.2.min.js"></script>
    <script type="text/javascript">
        $(document).ready(function(){
          $("#b1").click(function(){
            $(this).hide(); // 隐藏当前元素
          });
          $("#b2").click(function(){
            $("#text").hide();   //隐藏所有 class="text" 的所有元素
          });
          $("#b3").click(function(){
            $(".text").hide();   //隐藏所有 class="text" 的所有元素
          });
          $("#b4").click(function(){
             $("p").hide();    //隐藏所有段落
```

```
            });
            $("#show").click(function(){
                $("p").show();    //显示所有段落
            });
        });
    </script>
  </head>
  <body>
    <p>这一行文字是段落标记包括的</p>
    <p id="text">这一行文字的id为text，也是段落标记包括的</p>
    <p class="text">这一行文字的class为text，也是段落标记包括的</p>
    <button type="button" id="b1">只隐藏本按钮</button><br/>
    <button type="button" id="b2">只隐藏id为text的文字</button><br/>
    <button type="button" id="b3">隐藏class为text的文字</button><br/>
    <button type="button" id="b4">隐藏所有段落文字</button><br/>
    <button type="button" id="show" type="button">显示所有段落文字</button>
  </body>
```

上面代码中$(document).ready(function()中的$就是 jquery 的简写，可以用 jquery 代替。所有 jQuery 函数位于一个 document ready 函数中，是为了防止文档在完全加载（就绪）之前运行 jQuery 代码。ready 函数是在 DOM 就绪后发生，比传统的 javascript 方法更合理。

9.2.4　jQuery 选择器

jQuery 在选取节点方面非常强大，jQuery 有一系列的选择器可供使用，非常简洁、高效。选择器能够对 HTML 元素组或单个元素进行操作。选择器分为以下 3 种。

1. 元素选择器

使用 CSS 选择器来选取 HTML 元素。例如：

$("标签名")，如$("p")是选取了所有的 p 标签节点。

$("#id 名")，如$("#text")是选取了 id 为 test 的标签节点。

$(".class 名")，如$(".text")是选取了所有 class 为 test 的标签节点。

2. 属性选择器

使用 XPath 表达式来选择带有给定属性的元素。例如：

$("[href]") 选取所有带有 href 属性的元素。

$("[href='#']") 选取所有带有 href 值等于 "#" 的元素。

$("[href!='#']") 选取所有带有 href 值不等于 "#" 的元素。

$("[href$='.jpg']") 选取所有 href 值以 ".jpg" 结尾的元素。

3. CSS 选择器

可用于改变 HTML 元素的 CSS 属性。例如：把所有 p 元素的背景颜色更改为红色。

$("p").css("background-color","red");

9.2.5　jQuery 事件函数

jQuery 事件处理方法是 jQuery 中的核心函数。事件处理程序指的是当 HTML 中发生某些事件时所调用的方法。在【例 9-5】中，当按钮的点击事件被触发时会调用一个函数$("button")。

click(function())。通常把 jQuery 代码放到<head>部分的事件处理方法中。如果网站包含许多页面，可把 jQuery 函数放到独立的 .js 文件中，以便于维护。表 9-3 是 jQuery 的事件函数及说明。

表 9-3　　　　　　　　　　　　jQuery 的事件函数及说明

事件函数（方法）	描述
bind()	向匹配元素附加一个或更多事件处理器
blur()	触发、或将函数绑定到指定元素的 blur 事件
change()	触发、或将函数绑定到指定元素的 change 事件
click()	触发、或将函数绑定到指定元素的 click 事件
dblclick()	触发、或将函数绑定到指定元素的 double click 事件
delegate()	向匹配元素的当前或未来的子元素附加一个或多个事件处理器
die()	移除所有通过 live() 函数添加的事件处理程序
error()	触发、或将函数绑定到指定元素的 error 事件
event.isDefaultPrevented()	返回 event 对象上是否调用了 event.preventDefault()
event.pageX	相对于文档左边缘的鼠标位置
event.pageY	相对于文档上边缘的鼠标位置
event.preventDefault()	阻止事件的默认动作
event.result	包含由被指定事件触发的事件处理器返回的最后一个值
event.target	触发该事件的 DOM 元素
event.timeStamp	该属性返回从 1970 年 1 月 1 日到事件发生时的毫秒数
event.type	描述事件的类型
event.which	指示按了哪个键或按钮
focus()	触发、或将函数绑定到指定元素的 focus 事件
keydown()	触发、或将函数绑定到指定元素的 key down 事件
keypress()	触发、或将函数绑定到指定元素的 key press 事件
keyup()	触发、或将函数绑定到指定元素的 key up 事件
live()	为当前或未来的匹配元素添加一个或多个事件处理器
load()	触发、或将函数绑定到指定元素的 load 事件
mousedown()	触发、或将函数绑定到指定元素的 mouse down 事件
mouseenter()	触发、或将函数绑定到指定元素的 mouse enter 事件
mouseleave()	触发、或将函数绑定到指定元素的 mouse leave 事件
mousemove()	触发、或将函数绑定到指定元素的 mouse move 事件
mouseout()	触发、或将函数绑定到指定元素的 mouse out 事件
mouseover()	触发、或将函数绑定到指定元素的 mouse over 事件
mouseup()	触发、或将函数绑定到指定元素的 mouse up 事件
one()	向匹配元素添加事件处理器。每个元素只能触发一次该处理器
ready()	文档就绪事件（当 HTML 文档就绪可用时）
resize()	触发、或将函数绑定到指定元素的 resize 事件

续表

事件函数（方法）	描述
scroll()	触发、或将函数绑定到指定元素的 scroll 事件
select()	触发、或将函数绑定到指定元素的 select 事件
submit()	触发、或将函数绑定到指定元素的 submit 事件
toggle()	绑定两个或多个事件处理器函数，当发生轮流的 click 事件时执行
trigger()	所有匹配元素的指定事件
triggerHandler()	第一个被匹配元素的指定事件
unbind()	从匹配元素移除一个被添加的事件处理器
undelegate()	从匹配元素移除一个被添加的事件处理器，现在或将来
unload()	触发、或将函数绑定到指定元素的 unload 事件

9.2.6　jQuery 获得/改变页面内容和属性

jQuery 中非常重要的部分是操作 Document Object Model（文档对象模型）的能力。jQuery 提供一系列与 DOM 相关的方法，使得访问和操作元素和属性变得很容易。

1. 获得内容的常用方法

text()—设置或返回所选元素的文本内容
html()—设置或返回所选元素的内容（包括 HTML 标记）
val()—设置或返回表单字段的值

【例 9-6】jQuery 获得页面内容和属性的例子。执行下面的代码，分别单击不同的按钮，观察效果。

```html
<head>
    <script src="scripts/jquery-1.8.2.min.js"></script>
     <script type="text/javascript">
        $(document).ready(function(){
          $("#btn1").click(function(){
            alert("Text: " + $("#text").text());
          });
          $("#btn2").click(function(){
            alert("HTML: " + $("#text").html());
          });
          $("#btn3").click(function(){
            alert("Value: " + $("#text2").val());
          });
        });
    </script>
    </head>

    <body>
    <p id="text">这是一个<i>段落文本</i>。</p>
    <p>姓名: <input type="text" id="text2" value="爱好者"></p>
    <button id="btn1">显示文本</button>
    <button id="btn2">显示 HTML</button>
    <button id="btn3">显示值</button>
    </body>
```

2. 获得属性的常用方法

获得属性的常用方法是：attr() 方法。

在【例 9-6】的头部加入下列代码：

```
$("#btn4").click(function(){
   alert($("#www").attr("href"));
});
```

在体部加入下列代码：

```
<p><a href="http://www.baidu.com" id="www">百度</a></p>
<button id="btn4">显示属性</button>
```

运行并观察 attr() 方法的结果。

3. 改变内容和属性的方法

改变内容和属性的方法与获得内容和属性的方法相同。

【例 9-7】本例显示了改变内容和属性的方法的使用。

```
<script src="scripts/jquery-1.8.2.min.js"></script>
<script>
    $(document).ready(function(){
      $("#btn1").click(function(){
        $("#test1").text("Hello world!");
      });
      $("#btn2").click(function(){
        $("#test2").html("<b>Hello world!</b>");
      });
      $("#btn3").click(function(){
        $("#test3").val("使用人");
      });
    });
</script>
</head>
<body>
    <p id="test1">这行文字将被文本替换</p>
    <p id="test2">这行文字将被 HTML 替换</p>
    <p>文本框里的文字将被替换<input type="text" id="test3" value="爱好者"></p>
    <button id="btn1">设置文本</button>
    <button id="btn2">设置 HTML</button>
    <button id="btn3">设置文本框的值</button>
</body>
```

9.2.7 jQuery 添加/删除元素和内容

1. 添加新内容的 4 个 jQuery 方法

```
append()  - 在被选元素的结尾插入内容
prepend() - 在被选元素的开头插入内容
after()   - 在被选元素之后插入内容
before()  - 在被选元素之前插入内容
```

【例 9-8】本例显示了在原有页面内容前面和后面添加元素的方法的使用。

```
<head>
    <script src="scripts/jquery-1.8.2.min.js"></script>
    <script>
        $(document).ready(function(){
          $("#btn1").click(function(){
            $("p").append("尾部添加的文字");
          });
          $("#btn2").click(function(){
            $("ol").append("<li>尾部添加的项</li>");
          });
          $("#btn3").click(function(){
            $("p").prepend("头部添加的文字");
          });
          $("#btn4").click(function(){
            $("ol").prepend("<li>头部添加的项</li>");
          });
        });
    </script>
</head>
<body>
    <p>第一行</p>
    <p>第二行</p>
    <ol>
    <li>第一项</li>
    <li>第二项</li>
    <li>第三项</li>
    </ol>
    <button id="btn1">在尾部添加文本</button><br/>
    <button id="btn2">在尾部添加列表项</button><br/>
    <button id="btn3">在头部添加文本</button><br/>
    <button id="btn4">在头部添加列表项</button>
</body>
```

2. 删除元素和内容主要使用以下两个 jQuery 方法

remove() - 删除被选元素（及其子元素）
empty() - 从被选元素中删除子元素

在【例 9-8】的头部加入下列代码：

```
$("#btn5").click(function(){
   $("ol").remove();
});
```

在【例 9-8】的体部加入下列代码：

```
<button id="btn5">删除 ol 列表元素</button>
```

体会 remove()方法的效果。

在【例 9-8】的头部加入下列代码：

```
        $("#btn6").click(function(){
          $("p").empty();
        });
```

在【例 9-8】的体部加入下列代码:

```
<button id="btn6">删除文本元素</button>
```

体会 empty()方法的效果。

9.2.8 jQuery 与 AJAX

jQuery 提供多个与 AJAX 有关的方法。通过 jQuery AJAX 方法能够使用 HTTP Get 和 HTTP Post 从远程服务器上请求文本、HTML、XML 或 JSON,并把这些外部数据直接载入网页的被选元素中。如果没有 jQuery,不同的浏览器对 AJAX 的实现并不相同,开发人员必须编写额外的代码对浏览器进行测试,在 9.3 节已经体会到了。利用 jQuery 则可解决这个问题,只需要一行简单的代码就可以实现 AJAX 功能。

jQuery 库拥有完整的 AJAX 兼容套件,其中的函数和方法允许在不刷新浏览器的情况下从服务器加载数据。表 9-4 列出了 jQuery AJAX 操作函数与功能说明。

表 9-4　　　　　　　　　　jQuery AJAX 操作函数

函数	描述
jQuery.ajax()	执行异步 HTTP (AJAX) 请求
.ajaxComplete()	当 AJAX 请求完成时注册要调用的处理程序。这是一个 AJAX 事件
.ajaxError()	当 AJAX 请求完成且出现错误时注册要调用的处理程序。这是一个 AJAX 事件
.ajaxSend()	在 AJAX 请求发送之前显示一条消息
jQuery.ajaxSetup()	设置将来的 AJAX 请求的默认值
.ajaxStart()	当首个 AJAX 请求完成开始时注册要调用的处理程序。这是一个 AJAX 事件
.ajaxStop()	当所有 AJAX 请求完成时注册要调用的处理程序。这是一个 AJAX 事件
.ajaxSuccess()	当 AJAX 请求成功完成时显示一条消息
jQuery.get()	使用 HTTP GET 请求从服务器加载数据
jQuery.getJSON()	使用 HTTP GET 请求从服务器加载 JSON 编码数据
jQuery.getScript()	使用 HTTP GET 请求从服务器加载 JavaScript 文件,然后执行该文件
.load()	从服务器加载数据,然后把返回到 HTML 放入匹配元素
jQuery.param()	创建数组或对象的序列化表示,适合在 URL 查询字符串或 AJAX 请求中使用
jQuery.post()	使用 HTTP POST 请求从服务器加载数据
.serialize()	将表单内容序列化为字符串
.serializeArray()	序列化表单元素,返回 JSON 数据结构数据

下面我们学习最常用的 3 个方法。

1. load()方法

从服务器加载数据,并把返回的数据放入被选元素中。

语法:

```
$(selector).load(URL,data,callback);
```

必需的 URL 参数规定加载的 URL。

可选的 data 参数规定与请求一同发送的查询字符串键/值对集合。

可选的 callback 参数是 load() 方法完成后所执行的函数名称。回调函数可以设置不同的参数：

```
responseTxt - 包含调用成功时的结果内容
statusTXT - 包含调用的状态
xhr - 包含 XMLHttpRequest 对象
```

【例 9-9】load()方法的使用。

```
<script src="scripts/jquery-1.8.2.min.js"></script>
<script>
    $(document).ready(function(){
      $("#btn1").click(function(){
        //把文件 "test1.txt" 的内容加载到指定的 <div> 元素中
        $('#test').load('test1.txt');
      })
    })
</script>
</head>
<body>
    <h3 id="test">单击按钮，通过 jQuery AJAX 改变这段文本。</h3>
    <button id="btn1" type="button">获得外部的内容</button>
</body>
```

文件 "test1.txt" 的内容是：

从文件里读出的文字

2. GET 和 POST 方法

这是两种在客户端和服务器端进行请求—响应的常用方法，GET 方法从指定的资源请求数据，POST 方法向指定的资源提交要处理的数据。主要区别是：GET 主要用于从服务器获得数据，可能返回缓存数据；POST 也可用于从服务器获取数据，但不会缓存数据，并且常用于连同请求一起发送数据。

（1）$.get() 方法通过 HTTP GET 请求从服务器上请求数据。语法格式为：

```
$.get(URL,callback);
```

参数 URL 是必需的，表示所请求的 URL。参数 callback 是可选的，表示请求成功后所执行的函数名，其中第一个回调参数存有被请求页面的内容，第二个回调参数存有请求的状态。

（2）$.post() 方法通过 HTTP POST 请求从服务器上请求数据。语法格式为：

```
$.post(URL,data,callback);
```

参数 URL 是必需的，表示所请求的 URL；可选的 data 参数规定连同请求发送的数据，对它们进行处理，然后返回结果；参数 callback 是可选的，是请求成功后所执行的回调函数名，其中第一个回调参数存储被请求页面的内容，而第二个参数存储请求的状态。

【例 9-10】GET 和 POST 方法的用法。

Getpost.jsp 的核心代码如下：

```
<head>
    <script src="scripts/jquery-1.8.2.min.js"></script>
    <script>
    $(document).ready(function(){
      $("#btn1").click(function(){
        $.get("test1.txt",function(data,status){
```

```
                alert("数据: " + data + "\n状态: " + status);
            });
        });
        $("#btn2").click(function(){
            $.post("external2.jsp", {
              name:"小明",
              city:"广州"
            },
            function(data,status){
              alert("数据: " + data + "\n状态: " + status);
            });
        });
    });
    </script>
</head>
<body>
  <button type="button" id="btn1">GET</button><br/>
  <button type="button" id="btn2">POST</button><br/>
</body>
```

test1.txt 的内容如下:

从文件里读出的文字

external2.jsp 的代码如下:

```
<body>
  <%
      String fname,city;
      fname=request.getParameter("name");
      city=request.getParameter("city");
      response.getWriter().println("欢迎" + fname + ". ");
      response.getWriter().println("希望你在" + city + "过得愉快.");
  %>
</body>
```

运行这个例子,单击"GET"按钮,显示结果如图 9-7 所示。单击"POST"按钮的运行结果如图 9-8 所示。

图 9-7　单击 GET 按钮的运行结果　　图 9-8　单击 POST 按钮的运行结果

jQuery 还能够实现隐藏、显示、切换、滑动、淡入淡出等精彩的视觉动画效果,例如,许多搜索引擎如 Google Suggest、百度等使用 jQuery 创造出动态感十足的 Web 界面。限于篇幅,本章不扩展介绍这一部分内容,读者可根据开发需要自学。

9.3 应用举例：网上商城系统中 jQuery/AJAX 技术的运用

在【例 9-3】中我们运用 AJAX 技术实现了名字输入的同时出现智能关联提示的功能，在【例 9-4】中我们运用 AJAX 实现了选择商品名称，从数据库中读取商品信息并显示功能。下面 3 个例子分别根据实际需要进行网上商城系统的代码优化，以提高用户使用的方便性和愉悦性。

9.3.1 商品查询输入时的自动提示功能

许多搜索引擎具有这样的功能，当用户在搜索框里输入关键字时，会自动显示以该关键字开头的短语关键字列表，这就是运用了 jQuery/AJAX JavaScript 技术，把用户输入的字符发送到服务器，服务器会返回一个搜索建议的列表。下面在网上商城的商品搜索中实现这一功能。

【例 9-11】查询输入商品名称时出现自动提示。

将 indexdb.jsp 中的搜索显示部分修改为：

```
<form method=get>按名称搜索
    <input class="four" type="text" id="searchname" name="searchname" autocomplete="off" />
    <input class="buttontype" type="submit" value="搜一搜"/>
    <div id="helper" class="hint"></div>
</form>
```

浏览器自带的自动历史选择下拉框会与我们自己实现的搜索提示功能冲突，所以将输入搜索内容的文本框设置属性 autocomplete="off"。现在实现在输入搜索内容的过程中根据数据库的商品名称进行匹配，提供搜索提示。

在 indexdb.jsp 的头部增加代码：

```
<script src="scripts/jquery-1.8.2.min.js"></script>
<script>
    $(document).ready(function(){
        $("#searchname").keyup(function(){
            var searcon=$("#searchname").val();
            //alert(searcon);
            $.ajax({
                type: "post",
                url: "JQuerySearch1",
                //dataType:'json',
                data:"searchname="+searcon,
                success: function(data){
                    $('#helper').html(data);
                }
            });
        });
    });
```

文本框"#searchname"的 keyup() 方法实时获取用户输入的搜索内容，放入变量 searcon，传递给 JQuerySearch1 这个 servlet 去处理。而返回结果则在 id 为#helper 的<div></div>区域进行显示。

JQuerySearch1.java 的功能是根据传递进来的搜索内容，到数据库中去进行模糊匹配，即以传入的内容字符开头的商品名称都被查询出来，核心代码为：

```java
public void doPost(HttpServletRequest request, HttpServletResponse response)
        throws ServletException, IOException{
    response.setCharacterEncoding("utf-8");
    response.setContentType("text/html");
    PrintWriter out = response.getWriter();
    String searchname=request.getParameter("searchname");
    if(searchname!=null && !searchname.equals(""))   {
        goodsop gop=new goodsop();
        ArrayList<goodsBean> goodslist=new ArrayList<goodsBean>();
        goodslist=gop.getgoodsbynamelike("goods",searchname);
        if(goodslist!=null)    {
            out.println("<!DOCTYPE  HTML  PUBLIC  \"-//W3C//DTD  HTML  4.01 Transitional//EN\">");
            out.println("<HTML>");
            out.println("  <HEAD><TITLE>A Servlet</TITLE></HEAD>");
            out.println("  <BODY>");
            out.println("  <div id='reslist' style='margin:0px 0px 0px 90px'>");
            for(int i=0;i<goodslist.size();i++)    {
                goodsBean gb=new goodsBean();
                gb=(goodsBean)goodslist.get(i);
                out.print("<div id='res_"+String.valueOf(i)+"' onclick='getlist("+String.valueOf(i)+");'>"+gb.getName()+"</div>");
            }
            out.println("  </div>");
            out.println("  </BODY>");
            out.println("</HTML>");
            out.flush();
            out.close();
        }
    }
}
```

在 JavaBean goodsop 中增加一个模糊匹配方法 getgoodsbynamelike()，实现前缀内容的匹配查找：

```java
public ArrayList<goodsBean> getgoodsbynamelike(String tablename,String goodsname){
    ArrayList<goodsBean> goodslist=new ArrayList<goodsBean>();
    try{
        con=new conndb().getcon();
        String sqlstr;
        if(goodsname==null ||goodsname.equals("")){
            sqlstr="select * from "+tablename;
        }else{
            sqlstr="select * from "+tablename+" where goodsname like '"+goodsname+"%'";
        }
        ps=con.prepareStatement(sqlstr);
        rs=ps.executeQuery();

        while(rs.next()){
            goodsBean t=new goodsBean();
            t.setId(rs.getInt(1));
            t.setSectorid(rs.getInt(2));
            t.setProdno(rs.getString(3));
            t.setName(rs.getString(4));
```

```
                t.setPic(rs.getString(5));
                t.setInfo(rs.getString(6));
                t.setPrice(rs.getFloat(7));
                t.setNum(rs.getInt(8));
                goodslist.add(t);
            }
        }catch(Exception e){
            e.printStackTrace();
        }finally{
            this.close();
        }
        return goodslist;
    }
```

由于查询结果是一个数组（ArrayList），所以要用数组形式的<div></div>进行显示，使用名为 res_i 的显示方法。

当用户单击这个数组中的某一项时，表明用户希望将这一项的内容放置到文本框"searchname"中，而选择提示列表消失，所以要编写一个getlist()方法实现内容的放置，代码如下：

```
        function getlist(id)  {
            //将选中项的内容放置到文本框"searchname"中
            $("#searchname").val($("#res_"+id).text());
            //选择提示列表消失，下面两种方法都可以
$("#reslist").hide();
            $("#reslist").css('display','none');
        }
    </script>
```

运行以上代码，结果如图 9-9 所示，当用户选择了某一提示项时，显示如图 9-10 所示。

图 9-9　【例 9-11】运行界面　　　　图 9-10　选择了某一提示项后

9.3.2　数据校验

在输入 form 表单内容的时候，通常需要确保数据的唯一性。常用的做法是在页面上提供唯一性校验按钮，用户单击按钮，执行 window.open()方法打开一个校验小窗口，该操作比较耗费资源；或者等待表单提交到服务器端，由服务器判断后返回相应的校验信息，需要把整个页面提交到服务器并由服务器判断校验，处理和等待时间长，加重了服务器负担。

使用 AJAX 技术，校验请求由 XMLHttpRequest 对象发出，整个过程不需要弹出新窗口，也不需要将整个页面提交到服务器，而是采用异步方式直接将参数提交到服务器，用 window.alert 将服务器返回的校验信息显示出来，既快速又不加重服务器负担。在此基础上进一步利用 jQuery 技术来简化代码编写，使得开发工作变得更加容易。

【例 9-12】对用户注册时所输入的登录名进行检查，看是否已经被使用，即是否已经保存在数据库里了，显示提示信息。

userRegisterJQuery.jsp 的核心代码为：

```
        <div style="width:1000px;margin:0 auto;background:white;">
```

```html
            <table width="800px">
                <tr height="60px"><td colspan=2 ><font size=6em color=red><strong>网上商城用户注册</strong></font></td></tr>
                <tr height="5px"><td colspan=2 ><hr/></td></tr>
                <tr>
                  <td width="40%" height="260px"><img src="img/logo.jpg"/></td>
                  <td width="60%" height="260px">
                     <table border=0>
                         <tr height='40px'>
                            <td width="25%" ><font size=3>登录名: </font></td>
                            <td width="45%" align="left"><input type="text" id="username" name="username" value="" style="width:200px;align:left;" onkeyup="checkuser();"/></td>
                            <td width="30%"><div id="hint" style="color:red;"></div></td>
                         </tr>
                         <tr height='40px'>
                            <td width="25%"><font size=3>密  码: </font></td>
                            <td width="45%" align="left"><input type="password" name="userpassword" value="" style="width:200px;align:left;"/></td>
                            <td width="30%"></td>
                         </tr>
                         <tr>
                            <td width="25%"></td>
                            <td width="45%" align="left"><input type="button" value="注册" class="buttontype" onclick="checkuser()"/></td>
                            <td width="30%"><div id="resstate"></div></td>
                         </tr>
                     </table>
                  </td>
                </tr>
                <tr height="5px"><td colspan=2 ><hr/></td></tr>
            </table>
          </div>
```

在输入登录名的文本框中按下左键时，触发 onkeyup="checkuser();"事件，将用户输入的登录名字符传递给该事件处理。下面编写该事件的代码：

```html
<script src="scripts/jquery-1.8.2.min.js"></script>
<script type="text/javascript">
  function checkuser(){
    var un=$("#username").val();
    $.ajax({
        type: "post",
        url: "checkUserJQueryServlet",
        data:"username="+un,
        success: function(data){
            $('#hint').html(data);
        }
    });
  }
</script>
```

执行 checkuser()方法，将获得的用户登录名作为参数传递给 checkUserJQueryServlet 处理。checkUserJQueryServlet 核心代码如下：

```java
public void doPost(HttpServletRequest request, HttpServletResponse response)
        throws ServletException, IOException{
```

```
                    response.setCharacterEncoding("utf-8");
                    response.setContentType("text/html");
                    PrintWriter out = response.getWriter();
                    String searchname=request.getParameter("username");
                    if(searchname!=null && !searchname.equals("")){
                        userop uop=new userop();
                        boolean rescheck=uop.checkusername(searchname);
                        out.println("<!DOCTYPE HTML PUBLIC \"-//W3C//DTD HTML 4.01 Transitional//EN\">");
                        out.println("<HTML>");
                        out.println("  <HEAD><TITLE>A Servlet</TITLE></HEAD>");
                        out.println("  <BODY>");
                        if(rescheck) {
                            out.println("用户名已存在！");
                        }else{
                            out.println("可以新建用户。");
                        }
                        out.println("  </BODY>");
                        out.println("</HTML>");
                        out.flush();
                        out.close();
                    }
                }
```

在 checkUserJQueryServlet 这个 servlet 中，调用 JavaBean userop 的 checkusername()方法，检查用户名是否已经在数据库中，并返回相应的提示信息。checkusername()方法代码如下：

```
public boolean checkusername(String username){
    try{
        con=new conndb().getcon();
        String sqlstr= "select * from user where username='"+username+"'";
        ps=con.prepareStatement(sqlstr);
        rs=ps.executeQuery();
        //如果查找结果不为空
        if(rs.next()){
            return true;
        }else{
            return false;
        }
    }catch(Exception e){
        e.printStackTrace();
    }finally{
        this.close();
    }
    return false;
}
```

数据表 user 的结构如图 9-11 所示。

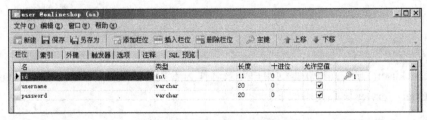

图 9-11　数据表 user 的结构

user 表中已有数据如图 9-12 所示。

执行上面的程序，运行结果如图 9-13 所示，分别表示当输入已存在的用户名时的提示信息，以及当输入未占用的用户名时的提示信息。

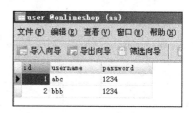

图 9-12　user 表中已有数据

图 9-13　【例 9-12】运行结果

9.4　表达式与标签

9.4.1　JSP EL 简介

EL（ExpressionLanguage）是从 JavaScript 脚本语言得到启发的一种表达式语言，它借鉴了 JavaScript 多类型转换无关性的特点。EL 提供了在 JSP 脚本编制元素范围外使用运行时表达式的功能。脚本编制元素是指页面中能够用于在 JSP 文件中嵌入 Java 代码的元素，通常用于对象操作以及执行那些影响所生成内容的计算。Web 服务器对于 Request 请求参数通常会以 String 类型来发送，使用 request.getParameter("XXX")获取参数，必须进行强制类型转换。使用 EL 从 scope 中得到参数时可以自动转换类型，将用户从这种类型转换的繁琐工作脱离出来，允许用户直接使用 EL 表达式取得的值，而不用关心它是什么类型。

9.4.2　JSP EL 语言

EL 有效表达式可以包含文字、操作符、变量（对象引用）和函数调用。

1．文字

EL 可使用表 9-5 所列举的文字。

表 9-5　　　　　　　　　　　　JSP 表达式语言的文字

文字类型	取值
Boolean	true 和 false
Integer	包含全部正整数、0、负整数，例如 30、-2
Floating Point	包含全部浮点数，例如 -1.8E-45、4.567
String	任何由单引号或双引号限定的字符串。对于单引号、双引号和反斜杠，使用反斜杠字符作为转义序列
Null	null

239

2. 操作符

EL 的操作符描述了对变量的操作，其中大部分是 Java 中常用的操作符，见表 9-6。

表 9-6　　　　　　　　　　　　JSP 表达式语言的文字

文字类型	取值
算术型	t +、−（二元）、*、/、div、%、mod、−（一元）
逻辑型	and、&&、or、||、!、not
关系型	==、eq、!=、ne、gt、<=、le、>=、ge。可以与其他值进行比较，或与布尔型、字符串型、整型或浮点型文字进行比较
条件型	A ?B :C 根据 A 赋值的结果来赋值 B 或 C
空 empty	前缀操作，用来对一个空变量值进行判断：null、一个空 String、空数组、空 Map、空 Collection 集合，可用于确定值是否为空
.	访问一个 bean 属性或者 Map entry
[]	访问一个数组或者链表元素
()	对子表达式分组，用来改变赋值顺序
func(args)	调用方法，func 是方法名，args 是参数（任意个数），多个参数之间用逗号隔开

3. 隐式对象

EL 定义了一组隐式对象，其中许多对象在 JSP Scriplet 和表达式中可用，表 9-7 列出了 EL 中的对象和作用。

表 9-7　　　　　　　　　　　　EL 中的对象和作用

隐含对象	类型	说明
pageContext	javax.servlet.ServletContext	JSP 页的上下文，用于访问 JSP 隐式对象，如请求、响应、会话、输出、servletContext 等。例如，${pageContext.response} 为页面的响应对象赋值
pageScope	java.util.Map	取得 page 范围的属性名称所对应的值
requestScope	java.util.Map	取得 request 范围的属性名称所对应的值
sessionScope	java.util.Map	取得 session 范围的属性名称所对应的值
applicationScope	java.util.Map	取得 application 范围的属性名称所对应的值
param	java.util.Map	回传 String 类型的值，将请求参数名称映射到单个字符串参数值。表达式 $(param.name) 相当于 request.getParameter (name)
paramValues	java.util.Map	将请求参数名称映射到一个数值数组（通过调用 ServletRequest.getParameter (String name)获得）。表达式 ${paramvalues.name} 相当于 request.getParamterValues(name)
header	java.util.Map	将请求头名称映射到单个字符串头值（通过调用 ServletRequest.getHeader(String name) 获得）。表达式 ${header.name} 相当于 request.getHeader(name)
headerValues	java.util.Map	将请求头名称映射到一个数值数组（通过调用 ServletRequest.getHeaders(String) 获得）。表达式 ${headerValues.name} 相当于 request.getHeaderValues(name)

续表

隐含对象	类型	说明
Cookie	java.util.Map	将 cookie 名称映射到单个 cookie 对象。向服务器发出的客户端请求可以获得一个或多个 cookie。表达式 ${cookie.name.value} 返回带有特定名称的第一个 cookie 值
initParam	java.util.Map	将上下文初始化参数名称映射到单个值（通过调用 ServletContext.getInitparameter(String name) 获得）

<%@ page isELIgnored="true" %> 表示是否禁用 EL 语言，true 表示禁止，false 表示不禁止，JSP2.0 中默认启用 EL 语言。

4. 变量

EL 语法格式为：${expression}。EL 存取变量数据的方法很简单，例如：${username}，表示取出某一范围中名称为 username 的变量。

由于没有指定哪一个范围的 username，所以将会依次在 page、request、session、application 范围中查找。如果找到 username 就直接回传，不再继续找下去，否则则回传 null。

【例 9-13】表达式语言的算术运算符的使用。

```
<%@ page contentType="text/html; charset= gb2312"%>
<html>
<body>
    <table border="1">
    <tr>
    <td><b>表达式语言</b></td>
    <td><b>计算结果</b></td>
    </tr>
    <!-- 直接输出常量 -->
    <tr>
    <td>\${1}</td>
    <td>${1}</td>
    </tr>
    <!-- 计算加法 -->
    <tr>
    <td>\${1.2 + 2.3}</td>
    <td>${1.2 + 2.3}</td>
    </tr>
    <!-- 计算加法 -->
    <tr>
    <td>\${1.2E4 + 2.3}</td>
    <td>${1.2E4 + 2.3}</td>
    </tr>
    <!-- 计算减法 -->
    <tr>
    <td>\${-4 - 6}</td>
    <td>${-4 - 6}</td>
    </tr>
    <!-- 计算乘法 -->
    <tr>
    <td>\${98 * 7}</td>
    <td>${98 * 7}</td>
    </tr>
    <!-- 计算除法 -->
    <tr>
    <td>\${3/7}</td>
    <td>${3/7}</td>
    </tr>
    <!-- 计算除法 -->
    <tr>
    <td>\${3 div 7}</td>
    <td>${3 div 7}</td>
    </tr>
    <!-- 计算除法 -->
    <tr>
    <td>\${3/0}</td>
    <td>${3/0}</td>
    </tr>
    <!-- 计算求余 -->
    <tr>
    <td>\${10%3}</td>
    <td>${10%3}</td>
    </tr>
    <!-- 计算求余 -->
    <tr>
    <td>\${10 mod 3}</td>
    <td>${10 mod 3}</td>
    </tr>
    <!-- 计算三目运算符 -->
    <tr>
    <td>\${(1==2) ? 3 : 4}</td>
    <td>${(1==2) ? 3 : 4}</td>
    </tr>
    </table>
</body>
</html>
```

运行结果如图 9-14 所示。

表达式语言	计算结果
${1}	1
${1.2 + 2.3}	3.5
${1.2E4 + 2.3}	12002.3
${-4 - 6}	-10
${98 * 7}	686
${3/7}	0.42857142857142855
${3 div 7}	0.42857142857142855
${3/0}	Infinity
${10%3}	1
${10 mod 3}	1
${(1==2) ? 3 : 4}	4

图 9-14 【例 9-13】运行结果

9.4.3 JSTL 简介

JSTL 全名 JspServer Pages Standdard Tag Library（Jsp 标准标签库），是 SUN 公司发布的一个针对 JSP 开发的新组件，可以应用到基本输入输出、流程控制、循环、XML 文件剖析、数据库查询及国际化和文字格式标准化的应用等多个领域。JSTL 所提供的标签库主要分为五大类，如表 9-8 所示。

表 9-8　　　　　　　　　　　　　　JSTL 标签库

JSTL	前置名称	URI	功能
核心标签库	c	http://java.sun.com/jsp/jstl/core	包含 Web 应用的常见工作，比如：循环、表达式赋值、基本输入输出等。
国际化标签库	fmt	http://java.sun.com/jsp/jstl/fmt	格式化显示数据的工作，如：对不同区域的日期格式化<fmt:formatDate>
SQL 标签库	sql	http://java.sun.com/jsp/jstl/sql	访问数据库，如<sql:query>
XML 标签库	Xml	http://java.sun.com/jsp/jstl/xml	访问 XML 文件，如<x:forEach>
函数标签库	fn	http://java.sun.com/jsp/jstl/functions	读取已经定义的某个函数，如<fn:split>

9.4.4 核心标签库

JSTL 的核心标签库主要包括：表达式操作、流程控制、迭代操作和 URL 操作，标签分类见表 9-9。

表 9-9　　　　　　　　　　　　JSTL 核心标签库分类

功能分类	标签名称
表达式操作	out、set、remove、catch
流程控制	if、choose、when、otherwise
迭代操作	forEach、forTokens
URL 操作	import、param、url、redirect

（1）<c:out>：用来显示数据的内容，表 9-10 为它的常用属性与说明。

表 9-10　　　　　　　　　　　　　　　　<c:out>属性

名称	说明
value	需要显示的值
default	可选，如果 value 的值为 null，则显示 default 的值
escapeXml	可选，是否转换特殊字符，如：<转换成<，默认为 true

【例 9-14】使用核心标签库输出数据。

将标签库 jstl.jar 包放到/WEB_INF/lib 下，该包内部是所有的标签处理器。在 JSP 页面中引用核心标签：

```
<%@ page contentType="text/html;charset=gbk" language="java"%>
<%@ taglib uri="http://java.sun.com/jstl/core" prefix="c"%>
<body>
    <c:out value="&lt 显示未使用转义字符&gt" escapeXml="true" default="默认值"></c:out><br/>
    <c:out value="&lt 显示使用转义字符&gt" escapeXml="false" default="默认值"></c:out><br/>
    <c:out value="${null}" escapeXml="false">使用的表达式结果为null，则输出该默认值</c:out><br/>
</body>
```

运行结果为：

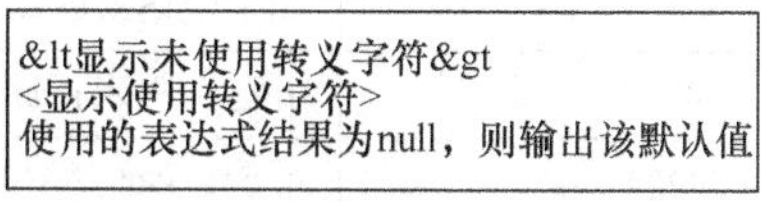

（2）<c:set>：用来将变量存储至 JSP 范围为 scope 的变量、JavaBean 的属性或 Map 对象中，表 9-11 为它的常用属性与说明。

```
&lt显示未使用转义字符&gt
<显示使用转义字符>
使用的表达式结果为null，则输出该默认值
```

图 9-15　【例 9-14】运行结果

表 9-11　　　　　　　　　　　　　　　　<c:set>属性列表

名称	说明
value	可选，要被存储的值
var	可选，欲存入的变量名称
scope	可选，var 变量的 JSP 范围，默认为 page
target	可选，JavaBean 或 Map 对象
property	可选，指定 target 对象的属性

【例 9-15】使用核心标签库将变量设置到某个范围内并输出。

```
<%--将变量定义在 JSP 范围内并输出--%>
<c:set var="username" value="Amy" scope="session"/>
<c:set var="pwd" scope="session">123</c:set>
通过 el 表达式语言输出<br/>
${sessionScope.username}
${sessionScope.pwd}<br/>
通过 jstl 标签输出<br/>
<c:out value="${sessionScope.username}"/>
<c:out value="${sessionScope.pwd}"/><br/>
<hr/>
```

将变量设置到 JavaBean 对象内并输出
<jsp:useBean id="stu" class="bean.userbean"/>
<%--通过<c:set>标签给 JavaBean 对象的 name 属性设值--%>
<c:set value="Bob" target="${stu}" property="name"/>
<%--输出 JavaBean 对象的属性值--%>
姓名:<c:out value="${stu.name}"/>

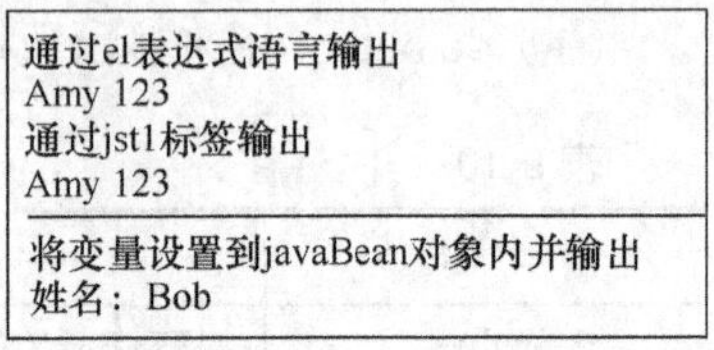

```
通过el表达式语言输出
Amy 123
通过jst1标签输出
Amy 123
将变量设置到javaBean对象内并输出
姓名：Bob
```

图 9-16 【例 9-15】运行结果

运行结果为:

（3）<c:remove>：移除变量，表 9-12 为它的常用属性与说明。

表 9-12　　　　　　　　　　　　　　<c:remove>属性列表

名称	说明
var	欲移出的变量名称
scope	可选，var 变量的 JSP 范围，默认为 page

（4）<c:catch>：用于捕获异常。常用属性 var 用来储存错误信息的变量。

（5）<c:if>：进行 if 判断，如果为 true 则输出标签体中的内容，表 9-13 为它的常用属性与说明。

表 9-13　　　　　　　　　　　　　　<c:if>属性列表

名称	说明
test	如果表达式的结果为 true，则执行体内容，false 则相反
var	可选，用来存储 test 运算的结果(true 或 false)
scope	可选，var 变量的 JSP 范围，默认为 page

（6）<c:choose>,<c:when>,<c:otherwise>：相当于条件语句 if...else...。常用属性 test 判断表达式结果，为 true 则执行本体内容，false 则相反。

（7）<c:forEach>：循环控制，可以将数组集合中的成员依此遍历，表 9-14 为它的常用属性与说明。

表 9-14　　　　　　　　　　　　　　<c:forEach>属性列表

名称	说明
var	可选，用来存放现在指定的成员
items	可选，被迭代的集合对象
varStatus	可选，用来存放现在指的相关成员信息
begin	可选，开始的位置，默认为 0
end	可选，结束的位置，默认为最后一个成员
step	可选，每次迭代的间隔数，默认为 1

【例 9-16】使用核心标签库<c:forEach>输出数组数据。

```
<%@ page contentType="text/html;charset=gbk"%>
<%@ taglib uri="http://java.sun.com/jstl/core_rt" prefix="c"%>
<%@ page import="java.util.*,net.pcedu.core.UserInfo" %>
    <%--将javabean对象存放到集合中--%>
    <%
        ArrayList users=new ArrayList();
```

```
        for(int i=0;i<5;i++)  {
            userbean u=new userbean();
            u.setName("Cindy-"+i);
            u.setPassword("00"+i);
            users.add(u);
            session.setAttribute("users",users);
    }
%>
<%--通过<c:forEach>迭代出集合中的信息>--%>
用户信息<br/>
<table>
  <tr>
    <th>用户名</th>
    <th>密码</th>
    <th>当前行的索引</th>
    <th>已遍历的行数</th>
    <th>是否第一行</th>
    <th>是否最后一行</th>
  </tr>
  <c:forEach var="user" items="${users}" varStatus="status" begin="1" end="3" step="1">
  <tr>
    <td><c:out value="${user.name}"/></td>
    <td><c:out value="${user.password}"/></td>
    <td><c:out value="${status.index}"/></td><%--输出当前行的索引号--%>
    <td><c:out value="${status.count}"/></td><%--输出已遍历的行数--%>
    <td><c:out value="${status.first}"/></td><%--输出当前行是否是第一行--%>
    <td><c:out value="${status.last}"/></td><%--输出当前行是否是最后一行--%>
  </tr>
  </c:forEach>
</table>
```

运行结果为：

```
用户信息
用户名    密码   当前行的索引   已遍历的行数   是否第一行   是否最后一行
Cindy-1  001   1            1            true        false
Cindy-2  002   2            2            false       false
Cindy-3  003   3            3            false       true
```

图 9-17 【例 9-16】运行结果

（8）<c:forTokens>将字符串以指定的一个或多个字符分割开来，表 9-15 为它的常用属性与说明。

表 9-15   <c:forTokens>属性列表

名称	说明	必须	默认值
var	用来存放现在的成员	否	无
items	被迭代的字符串	是	无
delims	定义用来分割字符串的字符	是	无
varStatus	用来存放现在指定的相关成员信息	否	无

续表

名称	说明	必须	默认值
Begin	开始位置	否	0
end	结束位置	否	最后一个成员
step	每次迭代的间隔数	否	1

（9）<c:import>：把其他静态或动态文件包含至本身 JSP 网页，表 9-16 为它的常用属性与说明。

表 9-16 <c:import>属性列表

名称	说明
url	文件被包含的地址
context	可选，相同容器下，其他 Web 必须以"/"开头
var	可选，储存被包含文件的内容
scope	可选，var 变量的 JSP 范围，默认为 page
charEncoding	可选，被包含文件内容的编码格式
varReader	可选，储存被包含的文件的内容

<c:import>与<jsp:include>的区别是，<jsp:include>只能包含和自己同一个 Web 应用程序下的文件；<c:import>除了能包含和自己同一个 Web 应用程序的文件外，还可以包含不同 Web 应程序或者是其他网站的文件。

（10）<c:url>:用来产生一个 URL，表 9-17 为它的常用属性与说明。

表 9-17 <c:url>属性列表

名称	说明
value	执行的 URL
context	可选，相同容器下，必须以"/"开头
var	可选，储存被包含文件的内容
scope	可选，var 变量的 JSP 范围，默认为 page

（11）<c:redirect>:将客户端的请求从一个 JSP 网页导向到其他文件，常用属性 url 存储导向的目标地址。

9.4.5 SQL 标签库

SQL 标签库提供对数据库的操作，包括连接数据库，查询，修改，事务等。只需提供相应属性值，即可完成对数据库的相关操作，比 JSP Scriptlet 操作数据库简单。使用 SQL 标签库需引入下列指令：

```
<%@ page contentType="text/html; charset=GBK" %>
<%@ taglib prefix="c" %>
<%@ taglib prefix="sql" %>
```

下面介绍运用 SQL 标签库进行数据库的常用操作。

（1）连接数据库（以 MySQL 为例）

JSTL 的 SQL 标签所有的操作都是通过 data source，也就是基于 javax.sql.DataSource 接口获

取数据库连接。通过<sql:setDataSource />标签获取 javax.sql.DataSource 对象：

```
<sql:setDataSource var="example" driver="com.mysql.jdbc.Driver"
url="jdbc:mysql://127.0.0.1:3306/test"
user="root" password="" [scope="request"]/>
```

（2）<sql:query> 标签：用于数据库查询，标签体内可以是一个查询 SQL 语句，结果为 javax.servlet.jsp.jstl.sql.Result 类型的实例。例如：

```
使用<sql:query> 标签启动查询,将结果保存到变量"queryResults"中
<sql:query var="queryResults" dataSource="${dataSrc}">
    select * from table1
</sql:query>
```

要取得结果集中的数据可使用 <c:forEach> 循环实现：

```
<c:forEach var="row" items="${queryResults.rows}">
  <tr>
      <td>${row.userName}</td>
      <td>${row.passWord}</td>
  </tr>
</c:forEach>
```

（3）<sql:update>标签：用于更新数据库，标签体内可以是一句更新的 SQL 语句。例如：

```
<sql:update sql="INSERT INTO user(username,pwd) VALUES('aa','123456')"/>
```

（4）<sql:transaction>标签：用于事务处理，标签体内可以使用 <sql:update> 和 <sql:query> 标签。例如：

```
<sql:transaction>
    <sql:update sql="INSERT INTO user(username,pwd) VALUES('aa','123456')"/>
    <sql:update sql="DELETE user WHERE username='bb'"/>
</sql:transaction>
```

（5）<sql:param>、<sql:dateParam>标签：用于向 SQL 语句提供参数，用于向 SQL 语句提供参数，类似于程序中预处理 SQL 的 "?"。<sql:param>标签传递除 java.util.Date 类型以外的所有相容参数，<sql:dateParam> 标签则指定必须传递 java.util.Date 类型的参数。例如：

```
<sql:query var="queryResults" dataSource="${dataSrc}">
    select * from user where username=?
    <sql:param value="${param.username}"/>
</sql:query>
```

【例 9-17】使用核心标签库通过数据源来连接数据库，输出数据。

步骤一：配置上下文中的<Resource>(test.xml)

```
<Context docBase="G:\jstlPro\WebRoot" path="/test" reloadable="true">
<Resource
name="jdbc/mydb"
auth="Container"
type="javax.sql.DataSource"
maxActive="100"
maxIdle="30"
maxWait="10000"
username="root"
password="admin"
driverClassName="com.mysql.jdbc.Driver"
url="jdbc:mysql://localhost:3306/mydb"
```

```
    />
</Context>
```

步骤二：编写 DbHelper.java 来进行连接

```java
package net.pcedu.util;
import java.sql.Connection;
import java.sql.ResultSet;
import java.sql.SQLException;
import java.sql.Statement;
import javax.naming.Context;
import javax.naming.InitialContext;
import javax.naming.NamingException;
import javax.sql.DataSource;
public class DbHelper{
    DataSource ds;
    Connection conn;
    Statement stmt;
    ResultSet rs;
    public DataSource getDataSource(){
        //定义一个 Context 接口类型的变量
        Context context;
        try{
            //通过 InitialContext(实现了 Context 接口的类)来实例化一个 Context 类型对象
            context=new InitialContext();
            //通过字符串名字查找到数据源对象
            ds=(DataSource)context.lookup("java:comp/env/jdbc/mydb");
        } catch (NamingException e){
            e.printStackTrace();
        }
        return ds;
    }
    public Connection getConnection(){
        if(ds==null)
        ds=getDataSource();
        try{
            //通过数据源来获得连接
            conn=ds.getConnection();
        } catch (SQLException e){
            e.printStackTrace();
        }
        return conn;
    }
    public Statement getStatement(){
        if(conn==null)
        conn=getConnection();
        try{
            //通过连接来创建一个会话
            stmt=conn.createStatement();
        } catch (SQLException e){
            e.printStackTrace();
        }
        return stmt;
    }
    public ResultSet getResultSet(String sql){
        try{
```

```
            if(stmt==null)
            //通过会话来执行sql语句,并返回结果集
                rs=stmt.executeQuery(sql);
        } catch (SQLException e){
            e.printStackTrace();
        }
        return rs;
    }
    public static void main(String[]args){
        DbHelper db=new DbHelper();
        System.out.println(db.getConnection());
    }
}
```

步骤三：在JSP页面中判断是否连接成功(index.jsp)

```
<%@ page contentType="text/html;charset=gbk"%>
<jsp:useBean class="net.pcedu.util.DbHelper" id="db"/>
<%
out.println(db.getConnection());
%>
```

本章小结

本章为JSP网络编程技术的拓展和提高部分，AJAX技术是JavaScript、XML、XMLHttpRequest等多项技术的综合运用，能够为Web开发提供异步的数据传输和交换方式，提高了应用程序的响应速度和用户的浏览体验；运用jQuery技术调用JavaScript library中的多种方法，实现JavaScript代码和HTML代码分离，便于代码的维护和修改，简化JavaScript以及AJAX编程，这个轻量级的脚本有助于提高网页加载速度和代码执行效率，其跨浏览器功能解决了不同浏览器的兼容问题。EL与JSTL标签结合使用，也可以直接在JSP页面中使用，实现JSP页面中Java脚本的功能，在标签中使用EL存取数据，有利于JSP页面上与HTML标签在形式上保持一致，突出体现JSP视图层的角色。在团队开发中，JSTL与EL的结合可以达到统一代码风格的作用，避免代码混乱。通过本章的学习，要求读者能够对目前JSP的主流高级开发技术有一个概括性的了解，并能结合开发实际探索运用这些新技术。

习题

9-1 AJAX技术是指什么？

9-2 AJAX与传统Web应用程序的工作原理有何区别？

9-3 jQuery技术的核心思想和优势是什么？

9-4 如何在JSP代码中引入jQuery库？

9-5 jQuery有哪几种选择器？

9-6 DOM的作用是什么？

9-7 EL有哪些作用和功能？

9-8 JSTL核心标签库主要包括哪些标签，各自的功能是什么？

第10章 课程设计：新闻发布系统

在当今信息化社会，新闻信息量大、类别繁多、形式多样，随着互联网快速发展，网络充当了重要的新闻媒介。新闻发布系统（News Release System）又称为内容管理系统（Content Management System），可以组织多种信息如文字、图片和影音等，将其合理有序地呈现在网页上。新闻发布系统可以提供新闻管理和发布的功能，同时能够实现与用户交互，用户可以方便地参与网站调查和相关新闻的评论。

10.1 课程设计目的

JSP网络程序开发课程设计将JSP动态网站的设计理论学习、平时练习与综合实践结合起来，锻炼学生对综合复杂系统的规划设计、系统分析与模块代码实现的系统规划和技术的综合运用能力。要求在课程设计周完成一个网络应用程序的设计与制作，达到以下目的：

1. 练习站点的规划及网页设计，掌握HTML+CSS+JavaScript等技术进行站点规划与页面开发的方法，学会制作较复杂的应用类动态网页；
2. 熟练掌握JSP、Bean、Servlet编程、面向对象的基础知识，加深对JSP技术的理解与应用；
3. 熟练掌握使用MyEclipse集成开发平台进行动态网页代码开发与调试，熟练掌握Web应用程序测试与部署的基本方法；
4. 学会分析设计一个较复杂的网络应用系统，增加网站建设与代码调试的实际经验。

10.2 用户需求

Internet的蓬勃发展使新闻的传播方式发生了巨大的变化，互联网新闻发布方式具有信息量大、内容丰富、及时快速、允许用户进行交互、具有新闻点击统计功能，以及相关信息的链接介绍与比较等多种功能，大大地方便了人们对新闻的全方位多角度获取、阅读和理解，因此新闻类网站得到迅速发展，成为新兴传媒手段。目前新闻行业大都实现了稿件编辑排版电子化，实现稿件Web传输以及页面排版自动化是完全可行的。同时，现有技术已经能够便捷地获取读者的请求和评论信息，对读者行为作出迅速及时的反应，加强新闻传播过程中的互动性，扩大新闻覆盖面，更好地发挥对新闻评论的导向作用等。

新闻发布系统是基于B/S模式的Web信息管理系统，通过用户需求的详细调查，得到新闻发布网站的功能主要应当包括新闻阅读、新闻搜索、用户注册与登录、新闻评论、管理员登录、新闻发布、新闻管理和用户管理等功能，具体内容如下：

1. 阅读新闻（新闻显示与分类）功能

任何用户均可以使用查看新闻功能。用户通过在 IE 地址栏输入网址，进入网站主页面，查看所有新闻。主页面分类显示所有新闻，新闻按发布的时间降序排序，以保证最新发布的新闻位于最前面。

每条新闻的标题被做成一个链接，用户单击它们就能跳转页面阅读详细内容；读者还可以通过各个大类和小类的各个栏目，找到自己感兴趣的主题进行新闻浏览。

2. 搜索新闻功能

在新闻查看页面上，用户可以通过新闻的标题和新闻的类别查询新闻信息。网站提供模糊搜索功能，查找包含用户输入的关键字的内容。

3. 新闻评论功能

网站提供评论功能，只有注册用户才可以登录后发表评论，回复评论。要求用户注册，既便于用户反馈信息，也便于管理员进行评论信息和发表评论的用户的管理。

4. 最新新闻显示功能

新闻最重要的特征之一是时效性，因此专门采用一个栏目显示最新发布的新闻，以便用户及时接收到最新信息。

5. 新闻点击量排行功能

新闻点击量可以从某种程度上反映网络新闻关注度，反映新闻内容的时效性和传播的广泛性。本系统提供实时新闻排行榜，显示从当前时间起各频道新闻浏览量最高的排行情况。

6. 管理员登录功能

当用户需要使用新闻管理功能时，需要先以管理员身份登录系统。当未登录用户单击系统导航栏上的新闻管理超链接时，进入管理员登录页面。

7. 发布新闻功能

管理员通过在系统导航栏上单击"发布新闻"超链接可以进入发布新闻发布。发布新闻时，需要填写新闻的标题和内容，发布时间取当前系统时间，不需要填写。

8. 新闻管理功能

当管理员登录系统后，可以进行新闻管理操作，包括对现有新闻的修改和删除。在管理页面上，用户可通过单击每条记录右侧的"编辑"和"删除"超链接来进行操作。当管理员的本次维护工作结束后，可通过单击"管理员退出"超链接来注销管理员身份。

9. 用户管理功能

网站管理员可以对注册用户进行管理，如允许用户注册并将用户信息写入数据库，接收用户自己修改信息，删除发表不符合法律规定规范的评论的非法用户等。

10. 其他功能

设置网站说明、与管理员联系方式以及与其他网站的友情链接等辅助功能。

10.3 网站总体设计

10.3.1 项目规划

本系统采用 B/S 模式，无需安装客户端，只需计算机能够连接到因特网即可进行操作。

项目开发工具采用 MyEclipse，MyEclipse 是企业级工作平台，利用这个平台可以在数据库和 JavaEE 的开发、发布以及应用程序服务器的整合方面极大地提高工作效率。

图 10-1 所示为本系统的开发模式，采用 JSP+JavaBean+Servlet 开发技术，在结构设计上采用 MVC 设计模式，这种开发模式在技术上具有简单易用、完全面向对象和平台无关性且安全可靠，将业务处理与显示分离，将应用分为模型、视图以及控制层，减少复杂度，增加可拓展性和个性化等优点。

数据库采用 MySQL，支持多种操作系统，并为多重编程语言提供了 API，实现跨平台应用，可移植性强；具有优化的 SQL 查询算法，执行效率高；实现数据安全、稳定、快速和完整保证。

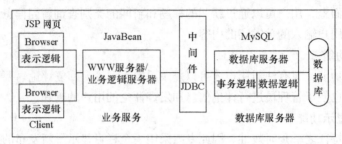

图 10-1　系统开发模式图

10.3.2　用户角色分析与用例描述

为了满足不同用户需求，系统将用户分为 3 类，即普通用户、注册用户和系统管理员。

普通用户的权限包括：访问新闻发布系统，查看新闻，根据新闻标题或内容查询新闻。普通用户可以通过注册成为注册用户。

注册用户除了拥有普通用户权限外，还能够进入登录界面，修改个人信息和密码；登录成功后，可以发布新闻评论。

系统管理员管理整个新闻发布系统，管理员拥有普通和注册用户权限，同时还拥有新闻分类管理（添加分类、修改分类和删除分类）、新闻信息管理（添加新闻、修改新闻和删除新闻）、新闻评论管理（添加评论、删除评论）和用户管理(添加用户、删除用户)权限，能完成对本系统的各项常规管理。

图 10-2 所示是 3 类用户的用例描述。

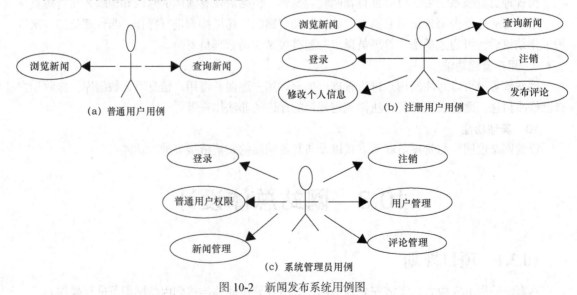

图 10-2　新闻发布系统用例图

10.3.3 系统软硬件环境需求

1. 硬件环境

- 处理器：Inte1Peteum
- 内存：32MB 或更高
- 硬盘空间：2GB 或以上

2. 软件环境

- 操作系统：Windows XP/2000/Win7
- Web 服务器：Tomcat6.0 或以上版本
- 开发语言：JSP、Java(JDK1.7 以上版本)
- 开发平台：MyEclipse
- 数据库：MySQL5.5 或以上版本
- 客户端：IE 6.0 或以上版本

10.3.4 系统功能结构图

新闻发布系统是一个具有综合功能的新闻类网站，梳理 10.2 小节所列举的用户需求，将该网站功能划分为前台功能和后台功能两大部分。前台功能主要包括用户对新闻的浏览、查询、用户注册登录、发布评论等功能，后台功能则主要包括管理员的登录、对新闻的管理（添加删除修改）、对评论的管理（添加删除修改）和对登录用户的管理（添加删除修改）、新闻点击量统计等功能。

1. 前台部分

前台功能模块主要包括新闻分类显示、新闻信息显示、最新新闻显示、最受关注新闻显示、新闻查询、友情链接、用户登录和注册。新闻发布系统前台功能结构如图 10-3 所示。

2. 后台部分

后台管理模块主要包括后台总管理员设置及密码修改、添加管理员、管理员信息设置、新闻类型管理、新闻详细类型管理、新闻信息管理、新闻评论管理、链接管理。通过对管理员设置、管理员管理和注册用户管理等模块对网站使用者进行管理，保证网站的安全性。后台功能结构如图 10-4 所示。

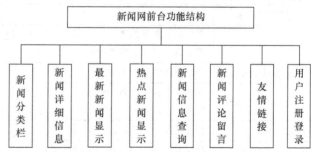

图 10-3 新闻发布系统前台功能结构图

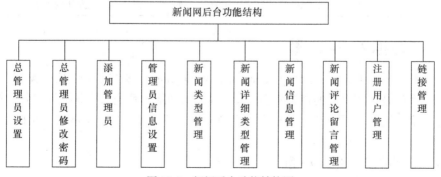

图 10-4 新闻后台功能结构图

图 10-5 所示为前后台新闻功能模块的关系。请读者自行画出用户信息管理功能的前后台关系图。

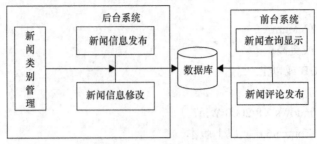

图 10-5 前后台模块关系图

10.4 数据库设计

数据库在一个信息管理系统中占有非常重要的地位，数据设计的优劣将直接对应用系统的效率以及实现的效果产生影响。合理的数据库结构设计可以提高数据存取效率，保证数据完整性和一致性，从而有利于程序的实现。

在仔细分析和调查系统的基础上，针对新闻管理发布系统的需求，通过对管理新闻发布过程的分析，本系统采用 MySQL 进行后台数据库设计，根据需求分析和功能结构图，设计了 7 个数据表，表 10-1 显示了每个表的名称和功能说明。

表 10-1　　　　　　　　　新闻发布系统的各个数据表功能说明

数据表名称	功能
yydk_news	存储每条新闻的各个组成部分的信息，包括新闻编号、新闻标题、新闻发布时间、新闻来源、修改时间、修改审核者等
yydk_newsDetail	存储新闻的详细内容
yydk_newsReview	存储新闻评论的各个组成部分的信息，包括评论编号、评论者注册用户名、评论者电子邮件地址、评论者的博客地址、评论内容、评论提交时间等
yydk_type	存储新闻类型信息，包括类型的编号、类型名称和类型说明等
yydk_keyword	存储关键词信息，包括关键词编号、关键词内容等
yydk_user	存储注册用户信息，包括注册用户编号、用户账号、用户姓名、用户的电子邮件地址、手机号码、QQ 等
yydk_log	存储网站运行日志信息，包括操作编号、操作者、操作类型和操作内容等

10.4.1 数据库 E-R 图

E-R 图也称实体—联系图（Entity Relationship Diagram），提供了表示实体类型、属性和联系的方法，用来描述现实世界的概念模型。根据前面的功能和系统结构分析可划分出新闻信息、新闻内容、新闻评论、新闻类别、关键字、用户和日志等实体，各个实体的 E-R 模型如图 10-6 所示。

多个实体之间的关系如图 10-7 所示。

第 10 章 课程设计：新闻发布系统

（a）新闻信息实体的 E-R 模型

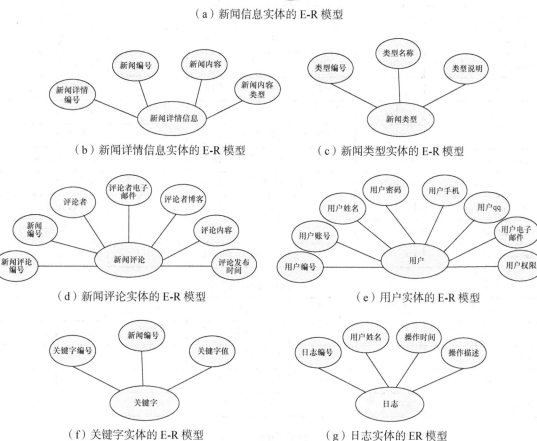

（b）新闻详情信息实体的 E-R 模型　　（c）新闻类型实体的 E-R 模型

（d）新闻评论实体的 E-R 模型　　（e）用户实体的 E-R 模型

（f）关键字实体的 E-R 模型　　（g）日志实体的 ER 模型

图 10-6　各个实体 E-R 模型

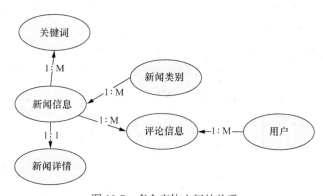

图 10-7　多个实体之间的关系

255

10.4.2 数据表的结构

为了方便进行数据库之间的迁移，数据库和所有数据表的建立和操作均采用 SQL 语句。各个数据库表结构见表 10-2～表 10-8。

表 10-2　　　　　　　　　　yydk_news 表结构

字段名	数据类型	长度	是否为空	是否主键	描述
news_id	int	11	NOT NULL	YES	新闻 id
type_id	int	11	NOT NULL		类型 id
emphsis_id	int	11	DEFAULT NULL		关键词 id
news_title	varchar	200	DEFAULT NULL		新闻标题
news_hits	int	11	DEFAULT NULL		新闻点击量
news_source	varchar	100	DEFAULT NULL		新闻来源
news_author	varchar	100	DEFAULT NULL		新闻作者
news_time	datetime	DEFAULT	DEFAULT NULL		新闻发布时间
news_modify_time	datetime	DEFAULT	DEFAULT NULL		新闻修改时间
news_modify_person	int	11	DEFAULT NULL		新闻修改者
news_check	int	11	DEFAULT NULL		新闻审核标记
news_checker	int	11	DEFAULT NULL		新闻审核者

表 10-3　　　　　　　　　yydk_newsDetail 表结构

字段名	数据类型	长度	是否为空	是否主键	描述
news_detail_id	int	11	NOT NULL	YES	新闻详情 id
news_id	int	11	DEFAULT NULL		新闻 id
news_content	varchar	1000	DEFAULT NULL		新闻内容
news_content_type	varchar	20	DEFAULT NULL		新闻内容类型

表 10-4　　　　　　　　　　yydk_type 表结构

字段名	数据类型	长度	是否为空	是否主键	描述
type_id	int	11	NOT NULL	YES	
type_caption	char	30	DEFAULT NULL		
type_info	char	100	DEFAULT NULL		

表 10-5　　　　　　　　　　yydk_review 表结构

字段名	数据类型	长度	是否为空	是否主键	描述
review_id	int	11	NOT NULL	YES	
news_id	int	11	DEFAULT NULL		
reviewer	varchar	100	DEFAULT NULL		
reviewer_email	varchar	100	DEFAULT NULL		

续表

字段名	数据类型	长度	是否为空	是否主键	描述
reviewer_blog	varchar	100	DEFAULT NULL		
review_content	text	1000	DEFAULT NULL		
review_time	datetime	DEFAULT	DEFAULT NULL		

表 10-6　　　　　　　　　　　　　yydk_user 表结构

字段名	数据类型	长度	是否为空	是否主键	描述
user_id	int	11	NOT NULL	YES	
user_account	varchar	30	DEFAULT NULL		
user_name	varchar	30	DEFAULT NULL		
user_password	varchar	60	DEFAULT		
user_email	varchar	60	DEFAULT		
user_mobile	varchar	20	DEFAULT		
user_qq	varchar	10	DEFAULT		
user_privilege	int	11	DEFAULT		

表 10-7　　　　　　　　　　　　　yydk_keyword 表结构

字段名	数据类型	长度	是否为空	是否主键	描述
keyword_id	int	11	NOT NULL	YES	
news_id	int	11	DEFAULT NULL		
keyword_value	char	50	DEFAULT NULL		

表 10-8　　　　　　　　　　　　　yydk_log 表结构

字段名	数据类型	长度	是否为空	是否主键	描述
logrecord_id	int	11	NOT NULL	YES	
user_name	char	10	DEFAULT NULL		
operation_time	datetime	.	DEFAULT NULL		
logrecord_operation	char	100	DEFAULT NULL		

以 yydk_news 表为例，创建表和向表中加入数据的核心代码如下：

```
-- ----------------------------
-- Table structure for 'yydk_news'
-- ----------------------------
DROP TABLE IF EXISTS 'yydk_news';
CREATE TABLE 'yydk_news' (
  'news_id' int(11) NOT NULL AUTO_INCREMENT,
  'type_id' int(11) NOT NULL,
  'emphsis_id' int(11) NOT NULL,
  'news_title' varchar(200) DEFAULT NULL,
  'news_hits' int(11) DEFAULT NULL,
  'news_source' varchar(100) DEFAULT NULL,
  'news_author' varchar(100) DEFAULT NULL,
  'news_time' datetime DEFAULT NULL,
  'news_modify_time' datetime DEFAULT NULL,
```

```
    'news_modify_person' int(11) DEFAULT NULL,
    'news_check' int(11) DEFAULT NULL,
    'news_checker' int(11) DEFAULT NULL,
    PRIMARY KEY ('news_id')
) ENGINE=InnoDB AUTO_INCREMENT=21 DEFAULT CHARSET=utf8;

-- ----------------------------
-- Records of yydk_news
-- ----------------------------
INSERT INTO 'yydk_news' VALUES ('1', '1', '1', '青海超限超载车辆禁止进高速 无违章可优惠通行费', '10', '中国新闻网', null, '2014-02-21 21:58:59', '2014-03-18 22:49:59', '1', '1', '1');
INSERT INTO 'yydk_news' VALUES ('2', '1', '2', '锡城"面包新语"未见产品下架', '4', '中国新闻网', null, '2014-03-18 22:49:59', '2014-03-18 22:49:59', '1', '1', '1');
INSERT INTO 'yydk_news' VALUES ('3', '1', '1', '东莞"铁腕治污"将环保考核列干部政绩重要依据', '5', '中国新闻网', null, '2014-03-18 08:49:59', '2014-03-18 22:49:59', '1', '1', '1');
INSERT INTO 'yydk_news' VALUES ('4', '1', '1', '北京：公务接待后须填"花销清单"', '1', '中国新闻网', null, '2014-03-18 08:49:59', '2014-03-18 22:49:59', '1', '1', '1');
INSERT INTO 'yydk_news' VALUES ('5', '2', '1', '马航MH370失踪会是一盘大棋吗？', '1', '中国新闻网', null, '2014-03-18 08:49:59', '2014-03-18 22:49:59', '1', '1', '1');
INSERT INTO 'yydk_news' VALUES ('7', '2', '2', '普京藐视西方制裁，签署命令将克里米亚纳入俄罗斯', '3', '中国新闻网', null, '2014-03-18 08:49:59', '2014-03-18 22:49:59', null, null, null);
INSERT INTO 'yydk_news' VALUES ('8', '2', '1', '韩俄举行高官会议 商讨罗津至哈桑铁路项目事宜', '1', '中国新闻网', null, '2014-03-18 06:49:59', '2014-03-18 22:49:59', null, null, null);
INSERT INTO 'yydk_news' VALUES ('9', '3', '1', '曝曼联高层有意解雇莫耶斯 未来三场定其命运', '16', '中国新闻网', null, '2014-03-18 07:49:59', '2014-03-18 22:49:59', null, null, null);
INSERT INTO 'yydk_news' VALUES ('10', '3', '1', '曝德罗巴最快今夏回切尔西 免费加盟帮穆帅过渡', '11', '中国新闻网', null, '2014-03-18 08:49:59', '2014-03-18 22:49:59', null, null, null);
INSERT INTO 'yydk_news' VALUES ('11', '3', '1', '曝囧叔报国无门或执教希腊 马队炮轰米兰已被毁', '13', '中国新闻网', null, '2014-03-18 08:49:59', '2014-03-18 22:49:59', null, null, null);
INSERT INTO 'yydk_news' VALUES ('12', '4', '1', '日本要求中国核裁军 欲牵制中国核战斗力增长', '41', '中国新闻网', null, '2014-03-18 08:49:59', '2014-03-18 22:49:59', null, null, null);
INSERT INTO 'yydk_news' VALUES ('13', '4', '1', '金正恩指导朝空军飞行训练 称建"天上的敢死队"', '23', '中国新闻网', null, '2014-03-18 12:49:59', '2014-03-18 22:49:59', null, null, null);
INSERT INTO 'yydk_news' VALUES ('14', '4', '1', '马航怀疑有一特殊中国乘客 或已飞美军基地', '12', '中国新闻网', null, '2014-03-18 12:49:59', '2014-03-18 22:49:59', null, null, null);
INSERT INTO 'yydk_news' VALUES ('15', '5', '1', '中国智能硬件开发板玩家大盘点', '11', '中国新闻网', null, '2014-03-18 21:49:59', '2014-03-18 22:49:59', null, null, null);
INSERT INTO 'yydk_news' VALUES ('16', '5', '1', '智能家居入口开战 平台化成关键点', '2', '中国新闻网', null, '2014-03-18 20:49:59', '2014-03-18 22:49:59', null, null, null);
INSERT INTO 'yydk_news' VALUES ('17', '5', '1', 'Home Try-On模式在中国能否成功？', '2', '中国新闻网', null, '2014-03-18 20:40:59', '2014-03-18 22:49:59', null, null, null);
INSERT INTO 'yydk_news' VALUES ('18', '6', '1', '8旬老人火车站扶梯上摔倒 4个小伙冲去扶起', '2', '中国新闻网', null, '2014-03-18 20:49:59', '2014-03-18 22:49:59', null, null, null);
INSERT INTO 'yydk_news' VALUES ('19', '6', '1', '珠海年内将建立司机、乘客黑名单', '22', '中国新闻网', null, '2014-03-18 12:49:59', '2014-03-18 22:49:59', null, null, null);
INSERT INTO 'yydk_news' VALUES ('20', '6', '1', '沈阳老人义务护鸟数十年 买不起一部手机', '14', '中国新闻网', null, '2014-03-18 21:49:59', '2014-03-18 22:49:59', null, null, null);
```

10.5 系统文件架构

本网站系统包含多种类型的文件：代码文件、资源文件、库文件等。完成开发后系统文件组成架构如图 10-8 所示。

本系统所有发布的文件都位于"document root"（文档根）目录下，可以用 J2EE SDK 提供的工具将整个程序打包为一个.war（Web Application aRchive）文件，即 Web 应用程序的一种压缩文件格式。

图 10-8 网站系统文件架构

- src 目录下放置 Java 代码文件，分为 bean 和 servlet 两个子目录，分别存放 JavaBean 的多个类文件和用于操作控制的多个 servlet 文件。
- /WEB-INF 展开后包括三个部分。

/web.xml：web.xml 文件用于配置 Web 程序，它被称为 Web 应用程序部署描述器（Web Application Deployment Desicription），是一个用来描述 Servlet 和其他 Web 应用程序组成部分以及它们的初始参数等属性的 XML 文档。

/classes：这个子目录用于存储所有 Java 类文件和相关资源文件，如图片、语言信息等。这些类文件可以是 servlet，或者是普通的 Java 类。如果一个类文件属于某个包（package），则需要将整个目录层次结构放置于 classes 目录下。

/lib：该子目录用于存放 Web 应用程序所需的所有库文件，这些库文件是以压缩的.jar 文件格式存储的，它包含所有 Web 应用程序所需的类文件和相应的资源文件。比如，一个电子商务应用需要访问设计，就需要将要使用的 JDBC 驱动程序库文件都放置于 lib 目录下。

- *.jsp,*.html 等静态和动态（主要是 JSP）页面文件以及其他所有对于客户浏览器可以见的文件（包括图片，脚本文件 Javascript，样式表文件等）都放置在根目录下。本系统较为复杂，在根目录下建立多级目录层次结构，分为 css（存放 css 格式控制文件）、images（存放图片文件）和 js（存放支持 jQuery 的包库文件），分类存放各种资源，既方便灵活又保持清晰结构，便于开发调试移植和交流。

10.6 系统前台模块代码实现

10.6.1 公共类的编写

在一个 JSP 项目文件里，经常会在不同的地方进行相同的处理，为了避免重复编码，建议将这些处理封装到类中，在使用时直接调用，这样的类就是公共类。在本系统开发中，主要用到 3 种公共类，分别是数据库连接与操作类、字符编码处理类和字符串转换类。

1. 数据库连接与操作类

该类主要是对数据库的操作，如连接、关闭数据库及执行 SQL 语句操作数据库。每一种操作对应一个方法，如 getCon()方法用来获取数据库连接，close()方法用来关闭数据库连接，而对数据库的增、删、改、查等操作也都需要在相应的方法中实现。下面介绍数据库连接与操作类的创建过程。

（1）导入所需的类包。代码如下：

```
import java.sql.Connection;
import java.sql.DriverManager;
```

（2）声明类的属性并赋值。代码如下：

```
public class conndb{
private Connection cn=null;
```

（3）覆盖默认构造方法，在该方法中实现数据库驱动的加载。这样，当通过 new 操作符实例化一个 conndb 类的同时，就会加载数据库驱动。代码如下：

```
public conndb(){    //构造方法
    try{        //必须使用try-catch语句捕获加载数据库驱动时可能发生的异常
     Class.forName(className);     //加载数据库驱动
    }catch(ClassNotFoundException e){    //捕获 ClassNotFoundException 异常
     System.out.println("加载数据库驱动失败！");
    e.printStackTrace();        //输出异常信息
  }
 }
```

（4）创建获取数据库连接的方法 getcon ()，方法中使用 DriverManager 类的 getConnection() 静态方法获取一个 Connection 类实例。代码如下：

```
public Connection getcon(){
    try{
        String url="jdbc:mysql://localhost:3306/yydknews";
        Class.forName("com.mysql.jdbc.Driver");
        String userName ="root";
        String password="";
        cn =DriverManager.getConnection(url,userName,password);
        if(cn==null)
        JOptionPane.showMessageDialog(null, "数据库连接不成功！");
    } catch (Exception e) {
        // TODO Auto-generated catch block
        e.printStackTrace();
```

```
        }
        return cn;
    }
}
```

创建用于数据库操作的 newsOperation 类，其中包括 close()方法，用于在使用数据库结束后及时关闭数据库连接，以减少资源占用和指针悬挂。

```
public class newsOperation{
    private PreparedStatement ps;
    private ResultSet rs;
    private Connection con=null;
    public void close(){
        try{
            if(ps!=null){
                ps.close();
                ps=null;
            }
            if(rs!=null){
                rs.close();
                rs=null;
            }
            if(con!=null){
                con.close();
                con=null;
            }
        }catch(Exception e){
            e.printStackTrace();
        }
    }
}
```

2. 创建字符串处理类

字符串处理类 codeExchange 用来处理程序中关于字符串的中文编码转换、特殊字符转换、数值与文本字符串之间的转换问题。

（1）创建中文编码转换方法，Tomcat 中对于 post 方法提交的表单采用的默认编码为 ISO-8859-1，而这种编码格式不支持中文字符。对于这个问题可以采用转换编码格式的方法来解决，将默认的 ISO-8859-1 转换为 utf-8。代码如下：

```
public class codeExchange{
    public static String chinese(String str){
        if(str==null)  str="";
        try{
            str=new String(str.getBytes("ISO-8859-1"),"utf-8");  //转换编码格式
```
的关键，先从 ISO-8859-1 格式的字符串中取出字节内容，然后用 GB2312 的编码格式构造一个新的字符串
```
        }catch(Exception e){
            str="";
            e.printStackTrace();
        }
        return str;
    }
```

（2）创建特殊字符转换方法 specilSymbol()，将某些特殊文本字符转换成 HTML 格式，代码如下：

```
    public static String specilSymbol(String str){
```

```
        str=str.replace("&", "&amp;");
        str=str.replace("<", "&lt;");
        str=str.replace(">", "&gt;");
        str=str.replace("'", "&quot;");
        str=str.replace("\0x0d", "<br>");
        return str;
    }
}
```

（3）创建将 String 类型转换为 int 型的 strtoint()方法，通过调用 Integer 类的 parseInt()方法实现，代码如下：

```
public static int strtoint(String str){
    if(str==null||str.equals("")){
        str="0";
    }
    int i=0;
    try{
        i=Integer.parseInt(str);   //实现 String 类型转换为 int 型
    }catch(Exception e){
        i=0;
        e.printStackTrace();
    }
    return i;
}
```

10.6.2　前台主页面设计与代码实现

页面是用户与程序进行交互的接口，用户从页面中查看程序显示给用户的信息，程序可从页面中获取用户输入的数据，在进行页面的设计时要考虑到页面布局的美观和用户的使用感受。本系统的前台页面充分考虑到这些因素，所有页面都采用统一的框架，二分栏结构，分为 4 个区域，即页头、主干内容显示区、侧栏和页尾。前台首页运行效果如图 10-9 所示。

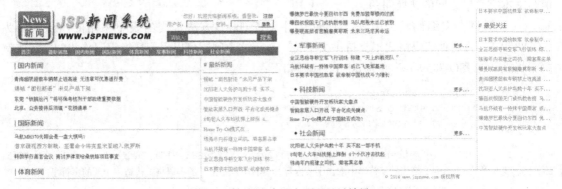

图 10-9　新闻发布网主页面显示效果

实现前台页面框架的 JSP 文件为 index.jsp，该页面的布局如图 10-10 所示。

本系统中，对前台用户所有请求的响应都通过该框架页面进行显示。在 index.jsp 文件中可以采用 include 动作和 include 指令来包含各区域所对应的 JSP 文件。页头、页尾的主体部分是保持不变的，可在框架页面中事先指定；内容显示区中的内容（主干和侧栏）则根据用户的操作和更新的数据库信息来实时显示，是动态改变的，采用 DIV 元素与 AJAX 技术联合实现动态加载，简化页面编码。

图 10-10　前台主页面布局结构

前台主页面 index.jsp 的核心代码如下：

```
<script src="js/jquery-1.8.2.min.js"></script>
<link rel="stylesheet" type="text/css" href="css/yydk.css">
<script type="text/javascript"><!--
    $(document).ready(function(){
        $("#header").html($.ajax({url:"header_search.jsp",async:false}). responseText);
//主页面头部
        $("#footer").html($.ajax({url:"footer.jsp",async:false}).responseText);
//主页面尾部
        $("#content_left").html($.ajax({url:"getFirstPage",async:false}).responseText);
//主页面主干部（新闻分类列表）
        $("#content_right").html($.ajax({url:"getLatestFavouriteNews",async:false}).responseText);
    });  //主页面侧栏（最新新闻列表和点击量最高新闻列表）
    //显示新闻详细内容的函数
    function getnewsdetailInfo(newsid){
        $.ajax({
            type: "post",
            url: "getNewsDetail",
            //dataType:'json',
            data:"newsid="+newsid,
            success: function(data){
                //alert(data);
                $("#td_right").css('width','0');
                $("#td_right").css('border','none');
                $("#td_left").css('width','100%');
                $("#content_right").css('width','0');
                $("#content_left").css('width','100%');
                $('#content_right').html("");
                $('#content_left').html(data);
            }
        });
    }
    //添加评论的函数
    function review_add(id){
        var netname="";
        var reviewemail="";
        var reviewcontent="";
        if($('#netname').val()!=null)
            netname=$('#netname').val();
        if($('#reviewemail').val()!=null)
```

```
                    reviewemail=$('#reviewemail').val();
                if($('#reviewcontent').val()!=null)
                    reviewcontent=$('#reviewcontent').val();
                $.ajax({
                    type: "post",
                    url: "reviewAdd",
                    //dataType:'json',
        data:"newsid="+id+"&netname="+netname+"&reviewemail="+reviewemail+"&reviewcontent=
"+reviewcontent,             success: function(data){
                        //alert(data);
                        $('#review').html(data);
                    }
                });
            }
            //用户注销函数
            function logout(){
                $.ajax({
                    type: "post",
                    url: "logout",
                });
                $("#header").html($.ajax({url:"header_search.jsp",async:false}).responseText);
            }
    </script>
  </head>
  <body>
    <div id="mframe">
      <div id="header"></div>
      <div id="content">
        <table width=100%>
          <tr>
            <td width=70% id="td_left" valign="top"><div id="content_left" style="text-align:
left; padding:10px 5px 5px 10px;border-right:0px dotted gray;"></div></td>
            <td width=30% id="td_right" valign="top" style="border-left:1px dashed gray;">
<div id="content_right" style=" vertical-align:top;padding:10px 5px 5px 5px;text-align:
left;"></div></td>
          </tr>
        </table>
      </div>
      <div id="footer"></div>
    </div>
  </body>
</html>
```

其中，格式控制信息存储在 yydk.css 文件中，核心代码如下：

```
body{
    text-align:center;
    margin:0 auto;
}
a:link,a:visited{
    font-family:微软雅黑;
    font-size:1em;
    color:blue;
    text-align:center;
    padding:2px;
    text-decoration:none;
```

```
#header{
    width:100%;
    margin:0;
    padding:0;
}
#content{
    width:100%;
    margin:0 auto;
    background:white;
}
#footer{
```

```css
}
a:hover,a:active{
    text-decoration:underline;
}
.hreftype:hover{
    text-decoration:underline;
    cursor:pointer;
}
.nav{
    font-family:微软雅黑;
    color:white;
    text-align:center;
    padding:2px;
    text-decoration:none;
}
.nav:hover{
    text-decoration:underline;
    cursor:pointer;
    }
#mframe{
    width:900px;
    margin:0 auto;
    padding:0;
    border:0 solid gray;
}
    width:100%;
    margin:0;
    padding:0;
    text-align:center;
}
.buttontype{
    width:60px;
    height:26px;
}
.buttontype2{
    width:50px;
    height:24px;
    background:white;
}
.cap1{
    font-family:微软雅黑;
    font-size:0.8em;
    font-color:black;
}
```

主页面头部划分为 logo 标志显示与用户注册入口（header_search.jsp）和 footer 两部分。header_reg.jsp 的运行效果如图 10-11 所示。

图 10-11　header_search.jsp 的运行效果

header_search.jsp 的核心代码如下：

```html
<head>
  <script src="js/login.js"></script>
  <script src="js/jquery-1.8.2.min.js"></script>
  <script>
        $(document).ready(function(){
            $("#search").keyup(function(){
                var keyCode = event.keyCode;
                if(keyCode == 13){
                    $("#newsSearch").click();
                }
                else{
                var searcon=$("#search").val();
                $.ajax({
                    type: "post",
                    url: "getSearchTips",
                    //dataType:'json',
```

```
            data:"searchname="+searcon,
            success: function(data){
                $('#hint').html(data);
                    //如果有提示则显示，没有提示则不显示
                    if($('#hint').text().length>0) {
                        //获取网页滚动的left值
                        var srlLeft=getScrollLeft();
                        var LeftDiv=$("#search").offset().left;
                        var Left=srlLeft+parseInt(LeftDiv);
                        $("#hint").css("left",Left+"px");//设置列表框的left值
                        //获取网页滚动的top值
                        var srlTop=getScrollTop();
                        var TopDiv=$("#search").offset().top;
                        var Top=srlTop+parseInt(TopDiv)+24;
                        $("#hint").css("top",Top+"px");//设置列表框的top值
                        $("#hint").css("height","100px");
                        $("#hint").css("width","226px");
                        $("#hint").css("color","black");
                        $("#hint").css({"background-color":"white"});
                        $("#hint").css("position","absolute");
                        $("#hint").show();
                    }
                    else{
                        $("#hint").css('display','none');
                    }
                }
            });
        }); 
        $("#newsSearch").click(function(){
        var searcon=$("#search").val();
        $("#hint").css('display','none');
        //alert(searcon);
        $.ajax({
            type: "post",
            url: "getNewsbySearch",
            //dataType:'json',
            data:"searchname="+searcon,
            success: function(data){
                //正文两边比例调整，并将右边内容清除
                $("#td_right").css('width','0');
                $("#td_right").css('border','none');
                $("#td_left").css('width','100%');
                $("#content_left").css('width','100%');
                $("#content_right").css('width','0');
                $('#content_right').html("");

                $('#content_left').html(data);
            }
        });
    });
});
        //获取网页滚动的top值
```

```
            function getScrollTop(){
                var bodyTop = 0;
                if (typeof window.pageYOffset != 'undefined'){
                    bodyTop = window.pageYOffset;
                } else if (typeof document.compatMode != 'undefined' && document.compatMode != 
'BackCompat'){
                    bodyTop = document.documentElement.scrollTop;
                }
                else if (typeof document.body != 'undefined'){
                    bodyTop = document.body.scrollTop;
                }
                return bodyTop
            }
             //获取网页滚动的left值
            function getScrollLeft(){
                var bodyLeft = 0;
                if (typeof window.pageXOffset != 'undefined'){
                    bodyLeft = window.pageXOffset;
                } else if (typeof document.compatMode != 'undefined' && document.compatMode != 
'BackCompat'){
                    bodyLeft = document.documentElement.scrollLeft;
                }
                else if (typeof document.body != 'undefined'){
                    bodyLeft = document.body.scrollLeft;
                }
                return bodyLeft
            }
        //根据新闻id获取新闻列表
            function getlist(id){
                //将选中项的内容放置到文本框"searchname"中
                $("#search").val($("#res_"+id).text());
                //选择提示列表消失,下面两种方法都可以
                //$("#reslist").hide();
                $("#hint").css('display','none');
            }
            //根据新闻id设置新闻显示背景
            function overlist(id) {
                $("#res_"+id).css('background-color','palegreen');
            }
            //根据新闻id设置新闻列表显示背景
            function outlist(id) {
                $("#res_"+id).css('background-color','transparent');
            }
            //根据新闻id设置新闻列表显示格式
            function getNewsbyCol(id) {
                if(id==10) {
                    location.href="index.jsp";
                }else{
                    //正文两边比例调整,并将右边内容清除
                    $("#td_right").css('width','0');
                    $("#td_right").css('border','none');
                    $("#td_left").css('width','100%');
                    $("#content_left").css('width','100%');
```

```jsp
                                    $("#content_right").css('width','0');
                                    $('#content_right').html("");
        $("#content_left").html($.ajax({url:"getColumnNews",data:"IndexCol="+id,async:false}).responseText);
                }
            }
        </script>
    </head>

    <body>
    <table width=100%>
      <tr height="100px"><td width="55%">
        <a href="index.jsp"><img src="images/logo.jpg"/></a>
        </td><td style="padding:0px 10px 0px 0px;">
            <div style="width:380px;height:55px;padding:10px 20px 0px 0px;text-align:right;color:gray;line-height:160%">
                <%String username=(String)request.getSession().getAttribute("username");
                  if(username==null){
                %>
                <font color=gray> 您好！欢迎光临新闻系统，请登录。</font> <a href="userRegister.jsp" style="color:blue;">注册</a><br/>用户名：<input type="text" name="username" id="username" onkeyup="$('#hint').css('display','none');" style="width:90px;"/>  密码：<input type="password" name="password" id="password" onkeyup="$('#hint').css('display','none');PWEnter();" style="width:90px;"/><input type="button" class="buttontype2" id="login" value="登录" onclick="checkuser();" style="font-family:微软雅黑;"/>
                <%}else{%>
                    <br/>  <font color=gray><%=username %>,欢迎光临新闻系统。</font>  <a style="color:blue;" href="userRegister.jsp">注册</a>  <a class="hreftype" style="color:blue;" onclick="logout();">注销</a>
                <%}%>
            </div>
            <div id="searcharea" style="text-align:right;width:360px;height:35px;font-family:微软雅黑;color:silver;background:red;margin:10px 0px 0px 10px;padding:7px 5px 0px 5px;" >
                     请输入:
                <input type="text" id="search" autocomplete="off" style="width:226px;height:22px;font-size:1.2em;border:0 solid gray;" >
                <button id="newsSearch" style="width:60px;height:24px;border:none;color:white;font-family: 微软雅黑;font-size:1.2em;background:none;" value="搜索" >搜索</button></div>
        </td></tr>
        <tr height="26px"><td colspan="2" style="border-top:1 solid silver;" >
            <table width="100%" style="font-size:1em;font-family: 微软雅黑;background:#2f65a9;"><tr>
                <td width="3%"></td>
                <td width="10%"><a class="nav" onclick="getNewsbyCol(10);">首页</a></td>
                <td width="10%"><a class="nav" onclick="getNewsbyCol(0);">最新消息</a></td>
                <td width="10%"><a class="nav" onclick="getNewsbyCol(1);">国内新闻</a></td>
                <td width="10%"><a class="nav" onclick="getNewsbyCol(2);">国际新闻</a></td>
                <td width="10%"><a class="nav" onclick="getNewsbyCol(3);">体育新闻</a></td>
                <td width="10%"><a class="nav" onclick="getNewsbyCol(4);">军事新闻</a></td>
                <td width="10%"><a class="nav" onclick="getNewsbyCol(5);">科技新闻</a></td>
                <td width="10%"><a class="nav" onclick="getNewsbyCol(6);">社会新闻</a></td>
```

```
        <td width="15%"><a class="nav" onclick="getNewsbyCol(7);"></a></td>
        <td width="2%"></td>
      </tr></table>
    </td></tr>
  </table>
  <div id="hint" style="top:50px;left:100px;width:150px;height:150px;overflow:auto;
text-align: left;padding:2px 0 0 2px;background:white;border:1 solid gray;display:none;"> </div>
  </body>
</html>
```

页面尾部内容比较简单,核心代码如下,读者可根据开发需要运用所学习过的方法和技巧添加更多的内容:

```
<body>
<table align="center" width="100%">
  <tr height="10px"><td style="border-top:1px solid gray;">
  </td></tr>
  <tr height="10px"><td align="center" style="text-size:1.2em;color:gray;">? 2014 www.jspnews.com 版权所有
  </td></tr>
</table>
</body>
```

10.6.3　用户注册与登录模块的代码实现

当用户单击主页面上的"注册"项后,就可进入用户注册页面,根据提示完成注册,注册用户的信息将写入数据库得到保存,并可以在用户登录时取出进行判断。用户注册页面运行效果如图 10-12 所示。

图 10-12　用户注册页面的运行效果

首先创建存放用户信息的 JavaBean datatype_user,核心代码如下:

```
package bean;
public class datatype_user{
    private String user_id;
    private String user_account;
    private String user_name;
    private String user_password;
    private String user_email;
    private String user_mobile;
    private String user_qq;
    private String user_privilege;
```

```java
        public String getUser_id(){
            return user_id;
        }
        public void setUser_id(String userId){
            user_id = userId;
        }
        public String getUser_account(){
            return user_account;
        }
        public void setUser_account(String userAccount){
            user_account = userAccount;
        }
        public String getUser_name(){
            return user_name;
        }
        public void setUser_name(String userName){
            user_name = userName;
        }
        public String getUser_password(){
            return user_password;
        }
        public void setUser_password(String userPassword){
            user_password = userPassword;
        }
        public String getUser_email(){
            return user_email;
        }
        public void setUser_email(String userEmail){
            user_email = userEmail;
        }
        public String getUser_mobile(){
            return user_mobile;
        }
        public void setUser_mobile(String userMobile){
            user_mobile = userMobile;
        }
        public String getUser_qq(){
            return user_qq;
        }
        public void setUser_qq(String userQq){
            user_qq = userQq;
        }
        public String getUser_privilege(){
            return user_privilege;
        }
        public void setUser_privilege(String userPrivilege){
            user_privilege = userPrivilege;
        }
    }
```

实现用户注册功能的 userRegister.jsp 文件的核心代码如下：

```javascript
<script type="text/javascript"><!--
    var Regflag=true;
    var usermsg="";
    var passmsg="";
    var passmsg1="";
    var vericodemsg="";
    $(document).ready(function(){
        $("#header").html($.ajax({url:"header_reg.jsp",async:false}).responseText);
        $("#footer").html($.ajax({url:"footer.jsp",async:false}).responseText);
        //用户名输入事件
        $("#username").keyup(function(){
            var username=$('#username').val();
            $('#msg_reg').html("");    //清空注册错误消息
            if(username.length<5) {    //该用户名太短信息显示
                $('#usermsg').css("color","red");
                usermsg="用户名太短! ";
                $('#usermsg').html("用户名太短! ");
            }else{
                $.ajax({
                    type: "post",
                    url: "checkUser",
                    //调用servlet checkUser 查看用户表中是否存在该用户名
                    data:"username="+username,
                    success: function(data){
                        if(data == "√"){
                            $('#usermsg').css("color","blue");
                            usermsg="";
                        }
                        else{
                            $('#usermsg').css("color","red");
                            usermsg=data;
                        }
                        $('#usermsg').html(data);
                    }
                });
            }
        });
        //密码输入事件
        $("#password").keyup(function(){
            var pass=$('#password').val();
            $('#msg_reg').html("");    //清空注册错误消息
            //判断密码强度
            getPasswordSecurity(pass);
        });
        //确认密码输入事件
        $("#password1").keyup(function(){
            var pass=$('#password').val();
            var pass1=$('#password1').val();
            $('#msg_reg').html("");    //清空注册错误消息
            if(pass != pass1) {
                $('#passmsg').css("color","red");
                $('#passmsg').html("两次输入密码不同! ");
```

```
                passmsg1="两次密码不同。";
            }else    {
                $('#passmsg').css("color","blue");
                $('#passmsg').html("√");
                passmsg1="";
            }
    });
    //刷新验证码
    $("#vericoderefresh").click(function(){
        $('#img_vcode').html("<img border=0 src=\"VerifyCode.jsp\">");
        $('#vericode').val("");
        $('#msg_vericode').html("");
    });
    //验证码输入框获得焦点时显示验证码
    $("#vericode").click(function(){
        $('#yzm').show();
    });
    //验证码输入事件
    $("#vericode").keyup(function(){
        var vericode=$('#vericode').val();
        $('#msg_reg').html("");       //清空注册错误消息
        $.ajax({
            type: "post",
            url:"checkVericode",
            //调用 servlet checkVericode 判断验证码输入是否符合要求

            data:"vericode="+vericode,
            success: function(data){
                //判断验证码输入是否正确
                if(data == "√"){
                    $('#msg_vericode').css("color","blue");
                    vericodemsg="";
                }
                else{
                    $('#msg_vericode').css("color","red");
                    vericodemsg="验证码错误。";
                }
                $('#msg_vericode').html(data);
            }
        });
    });
    //注册按钮单击事件
    $("#register").click(function(){
        if(usermsg == "" && passmsg == "" && passmsg1 == "" && vericodemsg ==""){
            var username=$('#username').val();
            var password=$('#password').val();
            $.ajax({
                type: "post",
                url: "userRegister", //调用 servlet userRegister 判断用户所有的注册信息是否合法

                data:"username="+username+"&password="+password,
                success: function(data){
```

```
                               $('#content').html("<div style=\'color:red;font-family:
黑体;font-size:1.8em;margin:30px 0 5px 0;\'>恭喜你, "+data+"</div>");
                               $('#content').append("<br>");
                               $('#content').append("<a class='hreftype' href= 'index.
jsp'>点击进入新闻系统首页</a>");
                           }
                       });
                   }else{
                       $('#msg_reg').html("请修正红色错误。");
                   }
               });
               //查看新闻系统协议
               $("#protocol").click(function(){
                   var xy="1.经本站注册系统完成注册程序并通过身份认证的用户即成为正式用户,可以获得本
站规定用户所应享有的一切权限;未经认证仅享有本站规定的部分会员权限。<br>2.用户有义务保证密码和账号的安全,
用户利用该密码和账号所进行的一切活动引起的任何损失或损害,由用户自行承担全部责任,本站不承担任何责任。如
用户发现账号遭到未授权的使用或发生其他任何安全问题,应立即修改账号密码并妥善保管, 3.如有必要,请通知本站。
因黑客行为或用户的保管疏忽导致账号非法使用,本站不承担任何责任。<br>遵守中华人民共和国相关法律法规,包括
但不限于《中华人民共和国计算机信息系统安全保护条例》、《计算机软件保护条例》、《最高人民法院关于审理涉及计算
机网络著作权纠纷案件适用法律若干问题的解释(法释[2004]1号)》、《全国人大常委会关于维护互联网安全的决定》、
《互联网电子公告服务管理规定》、《互联网新闻信息服务管理规定》、《互联网著作权行政保护办法》和《信息网络传播权
保护条例》等有关计算机互联网规定和知识产权的法律和法规、实施办法。<br>4.用户对其自行发表、上传或传送的内
容负全部责任,所有用户不得在本站任何页面发布、转载、传送含有下列内容之一的信息,否则本站有权自行处理并不
通知用户<br>";
                   $('#protocolcontent').html(xy);
                   $('#protocolcontent').show();
               });
           });
           //密码强度判断
           function getPasswordSecurity(pass){
               var pattern=/^[0-9]{6,}$/;
               var passSec=0;
               $('#flagStrong1').css({"background-color":"lightblue"});
               $('#flagStrong2').css({"background-color":"lightblue"});
               $('#flagStrong3').css({"background-color":"lightblue"});
               if(verifypass(pass)) {  //如果密码长度小于6或是简单字母或数字重复或等差分布,强度为弱
                   $('#flagStrong1').css({"background-color":"red"});
                   $('#passsecmsg').css("color","red");
                   $('#passsecmsg').html(passmsg);
               }
               else if(pattern.exec(pass)) {   //如果密码是6个只包含数字,强度为中
                   $('#flagStrong1').css({"background-color":"red"});
                   $('#flagStrong2').css({"background-color":"red"});
                   $('#passsecmsg').css("color","blue");
                   $('#passsecmsg').html("√");
                   passmsg="";
               }
               else{
                   $('#flagStrong1').css({"background-color":"red"});
                   $('#flagStrong2').css({"background-color":"red"});
                   $('#flagStrong3').css({"background-color":"red"});
                   $('#passsecmsg').css("color","blue");
                   $('#passsecmsg').html("√");
```

```
                    passmsg="";
                }
            }
            //弱密码条件判断
            function verifypass(pass1){
              var len1=pass1.length;
                var cs=0;
                if(len1<6){ //密码长度小于6
                    passmsg="密码太短。";
                    return true;
                }
                if(len1>5) {
                    var gap1=pass1.substring(1,2).charCodeAt()-pass1.substring(0,1).charCodeAt();
                    var len2=len1-1;
                    var i=0;
                    alert(gap1);
                    while(i<len2) {   //密码呈简单递增或递减，或密码相同
                        if(pass1.substring(i+1,i+2).charCodeAt()-pass1.substring(i,i+1).charCodeAt()==gap1)
                            cs += 1;
                        i++;
                    }
                    var pcs=len1*2/3;
                    if(cs>pcs){
                        if(gap1==0)
                            passmsg="密码重复字符太多。";
                        else if(gap1==1 || gap1==-1)
                            passmsg="密码简单分布。";
                        return true;
                    }
                }
                return false;
            }
        </script>
    </head>

    <body>
        <div id="mframe">
          <div id="header" style="border-bottom:1px solid silver;"></div>
          <div id="content" style="margin:30px 0 0 0;">
            <table width=100% style="font-size:1em;font-family:微软雅黑;">
              <tr>
                <td width=35% height=50px align="right" valign="middle">用 户 名: </td>
                <td width=65% align="left" valign="middle"><div style="float:left;"><input type="text" id="username" style="width:240px;height:28px;"/></div>
                    <div id="usermsg" style="width:240px;height:20px;color:red;float:left;line-height:28px;vertical-align:middle;font-size:0.7em;"></div></td>
              </tr>
              <tr>
                <td height=50px align="right" valign="middle">密    码: </td>
                <td align="left" valign="middle"><div style="float:left;"><input type="password" id="password" style="width:240px;height:28px;"/></div>
                    <div id="flagStrong1" style="float:left;width:60px;height:24px;line-height:24px;text-align:center;vertical-align:middle;background-color:lightblue;margin:21px0
```

```html
2px;">弱</div>
                    <div id="flagStrong2" style="float:left;width:60px;height:24px;line-height:
24px;text-align:center;vertical-align:middle;background-color:lightblue;margin:2 1px 0
1px;">中</div>
                    <div id="flagStrong3" style="float:left;width:60px;height:24px;line-height:
24px;text-align:center;vertical-align:middle;background-color:lightblue;margin:2 0px 0
1px;">强</div>
                    <div id="passsecmsg" style="width:120px;height:20px;color:red;float:
left;line-height:28px;vertical-align:middle;font-size:0.7em;"></div>
                </td>
            </tr>
            <tr>
                <td height=50px align="right" valign="middle">密码确认：</td>
                <td align="left" valign="middle"><div style="float:left;"><input type="password"
id="password1" style="width:240px;height:25px;"/></div>
                    <div id="passmsg" style="width:240px;height:20px;color:red;float:left;font-size:
0.7em;"></div></td>
            </tr>
            <tr>
                <td height="50px" align="right" valign="middle">验 证 码：</td>
                <td align="left" valign="middle"><div style="float:left;height:40px;"><input
type="text" id="vericode" style="width:100px;height:40px;vertical-align:middle;"/></div>
                    <div id="yzm" style="float:left;width:200px;height:40px;display:none;"><div
id="img_vcode" style="float:left;"><img border=0 src="VerifyCode.jsp"></div> <a
class="hreftype" id="vericoderefresh">刷新</a>
                    <br/><div id="msg_vericode" style="font-size:0.7em;"></div></div>
                </td>
            </tr>
            <tr>
                <td height="100px" align="right" valign="bottom"></td>
                <td align="left" valign="middle"><div style="height:40px;"><input type= "button"
id="register" style="width:150px;height:40px;font-size:1em;" value="同意协议并注册"/></div>
                    <div><a style="color:blue;" id="protocol" class="hreftype">《新闻系统协议》</a></div>
                    <div id="msg_reg" style="color:red;font-size:0.7em;"></div>
                </td>
            </tr>
            <tr>
                <td height="60px" align="left" valign="middle" colspan="2">
                    <div id="protocolcontent" style="float:left;overflow:auto;margin:0 30px 0
50px;height:300px;display:none;"></div>
                </td>
            </tr>
        </table>
    </div>
    <div id="footer"></div>
</div>
</body>
```

下面分别介绍上述代码中所调用的三个 servlet 的作用和核心代码：

checkUser：//调用 servlet checkUser 查看用户表中是否存在该用户名

核心代码如下：

```
package bean;
import java.sql.Connection;
```

```java
import java.sql.PreparedStatement;
import java.sql.ResultSet;
import javax.swing.JOptionPane;

public class userCheck{
    private PreparedStatement ps;
    private ResultSet rs;
    private Connection con=null;
    public void close(){
        try{
            if(ps!=null){
                ps.close();
                ps=null;
            }
            if(rs!=null){
                rs.close();
                rs=null;
            }
            if(con!=null){
                con.close();
                con=null;
            }
        }catch(Exception e){
            e.printStackTrace();
        }
    }

    public String getUser(String un,String pswd){
        String strres="userwrong";
        try{
            con=new conndb().getcon();
            String sqlstr= "select user_account,user_password from yydk_user where user_account='"+un+"'";
            ps=con.prepareStatement(sqlstr);
            rs=ps.executeQuery();
            String pd="";
            if(rs.next()){
                strres="passwordwrong";
                pd=rs.getString("user_password").trim();
                if(pswd.equals(pd)) {
                    strres=rs.getString("user_account").trim();
                }
            }
            return strres;
        }catch(Exception e){
            e.printStackTrace();
        }finally{
            this.close();
        }
        return strres;
    }

    public String checkUser(String un){
        String strres="";
        if(!un.equals("")){
```

```java
            try{
                con=new conndb().getcon();
                String sqlstr= "select user_account from yydk_user where user_account='"+un+"'";
                ps=con.prepareStatement(sqlstr);
                rs=ps.executeQuery();
                if(rs.next()){
                    strres="已存在此用户名! ";
                }
                else
                    strres="√";
                return strres;
            }catch(Exception e){
                e.printStackTrace();
            }finally{
                this.close();
            }
        }
        return strres;
    }

    public boolean userRegister(String un,String pass){
        if(!un.equals("") && !pass.equals("")){
            try{
                con=new conndb().getcon();
                String sqlstr= "insert into yydk_user (user_account,user_password) values(?,?)";
                ps=con.prepareStatement(sqlstr);
                ps.setString(1, un);
                ps.setString(2, pass);
                int i=ps.executeUpdate();
                if(i>0)
                    return true;
            }catch(Exception e){
                e.printStackTrace();
            }finally{
                this.close();
            }
        }
        return false;
    }
}
```

编写 servlet checkVericode，判断验证码输入是否符合要求。

```java
public void doPost(HttpServletRequest request, HttpServletResponse response)
        throws ServletException, IOException{
    request.setCharacterEncoding("utf-8");
    response.setContentType("text/html");
    response.setCharacterEncoding("utf-8");
    PrintWriter out = response.getWriter();
    String vc=request.getParameter("vericode");
    String autovc=(String)request.getSession().getAttribute("vericode");
    if(autovc.equals(vc)) {
        out.print("√");
    }
```

```
        else
            out.print("验证码输入错误!");
        out.flush();
        out.close();
    }
```

Servlet userRegister 判断用户所有的注册信息是否合法。核心代码为:

```
public void doPost(HttpServletRequest request, HttpServletResponse response)
        throws ServletException, IOException{
    request.setCharacterEncoding("utf-8");
    response.setContentType("text/html");
    response.setCharacterEncoding("utf-8");
    PrintWriter out = response.getWriter();
    String un=request.getParameter("username");
    String pass=request.getParameter("password");
    userCheck uc=new userCheck();
    if(uc.userRegister(un, pass))
        out.print("注册成功!");
    else
        out.print("注册失败!");
    out.flush();
    out.close();
}
```

以上代码中给调用的 userCheck 是一个 JavaBean, 主要功能是在数据表中提取 user 名称、检查 user 名和密码是否合法并返回判断结果, 核心代码如下:

```
package bean;
public class userCheck{
    private PreparedStatement ps;
    private ResultSet rs;
    private Connection con=null;
    public void close(){
        try{
            if(ps!=null){
                ps.close();
                ps=null;
            }
            if(rs!=null){
                rs.close();
                rs=null;
            }
            if(con!=null){
                con.close();
                con=null;
            }
        }catch(Exception e){
            e.printStackTrace();
        }
    }
    public String getUser(String un,String pswd){
        String strres="userwrong";
        try{
            con=new conndb().getcon();
            String sqlstr= "select user_account,user_password from yydk_user where
```

```java
user_account='"+un+"'";
                ps=con.prepareStatement(sqlstr);
                rs=ps.executeQuery();
                String pd="";
                if(rs.next()){
                    strres="passwordwrong";
                    pd=rs.getString("user_password").trim();
                    if(pswd.equals(pd)) {
                        strres=rs.getString("user_account").trim();
                    }
                }
                return strres;
            }catch(Exception e){
                e.printStackTrace();
            }finally{
                this.close();
            }
            return strres;
    }
    
    public String checkUser(String un){
        String strres="";
        if(!un.equals("")){
            try{
                con=new conndb().getcon();
                String sqlstr= "select user_account from yydk_user where user_account='"+un+"'";
                ps=con.prepareStatement(sqlstr);
                rs=ps.executeQuery();
                if(rs.next()){
                    strres="已存在此用户名！";
                }
                else
                    strres="√";
                return strres;
            }catch(Exception e){
                e.printStackTrace();
            }finally{
                this.close();
            }
        }
        return strres;
    }
    
    public boolean userRegister(String un,String pass){
        if(!un.equals("") && !pass.equals("")){
            try{
                con=new conndb().getcon();
                String sqlstr= "insert into yydk_user (user_account,user_password) values(?,?)";
                ps=con.prepareStatement(sqlstr);
                ps.setString(1, un);
                ps.setString(2, pass);
                int i=ps.executeUpdate();
                if(i>0)
                    return true;
```

```
            }catch(Exception e){
                e.printStackTrace();
            }finally{
                this.close();
            }
        }
        return false;
    }
}
```

进行注册时，会根据用户密码设置情况进行有关提示，如用户名已经存在、用户名长度太短、密码长度太短（如图 10-13 所示）、两次密码不一致（如图 10-14 所示）等。

图 10-13　用户注册时用户名/密码太短的提示

图 10-14　用户注册时两次密码不一致的提示

为了有效防止大规模匿名回帖的发生，以及避免对注册用户用程序暴力破解方式进行不断的登录尝试，很多门户网站都采用了验证码技术。一般是将一串随机产生的数字或符号生成一幅图片，加上一些干扰像素（防止 OCR），由用户识别验证码信息，手工输入提交验证。常见的验证码有随机文本数字（字母）式、随机数字（字母）GIF 格式，随机数字（字母）+随机干扰像素（颜色、二维位置等）。本系统采用随机数字字母组合式，运行效果如图 10-15 所示。

注册成功则进入如图 10-16 所示的页面，就可以进入新闻系统首页，运用注册用户的权限了。

图 10-15　随机数字字母验证码

图 10-16　用户注册成功页面

10.6.4　新闻浏览功能的代码实现

在 bean 包中创建存放新闻字段信息的类 datatype_news，代码如下：

```
package bean;
public class datatype_news{
    private String newsid;
    private String emphsis_id;
    private String typeid;
    private String newstitle;
```

```java
        private String newshits;
        private String newssource;
        private String newstime;
        private String newscontent;
        public void setNewstitle(String newstitle){
            this.newstitle = newstitle;
        }
        public String getNewstitle(){
            return newstitle;
        }
        public void setNewsid(String newsid){
            this.newsid = newsid;
        }
        public String getNewsid(){
            return newsid;
        }
        public void setEmphsis_id(String emphsis_id){
            this.emphsis_id = emphsis_id;
        }
        public String getEmphsis_id(){
            return emphsis_id;
        }
        public void setNewshits(String newshits){
            this.newshits = newshits;
        }
        public String getNewshits(){
            return newshits;
        }
        public void setNewssource(String newssource){
            this.newssource = newssource;
        }
        public String getNewssource(){
            return newssource;
        }
        public void setNewstime(String newstime){
            this.newstime = newstime;
        }
        public String getNewstime(){
            return newstime;
        }
        public void setNewscontent(String newscontent){
            this.newscontent = newscontent;
        }
        public String getNewscontent(){
            return newscontent;
        }
        public void setTypeid(String typeid){
            this.typeid = typeid;
        }
        public String getTypeid(){
            return typeid;
        }
    }
```

在 index.jsp 中，显示各类新闻标题的功能用$("#content_left").html($.ajax({url:"getFirstPage", async:false}).responseText);来实现。

getFirstPage 是一个 servlet，通过 newsOperation 类的实例化调用其相应的方法实现各类新闻列表，核心代码如下：

```java
public void doPost(HttpServletRequest request, HttpServletResponse response)
        throws ServletException, IOException{
    response.setContentType("text/html");
    response.setCharacterEncoding("utf-8");
    PrintWriter out = response.getWriter();
    newsOperation nop=new newsOperation();
    out.println("<!DOCTYPE HTML PUBLIC \"-//W3C//DTD HTML 4.01 Transitional //EN\">");
    out.println("<HTML>");
    out.println(" <HEAD><TITLE>A Servlet</TITLE></HEAD>");
    out.println(" <BODY>");
    //国内新闻栏目
    ArrayList<datatype_news> newslist=nop.getNewsList(1);
    if(newslist.size()>0) {
        out.print("<div style='font-family:微软雅黑;font-size:1.3em;color:navy;margin:0 0 7px 0;padding:0 0 5px 0;border-bottom:1 dotted green;'>  ◆ 国内新闻 <a class='hreftype' onclick='getNewsbyCol(1);' style='margin:0 0 0 420px;font-family:宋体;font-size:0.7em;'>更多...</a></div>");
        for(int i=0;i<newslist.size();i++){
            datatype_news dtn=newslist.get(i);
            if(dtn.getEmphsis_id().equals("2"))
                out.print("<a class='hreftype' onclick=getnewsdetailInfo ("+dtn.getNewsid()+") style='color:red;font-size:1.1em;line-height:200%;'>"+dtn.getNewstitle() +"</a><br>");
            else
                out.print("<a class='hreftype' onclick=getnewsdetailInfo("+dtn.getNewsid()+") style='color:black;font-size:1em;line-height:180%;'>"+dtn.getNewstitle() +"</a><br>");
        }
    }
    //国际新闻栏目
    newslist=nop.getNewsList(2);
    if(newslist.size()>0){
        out.print("<br>");
        out.print("<div style='font-family:微软雅黑;font-size:1.3em;color:navy;margin:0 0 7px 0;padding:0 0 5px 0;border-bottom:1 dotted green;'>  ◆ 国际新闻 <a class='hreftype' onclick='getNewsbyCol(2);' style='margin:0 0 0 420px;font-family:宋体;font-size:0.7em;'>更多...</a></div>");
        for(int i=0;i<newslist.size();i++){
            datatype_news dtn=newslist.get(i);
            if(dtn.getEmphsis_id().equals("2"))
                out.print("<a class='hreftype' onclick=getnewsdetailInfo("+dtn.getNewsid()+") style='color:red;font-size:1.1em;line-height:200%;'>"+dtn.getNewstitle()+"</a><br>");
            else
                out.print("<a class='hreftype' onclick=getnewsdetailInfo("+dtn.getNewsid()+") style='color:black;font-size:1em;line-height:180%;'>"+dtn.getNewstitle()+"</a><br>");
        }
    }
    //其他新闻栏目略去
    out.println(" </BODY>");
```

```
            out.println("</HTML>");
            out.flush();
            out.close();
        }
```

定义 JavaBean 名为 newsOperation，以实现对新闻数据表的多种编辑和更新操作，包括：

（1）close()：关闭数据库；

（2）getNewsList(int typeid)：按指定类型获取获取分类新闻列表；

（3）getNewsListbySearch(String strsear)：按给定字符串查询新闻；

（4）getNewsListAll(int typeid)：获取全部新闻列表；

（5）public ArrayList<datatype_news> getNewsDetail(String newsid)：按新闻 id 获取新闻详细内容；

（6）public ArrayList<datatype_user> getUserDetail(String userid)：根据用户 ID 获取用户的详细信息；

（7）public ArrayList<datatype_review> getReviewList(String newsid)：根据评论 id 获取评论列表，并按时间降序排列；

（8）public boolean reviewadd(datatype_review dtr)：添加新闻评论到 yydk_review 表，并返回成功与否（真假值）；

（9）public String addEmptyNews()：添加新闻到 yydk_news_detail 表，返回 news_id 值，将返回 news_id 的值写入此表中；

（10）public String addEmptyUser()：添加注册用户信息到 yydk_user 表，返回 user_id 值；

（11）public void updateNewsandDetail(datatype_news dtn)：刷新表 yydk_news 和 yydk_news_detail；

（12）public void updateUser(datatype_user dtn)：刷新表 yydk_user；

（13）public void deleteNewsandDetail(String newsid)：删除 yydk_news 和 yydk_news_detail 中的记录；

（14）public void deleteUser(String userid)：删除用户记录；

（15）public boolean reviewdel(String reviewid)：删除评论；

（16）public boolean updatehits(String newsid,int hitnum)：更新点击率表。

以 getNewsList(int typeid)等方法为例，newsOperation 的核心代码如下：

```
public class newsOperation{
    private PreparedStatement ps;
    private ResultSet rs;
    private Connection con=null;
    //关闭数据库
    public void close(){
        try{
            if(ps!=null){
                ps.close();
                ps=null;
            }
            if(rs!=null){
                rs.close();
                rs=null;
            }
            if(con!=null){
                con.close();
```

```java
                    con=null;
                }
            }catch(Exception e){
                e.printStackTrace();
            }
        }
        //按指定类型获取分类新闻列表
        public ArrayList<datatype_news> getNewsList(int typeid){
            ArrayList<datatype_news> newslist=new ArrayList<datatype_news>();
            try{
                con=new conndb().getcon();
                String sqlstr= "select news_id,type_id,emphsis_id,news_title,news_hits from yydk_news where type_id="+typeid+" order by news_time desc limit 3";
                ps=con.prepareStatement(sqlstr);
                rs=ps.executeQuery();
                while(rs.next()){
                    datatype_news dtn=new datatype_news();
                    dtn.setNewsid(String.valueOf(rs.getInt("news_id")));
                    dtn.setNewstitle(rs.getString("news_title"));
                    dtn.setEmphsis_id(String.valueOf(rs.getInt("emphsis_id")));
                    newslist.add(dtn);
                }
                return newslist;
            }catch(Exception e){
                e.printStackTrace();
            }finally{
                this.close();
            }
            return newslist;
        }
        //按给定字符串查询新闻
        public ArrayList<datatype_news> getNewsListbySearch(String strsear){
            ArrayList<datatype_news> newslist=new ArrayList<datatype_news>();
            try{
                con=new conndb().getcon();
                String sqlstr= "select a.news_id,a.type_id,a.emphsis_id,a.news_title,a.news_hits,a.news_time,b.news_content from yydk_news a left join yydk_news_detail b on a.news_id=b.news_id where b.news_content like '%"+strsear+"%' order by news_time desc";
                ps=con.prepareStatement(sqlstr);
                rs=ps.executeQuery();
                while(rs.next()){
                    datatype_news dtn=new datatype_news();
                    dtn.setNewsid(String.valueOf(rs.getInt("news_id")));
                    dtn.setNewstitle(rs.getString("news_title"));
                    dtn.setEmphsis_id(String.valueOf(rs.getInt("emphsis_id")));
                    dtn.setTypeid(String.valueOf(rs.getInt("type_id")));
                    newslist.add(dtn);
                }
                return newslist;
            }catch(Exception e){
                e.printStackTrace();
            }finally{
                this.close();
```

```
            }
            return newslist;
    }
    //获取单击率最高的10条新闻列表
    public ArrayList<datatype_news> getFavoriteNewsList(){
        ArrayList<datatype_news> newslist=new ArrayList<datatype_news>();
        try{
            con=new conndb().getcon();
            String sqlstr= "select news_id,type_id,news_title,news_hits,news_time from yydk_news order by news_hits desc limit 0,10";
            ps=con.prepareStatement(sqlstr);
            rs=ps.executeQuery();
            while(rs.next()){
                datatype_news dtn=new datatype_news();
                dtn.setNewsid(String.valueOf(rs.getInt("news_id")));
                dtn.setNewstitle(rs.getString("news_title"));
                newslist.add(dtn);
            }
            return newslist;
        }catch(Exception e){
            e.printStackTrace();
        }finally{
            this.close();
        }
        return newslist;
    }
    //其他方法略去，读者可运用已经学习过的数据库操作自行完成
}
```

10.6.5 显示新闻详细内容的代码实现

当用户单击主页面的主干部分或侧栏部分中的新闻标题时，就链接到该新闻的相信信息。显示新闻详细内容的功能用 Servlet 文件 getNewsDetail 来实现，核心代码如下：

```
package servlet;
import java.io.IOException;
import java.io.PrintWriter;
import java.text.ParseException;
import java.text.SimpleDateFormat;
import java.util.ArrayList;
import java.util.Date;
import javax.servlet.ServletException;
import javax.servlet.http.HttpServlet;
import javax.servlet.http.HttpServletRequest;
import javax.servlet.http.HttpServletResponse;
import bean.datatype_news;
import bean.datatype_review;
import bean.newsOperation;

public class getNewsDetail extends HttpServlet{
    public getNewsDetail(){
        super();
    }
    public void destroy(){
```

```java
            super.destroy(); // Just puts "destroy" string in log
            // Put your code here
        }
        public void doGet(HttpServletRequest request, HttpServletResponse response)
                throws ServletException, IOException{
            doPost(request,response);
        }
        public void doPost(HttpServletRequest request, HttpServletResponse response)
                throws ServletException, IOException{
            request.setCharacterEncoding("utf-8");
            response.setContentType("text/html");
            response.setCharacterEncoding("utf-8");
            PrintWriter out = response.getWriter();
            newsOperation nop=new newsOperation();   //需定义 newsOperation 这个 bean,以实现对新闻数据表的操作
            String newsid=request.getParameter("newsid");
            out.println("<!DOCTYPE HTML PUBLIC \"-//W3C//DTD HTML 4.01 Transitional//EN\">");
            out.println("<HTML>");
            out.println("  <HEAD><TITLE>A Servlet</TITLE></HEAD>");
            out.println("  <BODY>");
            ArrayList<datatype_news> newslist=nop.getNewsDetail(newsid);   //这里用到了 newsOperation 类的对象以及 getNewsDetail 方法
            datatype_news dtn=null;
            if(newslist.size()>0) {
                dtn=newslist.get(0);
                String newsType="";
                if(dtn.getTypeid().equals("1"))
                    newsType="国内新闻";
                else if(dtn.getTypeid().equals("2"))
                    newsType="国际新闻";
                else if(dtn.getTypeid().equals("3"))
                    newsType="体育新闻";
                else if(dtn.getTypeid().equals("4"))
                    newsType="军事新闻";
                else if(dtn.getTypeid().equals("5"))
                    newsType="科技新闻";
                else if(dtn.getTypeid().equals("6"))
                    newsType="社会新闻";
                int hitsnew=Integer.parseInt(dtn.getNewshits())+1;
                boolean res1=nop.updatehits(newsid, hitsnew);
                out.print("<br />");
                out.print("<div style='text-align:center;font-family:微软雅黑;font-size:1.3em;line-height:200%;color:black;'>"+dtn.getNewstitle()+"</div>");
                out.print("<div  style='text-align:center;font-family: 宋 体;font-size:0.8em;line-height:200%;color:black;'>"+newsType+"  新闻来源: "+dtn.getNewssource()+"  发布时间: "+dtn.getNewstime()+"  点击次数: "+String.valueOf(hitsnew)+"</div>");
                out.print("<br />");
                out.print("<div  style='padding:5px  20px  5px  20px;text-align:left;font-family: 微 软 雅 黑;font-size:1em;line-height:160%;color:black;'>      "+dtn.getNewscontent()+"</div>");
            }
            ArrayList<datatype_review> reviewlist=nop.getReviewList(newsid);
```

```
                out.print("<div id='review'>");
                out.print("<br />");
                out.print("<br />");
                out.print("<div  style='text-align:left;font-family: 微 软 雅 黑 ;font-size:
1.3em;line-height:200%;color:navy;'>新闻评论</div>");
                //发表评论
                out.print("<div style='text-align:left;font-family:微软雅黑;margin:0px 20px
0px 20px;font-size:1.1em;line-height:200%;color:gray;'>发表评论</div>");

                out.print("<div style='text-align:right;font-family:微软雅黑;margin:0px 20px
0px  20px;font-size:0.9em;line-height:150%;color:black;'> 网 名 : <input  type='text'  id=
'netname'  style='width:70px;'>  Email : <input  type='text'  id='reviwemail'
style='width:160px;'></div>");
                out.print("<div style='width:auto;height:80px;margin:5px 20px 5px 20px;border:
0px solid lightblue;'>");
                out.print("<textarea  rows=5  id='reviewcontent'  style='width:100%;height:
auto;border:1px solid lightblue;'/></div>");
                out.print("<div  style='width:auto;text-align:right;margin:0px  30px  0px
20px;'><input  type='button'  style='width:80px;background:navy;color:white;font-family:
微软雅黑;font-size:1em;' id='review_submit' value='提交评论' onclick='review_add ("+newsid
+");'/></div>");

                //列出已有评论
                if(reviewlist.size()>0) {
                    for(int i=0;i<reviewlist.size();i++){
                        datatype_review dr=reviewlist.get(i);
                        //获得品论发表的时间(小时)
                        SimpleDateFormat d = new SimpleDateFormat("yyyy-MM-dd HH:mm:ss");
                        String nowtime = d.format(new Date());
                        String reviewtime = dr.getReviewTime();
                        long hours=0;
                        try{
                            hours = (d.parse(nowtime).getTime() - d.parse(reviewtime).getTime())
/3600000;
                        } catch (ParseException e){
                            e.printStackTrace();
                        }
                        out.print("<div style='text-align:left;font-family:微软雅黑; font-
size:0.7em;padding:0px  20px  0px   20px;line-height:200%;color:gray;'>"+dr.getReviewer()+"
  "+String.valueOf(hours)+"小时前</div>");
                        out.print("<div style='text-align:left;font-family:微软雅黑; font-
size:0.9em;padding:0px 20px 10px 20px;line-height:160%;color:black;border-bottom: 1px
dotted silver;'>"+dr.getReviewContent()+"<br></div>");
                    }
                }
                out.print("</div>");
                out.println("  </BODY>");
                out.println("</HTML>");
                out.flush();
                out.close();
        }
    }
```

单击一条新闻,显示其详情,如图10-17所示。

图 10-17 显示新闻详情效果图

10.6.6 显示最新新闻和单击量最高新闻标题的代码实现

在 index.jsp 中，下列代码实现了显示最新新闻和点击量最高新闻标题列表：

$("#content_right").html($.ajax({url:"getLatestFavouriteNews",async:false}).responseText);

其中调用的 servlet 文件 getLatestNews 的核心代码如下：

```
public void doPost(HttpServletRequest request, HttpServletResponse response)
         throws ServletException, IOException{
    response.setContentType("text/html");
    response.setCharacterEncoding("utf-8");
    PrintWriter out = response.getWriter();
    newsOperation nop=new newsOperation();
    out.println("<!DOCTYPE HTML PUBLIC \"-//W3C//DTD HTML 4.01 Transitional//EN\">");
    out.println("<HTML>");
    out.println(" <HEAD><TITLE>A Servlet</TITLE></HEAD>");
    out.println(" <BODY>");
 //侧栏上部输出最新新闻标题列表
    ArrayList<datatype_news> newslist=nop.getLatestNewsList();
    if(newslist.size()>0) {
         out.print("<div style='font-family:微软雅黑;font-size:1.2em;color:red;'># 最新新闻</div>");
         out.print("<hr />");
         for(int i=0;i<newslist.size();i++){
              datatype_news dtn=newslist.get(i);
              if(dtn.getNewstitle().length()>16)
                   out.print("<a class='hreftype' onclick=getnewsdetailInfo ("+dtn.getNewsid()+") style='color:gray;font-size:1em;line-height:200%;'>"+dtn.getNewstitle().substring(0,14)+"...</a><br>");
              else
                   out.print("<a class='hreftype' onclick=getnewsdetailInfo("+dtn.getNewsid()+") style='color:gray;font-size:1em;line-height:200%;'>"+dtn.getNewstitle()+"</a><br>");
         }
    }
 //侧栏下部输出单击量最高新闻标题列表
    newslist=nop.getFavoriteNewsList();
    if(newslist.size()>0) {
         out.print("<br />");
         out.print("<div style='font-family:微软雅黑;font-size:1.2em;color:red;'># 最受
```

关注</div>");
```
                    out.print("<hr />");
                    for(int i=0;i<newslist.size();i++){
                        datatype_news dtn=newslist.get(i);
                        if(dtn.getNewstitle().length()>16)
                            out.print("<a class='hreftype' onclick=getnewsdetailInfo ("+dtn.getNewsid()+")    style='color:gray;font-size:1em;line-height:200%;'>"+dtn.getNewstitle().substring(0,14)+ "...</a><br>");
                        else
                            out.print("<a class='hreftype' onclick=getnewsdetailInfo("+dtn.getNewsid()+") style='color:gray;font-size:1em;line-height:200%;'>"+dtn.getNewstitle()+"</a><br>");
                    }
                }
        out.println(" </BODY>");
        out.println("</HTML>");
        out.flush();
        out.close();
    }
```

最新新闻列表和点击量最高新闻列表如图 10-18 所示。

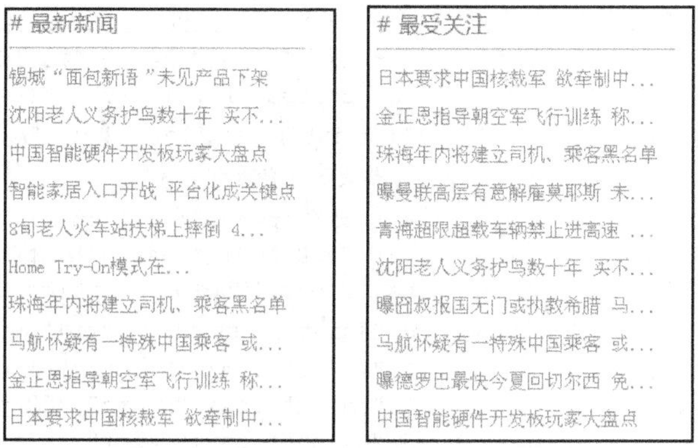

图 10-18 最新新闻列表和单击量最高新闻列表

10.6.7 新闻搜索功能的代码实现

在主页面文件 index.jsp 中，使用下列代码调用新闻搜索文件 header_search.jsp：

`$("#header").html($.ajax({url:"header_search.jsp",async:false}).responseText);`

header_search.jsp 代码根据用户在图 10-19 的搜索文本框中输入的字符串进行数据库中的新闻项目查询。当在文本框中输入文字时，可以根据历史记录进行智能提示，如图 10-20 所示。

图 10-19 新闻搜索　　　　　　　　　图 10-20 搜索框中的智能提示功能

header_search.jsp 的核心代码如下：

```
<!DOCTYPE HTML PUBLIC "-//W3C//DTD HTML 4.01 Transitional//EN">
  <head>
```

```
<script src="js/login.js"></script>
<script src="js/jquery-1.8.2.min.js"></script>
<script>
    $(document).ready(function(){
        $("#search").keyup(function(){
            var keyCode = event.keyCode;
            if(keyCode == 13) {
                $("#newsSearch").click();
            }
            else{
                var searcon=$("#search").val();
                    $.ajax({
                        type: "post",
                        url: "getSearchTips",
                        //dataType:'json',
                        data:"searchname="+searcon,
                        success: function(data){
                            $('#hint').html(data);
                            //如果有提示则显示，没有提示则不显示
                            if($('#hint').text().length>0) {
                                //获取网页滚动的left值
                                var srlLeft=getScrollLeft();
                                var LeftDiv=$("#search").offset().left;
                                var Left=srlLeft+parseInt(LeftDiv);
                                $("#hint").css("left",Left+"px");//设置列表框的left值
                                //获取网页滚动的top值
                                var srlTop=getScrollTop();
                                var TopDiv=$("#search").offset().top;
                                var Top=srlTop+parseInt(TopDiv)+24;
                                $("#hint").css("top",Top+"px");//设置列表框的top值
                                $("#hint").css("height","100px");
                                $("#hint").css("width","226px");
                                $("#hint").css("color","black");
                                $("#hint").css({"background-color":"white"});
                                $("#hint").css("position","absolute");
                                $("#hint").show();
                            }
                            else{
                                $("#hint").css('display','none');
                            }
                        }
                    });
            }
        });
        $("#newsSearch").click(function(){
            var searcon=$("#search").val();
            $("#hint").css('display','none');
            //alert(searcon);
            $.ajax({
                type: "post",
                url: "getNewsbySearch",
                //dataType:'json',
                data:"searchname="+searcon,
                success: function(data){
```

```
                        //正文两边比例调整,并将右边内容清除
                        $("#td_right").css('width','0');
                        $("#td_right").css('border','none');
                        $("#td_left").css('width','100%');
                        $("#content_left").css('width','100%');
                        $("#content_right").css('width','0');
                        $('#content_right').html("");
                        $('#content_left').html(data);
                    }
                });
            });
        });
        //获取网页滚动的top值
        function getScrollTop(){
            var bodyTop = 0;
            if (typeof window.pageYOffset != 'undefined'){
                bodyTop = window.pageYOffset;
            } else if (typeof document.compatMode != 'undefined' && document.
compatMode != 'BackCompat'){
                bodyTop = document.documentElement.scrollTop;
            }
            else if (typeof document.body != 'undefined'){
                bodyTop = document.body.scrollTop;
            }
            return bodyTop
        }
        //获取网页滚动的left值
        function getScrollLeft(){
            var bodyLeft = 0;
            if (typeof window.pageXOffset != 'undefined'){
                bodyLeft = window.pageXOffset;
            } else if (typeof document.compatMode != 'undefined' && document.compatMode != 
'BackCompat'){
                bodyLeft = document.documentElement.scrollLeft;
            }
            else if (typeof document.body != 'undefined'){
                bodyLeft = document.body.scrollLeft;
            }
            return bodyLeft
        }
        function getlist(id){
            //将选中项的内容放置到文本框"searchname"中
            $("#search").val($("#res_"+id).text());
            //选择提示列表消失,下面两种方法都可以
            //$("#reslist").hide();
            $("#hint").css('display','none');
        }
        function overlist(id) {
            $("#res_"+id).css('background-color','palegreen');
        }
        function outlist(id) {
            $("#res_"+id).css('background-color','transparent');
        }
```

```
                function getNewsbyCol(id) {
                    if(id==10) {
                        location.href="index.jsp";
                    }else{
                        //正文两边比例调整，并将右边内容清除
                        $("#td_right").css('width','0');
                        $("#td_right").css('border','none');
                        $("#td_left").css('width','100%');
                        $("#content_left").css('width','100%');
                        $("#content_right").css('width','0');
                        $('#content_right').html("");
    $("#content_left").html($.ajax({url:"getColumnNews",data:"IndexCol="+id,async:false}).responseText);
                    }
                }
        </script>
    </head>

    <body>
    <table width=100%>
      <tr height="100px"><td width="55%">
        <a href="index.jsp"><img src="images/logo.jpg"/></a>
        </td><td style="padding:0px 10px 0px 0px;">
            <div style="width:380px;height:55px;padding:10px 20px 0px 0px;text-align:right;color:gray;line-height:160%">
            <%String username=(String)request.getSession().getAttribute("username");
              if(username==null){
            %>
                <font color=gray>您好！欢迎光临新闻系统，请登录。</font> <a href="userRegister.jsp" style="color:blue;"> 注 册 </a><br/> 用 户 名 ： <input type="text" name="username" id="username" onkeyup="$('#hint').css('display','none');" style="width:90px;"/>  密码：<input type="password" name="password" id="password" onkeyup="$('#hint').css('display','none');PWEnter();" style="width:90px;"/><input type="button" class="buttontype2" id="login" value=" 登 录 " onclick="checkuser();" style="font-family:微软雅黑;"/>
            <%}else{%>
                <br/>  <font color=gray><%=username %>,欢迎光临新闻系统。</font>  <a style="color:blue;" href="userRegister.jsp"> 注 册 </a>  <a class="hreftype" style="color:blue;" onclick="logout();">注销</a>
            <%}%>
            </div>
            <div id="searcharea" style="text-align:right;width:360px;height:35px;font-family:微软雅黑;color:silver;background:red;margin:10px 0px 0px 10px;padding:7px 5px 0px 5px;" >
                 请输入：
        <input type="text" id="search" autocomplete="off" style="width:226px;height:22px;font-size:1.2em;border:0 solid gray;" >
        <button id="newsSearch" style="width:60px;height:24px;border:none;color:white;font-family:微软雅黑;font-size:1.2em;background:none;" value="搜索" >搜索</button></div>
        </td></tr>
        <tr height="26px"><td colspan="2" style="border-top:1 solid silver;" >
            <table width="100%" style="font-size:1em;font-family:微软雅黑;background:#2f65a9;"><tr>
            <td width="3%"></td>
            <td width="10%"><a class="nav" onclick="getNewsbyCol(10);">首页</a></td>
```

```html
            <td width="10%"><a class="nav" onclick="getNewsbyCol(0);">最新消息</a></td>
            <td width="10%"><a class="nav" onclick="getNewsbyCol(1);">国内新闻</a></td>
            <td width="10%"><a class="nav" onclick="getNewsbyCol(2);">国际新闻</a></td>
            <td width="10%"><a class="nav" onclick="getNewsbyCol(3);">体育新闻</a></td>
            <td width="10%"><a class="nav" onclick="getNewsbyCol(4);">军事新闻</a></td>
            <td width="10%"><a class="nav" onclick="getNewsbyCol(5);">科技新闻</a></td>
            <td width="10%"><a class="nav" onclick="getNewsbyCol(6);">社会新闻</a></td>
            <td width="15%"><a class="nav" onclick="getNewsbyCol(7);"></a></td>
             <td width="2%"></td>
          </tr></table>
      </td></tr>
    </table>
    <div id="hint" style="top:50px;left:100px;width:150px;height:150px;overflow:auto;text-align:left;padding:2px 0 0 2px;background:white;border:1 solid gray;display:none;"></div>
    </body>
  </html>
```

实现新闻搜索功能的 servlet 文件 getNewsbySearch 的核心代码如下：

```java
public void doPost(HttpServletRequest request, HttpServletResponse response)
            throws ServletException, IOException{
        response.setContentType("text/html");
        response.setCharacterEncoding("utf-8");
        PrintWriter out = response.getWriter();
        newsOperation nop=new newsOperation();
        String searchcon=(String)request.getParameter("searchname");

        out.println("<!DOCTYPE HTML PUBLIC \"-//W3C//DTD HTML 4.01 Transitional//EN\">");
        out.println("<HTML>");
        out.println("  <HEAD><TITLE>A Servlet</TITLE></HEAD>");
        out.println("  <BODY>");
        ArrayList<datatype_news> newslist=nop.getNewsbySearch(searchcon);
        if(newslist.size()>0){
            out.print("<div style='font-family:微软雅黑;font-size:1.3em;color:navy;margin:0 0 7px 0;padding:0 0 5px 0;border-bottom:1 dotted green;'> \""+searchcon+"\"的搜索结果</div>");
            for(int i=0;i<newslist.size();i++){
                datatype_news dtn=newslist.get(i);
                if(dtn.getEmphsis_id().equals("2"))
                    out.print("<a class='hreftype' onclick=getnewsdetailInfo("+dtn.getNewsid()+") style='color:red;font-size:1.1em;line-height:200%;'>"+dtn.getNewstitle()+"</a><br>");
                else
                    out.print("<a class='hreftype' onclick=getnewsdetailInfo("+dtn.getNewsid()+") style='color:black;font-size:1em;line-height:180%;'>"+dtn.getNewstitle()+"</a><br>");
            }
        }
        else
            out.print("<div style='font-family:微软雅黑;font-size:1.3em;color:navy;margin:0 0 7px 0;padding:0 0 5px 0;border-bottom:0 dotted green;'> 未找到\""+searchcon+"\"的搜索结果</div>");
        out.println("  </BODY>");
        out.println("</HTML>");
```

```
            out.flush();
            out.close();
       }
```

实现搜索输入智能提示的 servlet 文件 getSearchTips 的核心代码如下：

```
public void doPost(HttpServletRequest request, HttpServletResponse response)
        throws ServletException, IOException{
     response.setContentType("text/html");
     response.setCharacterEncoding("utf-8");
     PrintWriter out = response.getWriter();
     newsOperation nop=new newsOperation();
     String searchcon=(String)request.getParameter("searchname");
     ArrayList<String> tiplist=nop.getNewsTips(searchcon);
     if(tiplist.size()>0){
         for(int i=0;i<tiplist.size();i++){
              out.print("<div style='text-align:left;color:black;width:100%;height:18px;' id='res_"+String.valueOf(i)+"' onclick='getlist("+String.valueOf(i)+");' onmouseover='overlist ("+String.valueOf(i)+");' onmouseout='outlist("+String.valueOf(i)+");'>"+ tiplist.get(i).toString()+"</div>");
         }
     }
     out.flush();
     out.close();
}
```

10.6.8 注册用户发布评论功能的代码实现

注册用户可在浏览新闻详细内容的页面对该新闻发表评论，效果如图 10-21 所示。

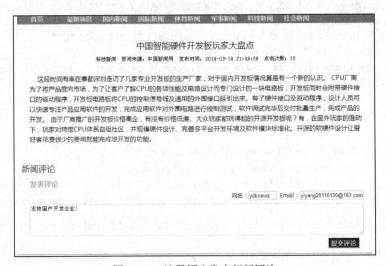

图 10-21 注册用户发表新闻评论

首先编写存放评论信息的 JavaBean datatype_review，核心代码如下：

```
package bean;
public class datatype_review{
    private String newsid;
    private String reviewid;
    private String reviewer;
    private String reviewEmail;
```

```java
    private String reviewContent;
    public String getNewsid(){
        return newsid;
    }
    public void setNewsid(String newsid){
        this.newsid = newsid;
    }
    public String getReviewer(){
        return reviewer;
    }
    public void setReviewer(String reviewer){
        this.reviewer = reviewer;
    }
    public String getReviewEmail(){
        return reviewEmail;
    }
    public void setReviewEmail(String reviewEmail){
        this.reviewEmail = reviewEmail;
    }
    public String getReviewContent(){
        return reviewContent;
    }
    public void setReviewContent(String reviewContent){
        this.reviewContent = reviewContent;
    }
    public String getReviewTime(){
        return reviewTime;
    }
    public void setReviewTime(String reviewTime){
        this.reviewTime = reviewTime;
    }
    public void setReviewid(String reviewid){
        this.reviewid = reviewid;
    }
    public String getReviewid(){
        return reviewid;
    }
    private String reviewTime;
}
```

发表评论的代码是在 index.jsp 中的下列代码中实现的。

```
$.ajax({
                type: "post",
                url: "reviewAdd",
                //dataType:'json',
    data:"newsid="+id+"&netname="+netname+"&reviewemail="+reviewemail+"&reviewcontent="+reviewcontent;
                success: function(data){
                    //alert(data);
                    $('#review').html(data);
                }
        });
    }
```

其中调用了 Servlet 文件 reviewAdd，实现评论加入数据表中，其核心代码为：

```
public void doPost(HttpServletRequest request, HttpServletResponse response)
```

```java
            throws ServletException, IOException{
        request.setCharacterEncoding("utf-8");
        response.setContentType("text/html");
        response.setCharacterEncoding("utf-8");
        PrintWriter out = response.getWriter();
        newsOperation nop=new newsOperation();
        
        String newsid=request.getParameter("newsid");
        String netname=request.getParameter("netname");
        String reviewemail=request.getParameter("reviewemail");
        String reviewcontent=request.getParameter("reviewcontent");
        
        datatype_review dtr=new datatype_review();
        dtr.setNewsid(newsid);
        dtr.setReviewer(netname);
        dtr.setReviewEmail(reviewemail);
        dtr.setReviewContent(reviewcontent);
        
        out.println("<!DOCTYPE HTML PUBLIC \"-//W3C//DTD HTML 4.01 Transitional//EN\">");
        out.println("<HTML>");
        out.println("  <HEAD><TITLE>A Servlet</TITLE></HEAD>");
        out.println("  <BODY>");
        boolean res=nop.reviewadd(dtr);
        
        ArrayList<datatype_review> reviewlist=nop.getReviewList(newsid);
        out.print("<br />");
        out.print("<br />");
        out.print("<div style='text-align:left;font-family:微软雅黑;font-size:1.3em;line-height:200%;color:navy;'>新闻评论</div>");
        
        //发表评论
        out.print("<div style='text-align:left;font-family:微软雅黑;margin:0px 20px 0px 20px;font-size:1.1em;line-height:200%;color:gray;'>发表评论</div>");
        out.print("<div style='text-align:right;font-family:微软雅黑;margin:0px 20px 0px 20px;font-size:0.9em;line-height:150%;color:black;'>网名:<input type='text' id='netname' style='width:70px;'>  Email:<input type='text' id='reviwemail' style='width:160px;'></div>");
        out.print("<div style='width:auto;height:80px;margin:5px 20px 5px 20px;border:0px solid lightblue;'>");
        out.print("<textarea rows=5 id='reviewcontent' style='width:100%;height:auto;border:1px solid lightblue;'/></div>");
        out.print("<div style='width:auto;text-align:right;margin:0px 30px 0px 20px;'><input type='button' style='width:80px;background:navy;color:white;font-family:微软雅黑;font-size:1em;' id='review_submit' value='提交评论' onclick='review_add ("+newsid+");'/></div>");
        out.print("</div>");
        
        //列出已有评论
        if(reviewlist.size()>0){
            for(int i=0;i<reviewlist.size();i++){
                datatype_review dr=reviewlist.get(i);
                //获得品论发表的小时
                SimpleDateFormat d = new SimpleDateFormat("yyyy-MM-dd HH:mm:ss");
```

```java
            String nowtime = d.format(new Date());
            String reviewtime = dr.getReviewTime();
            long hours=0;
            try{
                hours = (d.parse(nowtime).getTime() - d.parse(reviewtime).getTime())/3600000;
            } catch (ParseException e){
                e.printStackTrace();
            }
            out.print("<div style='text-align:left;font-family: 微软雅黑 ; font-size:0.7em;padding:0px 20px 0px 20px;line-height:200%;color:gray;'>"+dr.getReviewer()+"  "+String.valueOf(hours)+"小时前</div>");
            out.print("<div style='text-align:left;font-family: 微软雅黑 ; font-size:0.9em;padding:0px 20px 10px 20px;line-height:160%;color:black;border-bottom:1px dotted silver;'>"+dr.getReviewContent()+"<br></div>");
        }
    }
    out.println(" </BODY>");
    out.println("</HTML>");
    out.flush();
    out.close();
}
```

评论提交后的结果如图 10-22 所示。

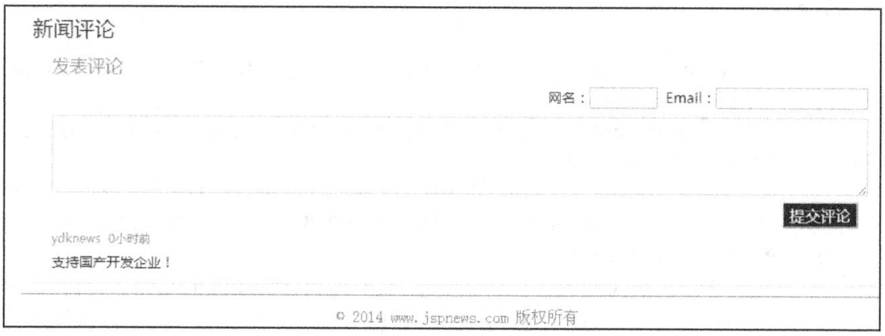

图 10-22 提交评论后的结果显示

10.7 系统后台模块代码实现

系统后台管理模块页面与前台新闻显示主页面是独立的，只有系统管理员有使用权限。同样从界面设计到代码实现来详细介绍这一部分功能的实现方法。

10.7.1 后台管理主页面设计与代码实现

后台管理功能包括新闻发布管理和用户信息管理两大部分，主页面运行效果如图 10-23 所示，单击"后台管理"进入管理界面。

与前台新闻显示页面类似，后台管理主页面同样可以划分为头部、主干部（左侧栏和中部显示信息部分）和尾部，核心代码如下：

图 10-23 后台管理主页面运行效果

```
<head>
<script src="js/adminNews.js"></script>
    <link rel="stylesheet" type="text/css" href="css/yydk.css">
    <script type="text/javascript"><!--
     var rowsel=0;
    --></script>
</head>
<body>
    <div id="mframe">
      <div id="header" style="border-bottom:1px solid silver;"></div>
      <div id="content" style="margin:5px 0 5px 0;">
        <table width=100%>
            <tr>
                <td width=20% height="30px" valign="top" style="border-right:1px dashed gray;">
                    <div id="content_left" style="vertical-align:top;margin:30px 0 0 0;width:100%;height:auto;float:left;">
                        <div class="hreftype" id="newsadmin" style="height:30px; line-height: 30px; vertical-align:middle;text-align:center;font-family: 微软雅黑;;font-size:1em;color:blue;">◆新闻发布管理</div>
                        <div class="hreftype" id="useradmin" style="height:30px; line-height:30px;vertical-align:middle;text-align:center;font-family:微软雅黑;;font-size:1em;color:blue;">◆用户信息管理</div>
                    </div>
                </td>
                <td width=80% height="30px">
                    <div id="content_right" style="width:100%;border:0px dashed gray;">
                        <div id="rtop" style="width:100%;height:auto;border-bottom:0px solid lightgreen;"></div>
                        <div id="rbottom" style="width:100%;height:600px;"></div>
                    </div>
                </td>
            </tr>
        </table>
      </div>
      <div id="footer"></div>
    </div>
</body>
```

10.7.2 新闻发布管理模块代码实现

在图 10-23 中单击"新闻发布管理",进入新闻发布管理页面,如图 10-24 所示。

图 10-24　新闻发布管理页面

在图 10-24 中，管理员可以添加新闻、对已有新闻进行编辑修改或删除操作，这些功能的实现需要调用上一节编写的 newsOperation 类的相应方法。后台管理主页面 admin.jsp 代码实现了新闻管理功能的封装：

```
<script src="js/adminNews.js"></script>
```

在 adminNews.js 中添加新闻的核心代码为：

```
$(document).ready(function(){
    $("#header").html($.ajax({url:"header_admin.jsp",async:false}).responseText);
    $("#footer").html($.ajax({url:"footer.jsp",async:false}).responseText);
    //左侧的新闻发布管理
    $("#newsadmin").click(function(){
        $("#useradmin").css("color","blue");
        $("#newsadmin").css("color","red");
        rowsel=0;
        $.ajax({
            type: "post",
            url: "getAdminNews",  //调用 servlet 进行新闻读取
            success: function(data){
                $('#rtop').html(data);
                $('#rbottom').html("");
                newstypesel();
            }
        });
    });
    //左侧的用户信息管理
    $("#useradmin").click(function(){
        $("#newsadmin").css("color","blue");
        $("#useradmin").css("color","red");
        rowsel=0;
        userlist();
    });
    //添加新闻纪录
    $("#adminNewsAdd").live('click',function(){
        if($("#adminNewsAdd").val()=="添加"){
            $("#adminNewsAdd").val("保存");
            $("#newstitle").val("");
```

```javascript
            $("#newssource").val("");
            //获得新闻发布的时间
            var time2 = new Date().Format("yyyy-MM-dd hh:mm:ss");
            //alert(time2);
            $("#newstime").val(time2);
            $("#newshits").val("0");
            $("#newsemphsis").val("1");
            $("#newscontent").val("");
            //隐藏新闻评论
            $(".review").hide();
        }
        else{
            $("#adminNewsAdd").val("添加");
            $.ajax({
                type: "post",
                url: "adminNewsAddUpdate", //调用servlet进行新闻添加
    data:"mode=1&newstype="+$('#sel_newstype').children('option:selected').val()+"&newstitle="+$('#newstitle').val()+"&newssource="+$('#newssource').val()+"&newstime="+$('#newstime').val()+"&newshits="+$('#newshits').val()+"&newsemphsis="+$('#newsemphsis').val()+"&newscontent="+$('#newscontent').val(),
                success: function(data){
                    //调用servlet adminNewsAddUpdate返回的是newsid,也是表中行的编号
                    rowsel=data;
                    newstypesel();
                }
            });
        }
    });
    //更新新闻纪录
    $("#adminNewsUpdate").live('click',function(){
        $.ajax({
            type: "post",
            url: "adminNewsAddUpdate", //调用servlet进行新闻更新
    data:"mode=2&newsid="+rowsel+"&newstype="+$('#sel_newstype').children('option:selected').val()+"&newstitle="+$('#newstitle').val()+"&newssource="+$('#newssource').val()+"&newstime="+$('#newstime').val()+"&newshits="+$('#newshits').val()+"&newsemphsis="+$('#newsemphsis').val()+"&newscontent="+$('#newscontent').val(),
            success: function(data){
                newstypesel();
            }
        });
    });
    //删除新闻纪录
    $("#adminNewsDel").live('click',function(){
        if(rowsel>0) {
            //删除表中的行
            $("#news"+rowsel).remove();
            //清空新闻的详细显示
            $("#newstitle").val("");
            $("#newssource").val("");
            $("#newstime").val("");
            $("#newshits").val("");
            $("#newsemphsis").val("");
            $("#newscontent").val("");
```

```
            //删除新闻记录
            $.ajax({
                type: "post",
                url: "adminNewsDelete",  //调用servlet进行新闻删除
                data:"newsid="+rowsel,
                success: function(data){
                    rowsel=0;
                }
            });
        }
    });
    //查询按钮单击事件
    $("#admin_search_submit").live('click',function(){
        var searcon=$("#admin_search").val();
        $.ajax({
            type: "post",
            url: "adminNewsSearch",  //调用servlet进行新闻查询
            data:"searchcontent="+searcon,
            success: function(data){
                $('#adminNewslist').html(data);
                $('#rbottom').html("");
            }
        });
    });
    //查询文本框中输入字符事件
    $("#admin_search").live('keyup',function(){
        var searcon=$("#admin_search").val();
        $.ajax({
            type: "post",
            url: "adminNewsSearch",
            data:"searchcontent="+searcon,
            success: function(data){
                $('#adminNewslist').html(data);
                $('#rbottom').html("");
            }
        });
    });
    //选择新闻类型列表框的事件
    $('#sel_newstype').live('change',function(){
        newstypesel();
    });
```

以添加新闻项目为例,以上代码中所调用的 servlet 文件 adminNewsAddUpdate 的核心代码如下:

```java
public void doPost(HttpServletRequest request, HttpServletResponse response)
        throws ServletException, IOException{
    response.setContentType("text/html");
    response.setCharacterEncoding("utf-8");
    PrintWriter out = response.getWriter();

    newsOperation nop=new newsOperation();
    String mode=request.getParameter("mode");
    String newsid="";
    if(mode.equals("1"))//如果是添加新闻纪录{
```

```
            newsid=nop.addEmptyNews();
        }
        else{
            newsid=request.getParameter("newsid");
        }
        String newstype=request.getParameter("newstype");
        String newstitle=request.getParameter("newstitle");
        String newssource=request.getParameter("newssource");
        String newstime=request.getParameter("newstime");
        String newshits=request.getParameter("newshits");
        String newsemphsis=request.getParameter("newsemphsis");
        String newscontent=request.getParameter("newscontent");

        datatype_news dtn=new datatype_news();
        dtn.setNewstitle(newstitle);
        dtn.setTypeid(newstype);
        dtn.setNewsid(newsid);
        dtn.setNewssource(newssource);
        dtn.setNewstime(newstime);
        dtn.setNewshits(newshits);
        dtn.setEmphsis_id(newsemphsis);
        dtn.setNewscontent(newscontent);
        nop.updateNewsandDetail(dtn);
        out.print(newsid);
        out.flush();
        out.close();
    }
```

限于篇幅，这里不再列举添加删除修改新闻类型的代码，读者可以自行写出。

10.7.3 用户信息管理模块代码实现

在图 10-23 中单击"用户信息管理"，进入用户信息管理页面，如图 10-25 所示。

如果要修改某个用户的信息，可单击该记录项，出现如图 10-26 所示的界面，进行相应的修改操作。

图 10-25　用户信息管理页面　　　　　　图 10-26　用户信息修改界面

同样，用户信息的增加、删除、修改与前面多次出现的新闻信息、新闻记录类型等的相应操作类似，请读者自行完成。

10.8　系统测试与文档支持

10.8.1　系统测试

在应用软件开发的过程中，往往伴随着软件的系统测试。测试目的在于通过与系统的需求定义作比较，发现软件与系统定义不符合或与之矛盾的地方，验证最终软件系统是否满足用户规定的需求。

1. 系统测试

系统测试的主要内容包括功能测试和健壮性测试。功能测试验证软件系统的功能是否正确完整，健壮性测试检验在异常情况下能否正常运行的能力，包括容错能力和错误恢复能力。

例如，对于新闻发布系统可以进行如下测试。

（1）登录测试：测试队用户名和密码的判断。

（2）用户权限测试：测试不同类别的用户对网站的操作权限。

（3）添加新闻测试：在添加新闻时，可以添加新闻标题、新闻内容、新闻作者和新闻简介。管理新闻功能包括对任一条新闻内容可作相应修改，也可删除任何一条不再需要保留的新闻。

（4）管理新闻分类测试：对新闻分类名称作修改，将任一分类名删除，删除后其分类下的所有新闻也将被删除。

2. 系统测试的步骤

（1）制定系统测试计划，包括测试范围内容、测试方法、测试环境与辅助工具、测试完成准则、人员与任务表等。

（2）设计测试用例，对于复杂大型应用系统，需要对系统测试用例进行技术评审。

（3）执行系统测试，将测试结果记录在系统测试报告中，用缺陷管理工具来管理所发现的缺陷，并及时通报给开发人员。

（4）进行缺陷管理与改错，记录缺陷的状态信息，生成缺陷管理报告。开发人员及时消除已经发现的缺陷，并马上进行回归测试，以确保不会引入新的缺陷。

10.8.2　应用软件的文档系统

一个完整的项目开发过程应该包括多种文档，如表 10-9 所示，文档系统应具有针对性、精确性、清晰性、完整性、灵活性、可追溯性。

表 10-9　　　　　　　　　　　应用软件的文档系统

文档名称	文档作用和内容
可行性分析报告	说明软件开发项目的实现在技术上、经济上和社会因素上的可行性，评述为了达到开发目标可供选择的实施方案，论证所选定实施方案的理由
项目开发计划	为软件项目实施方案制订出具体计划，包括各部分工作的负责人员、开发进度、开发经费预算、所需硬件及软件资源等
软件需求说明书	对所开发软件的功能、性能、用户界面及运行环境等作出详细的说明，应给出数据逻辑和数据采集的各项要求，为生成和维护系统数据文件做好准备
概要设计说明书	概要实际阶段的工作成果，应说明功能分配、模块划分、程序的总体结构、输入输出以及接口设计、运行设计、数据结构设计和出错处理设计等，为详细设计提供基础

续表

文档名称	文档作用和内容
详细设计说明书	详细描述每一模块是怎样实现的,包括实现算法、逻辑流程等
用户操作手册	详细描述软件的功能、性能和用户界面,使用户对得到具体的操作方法
测试计划	为做好集成测试和验收测试,需为如何组织测试制订实施计划。计划应包括测试的内容、进度、条件、人员、测试用例的选取原则、测试结果允许的偏差范围等
测试分析报告	测试工作完成以后,提交测试计划执行情况的说明,对测试结果加以分析,并提出测试的结论意见
开发进度报告	按阶段向管理部门提交的项目进展情况报告,报告应包括进度计划与实际执行情况的比较、阶段成果、遇到的问题和解决的办法以及下一阶段的打算等
项目开发总结报告	软件项目开发完成以后,应与项目实施计划对照,总结实际执行的情况,如进度、成果、资源利用、成本和投入的人力,对开发工作做出评价
软件维护手册	包括软件系统说明、程序模块说明、操作环境、支持软件的说明、维护过程的说明,便于软件的维护
软件问题报告	指出软件问题的登记情况,如日期、发现人、状态、问题所属模块等,为软件修改提供准备文档
软件修改报告	软件产品投入运行后发现了问题,将问题、修改的考虑以及修改结果作出详细描述,提交审批

本章小结

本章介绍了一个较为复杂的新闻发布系统的实现全过程,整个项目采用 MVC 开发模式,将表示层、业务层和数据层分离,通过 Servlet 控制数据在页面之间的流向,使得设计思路清晰,各个模块相互独立且可根据需要调用,代码重用度高,冗余度低。通过本实例的学习和实践,读者可对 JSP 综合技术的运用有较好的理解和掌握,并用于开发其他应用系统。此外,作为软件工程实践,读者还应在开发过程中和系统代码完成后进行相应的多种方式的测试,以检查各项功能的正确性,尽可能地发现和扫除漏洞,并且进行系统功能各项文档的书写,以便系统的完整交付使用。

实验部分

实验一　JSP 开发环境搭建与运行

【实验目的与要求】
（1）掌握下载 JavaJDK 软件包、Tomcat 服务器的方法。
（2）掌握设置 JDK 环境变量和 Tomcat 环境变量的方法。
（3）掌握安装集成开发工具 MyEclipse 的方法。
（4）掌握 MyEclipse 的使用。
（5）学会创建、编写简单的 JSP 文件，并进行部署和运行。
（6）学会应用 MyEclipse 开发 Web 应用程序。

【实验内容】
（1）参照课本"1.2 JSP 环境安装配置"进行 JSP 开发环境的配置和 MyEclipse 的安装。
（2）参照课本"1.3 编写测试第一个 JSP 应用程序" 编写并实现【例 1-1】。

实验二　JSP 开发基础的运用

【实验目的与要求】
（1）掌握 HTML 的常用标记。
（2）掌握应用 CSS 框架进行页面编写和布局的方法。
（3）掌握用记事本或 UltraEdit 进行网页文件的编写。
（4）掌握调试运行网页代码的方法。
（5）掌握 JavaScript 的基本语法。
（6）掌握 JavaScript 的常用对象和事件处理功能在网页文件中的运用。
（7）掌握 Java 语言基础，熟练运用字符串、集合类和异常处理功能。

【实验内容】
（1）设计显示用户注册页面，如图 S2-1 所示。当用户输入了登录名、密码和确认密码后，单击"快速

图 S2-1　用户注册页面

注册"按钮，进行用户名和密码的命名规范型检查以及两次密码的一致性检查，如果正确则返回商城入口页面 index.jsp，否则显示错误提示和重新输入对话框。

（2）在【例 2-6】的基础上自行设计其他分店，如电器分店、体育用品分店等。

（3）在【例 2-6】的基础上为每个分店设计新的功能：单击商品图片则显示该商品的详细信息，单击"返回 XX 分区"按钮则实现返回分区页面，如图 S2-2 所示。

图 S2-2　显示该商品的详细信息及返回分区页面

（4）修改【例 2-6】的显示方式，每行显示 3 种水果，如图 S2-3 所示。

图 S2-3　商品的另一种显示方式

（5）编写一个描述用户详细信息的 Java 类 userdetail，属性包括：用户 ID、用户登录名、用户真实姓名、地址、手机号码、电子邮箱、邮政编码，并设置相应的 get 和 set 方法。

（6）编写一段 JavaScript 代码，插入【例 2-5】的 index.jsp 中，当加载页面时显示当前时间，并根据时间对用户进行问候。

实验三　JSP 基本语法、常用指令和动作

【实验目的与要求】

（1）掌握 JSP 的基本语法，能够灵活运用 JSP 的多种元素进行编程。

（2）掌握 JSP 的常用指令与动作。

（3）掌握运用 JSP 的指令和动作实现 JSP 文件功能的方法。

【实验内容】

（1）自行设计编写不同风格的 top.html 和 bottom.html，使用 include 指令修改网上商城入口页面的显示效果。

（2）在网上商城的 index.jsp 页面上加入"请留言"超链接，当单击这个超链接时，使用 jsp:forward 动作跳转到输入留言的页面 userMessage.jsp。

（3）仿照【例 3-2】，使用 Scriptlet 为网上商城的每个分区实现一个简单的网页访问计数器。

实验四　JSP 内置对象的运用

【实验目的与要求】

（1）了解 JSP 内置对象的作用和作用范围。
（2）掌握常用的 4 种内置对象的作用和用法。
（3）运用 JSP 的内置对象实现网页功能。

【实验内容】

（1）在网上商城系统中，用户进行登录时作合法性判断，例如，登录名至少为 3 位，登录密码必须是数字且不少于 6 位等，如果输入错误，则进入错误提示页面，10 秒钟后自动返回登录界面。

（2）在网上商城系统中，用户通过登录页面的合法性验证，在各个分区时，各个页面上均显示用户的登录名信息。

（3）在网上商城系统的各分区中，显示本分区的客户浏览量。

实验五　JavaBean 技术的应用

【实验目的与要求】

（1）掌握 JavaBean 组件技术的概念和作用。
（2）掌握两种 JavaBean 的作用、使用场合和各自的创建方法。
（3）运用 JavaBean 开发 JSP 网络程序。

【实验内容】

（1）编写一个用来封装用户信息的值 JavaBean，命名为 userinfo.java，包括 3 个属性：姓名、密码、电子邮箱。

（2）编写一个工具 Bean，用来显示用户留言中的特殊字符，如"<"、">"、"&"、引号、换行符号等。

（3）编写电器分区的初始化信息，加入【例 5-16】的代码中，实现浏览和购买电器的功能。

实验六　Servlet 技术

【实验目的与要求】

（1）掌握 Servlet 的工作原理、生命周期和在网络程序中的作用。

（2）掌握 Servlet 的创建方法和参数设置方法。
（3）运用 Servlet 进行 Web 应用程序开发。

【实验内容】
（1）使用 Servlet 完成用户登录信息（登录名和密码）的显示功能。
（2）使用 Servlet 完成用户注册信息的输入与检查功能。

实验七　MVC 设计模式

【实验目的与要求】
（1）掌握 JSP\JavaBean\Servlet 技术中的作用和相互关系。
（2）掌握 MVC 模式的基本原理。
（3）运用 MVC 模式进行 Web 应用程序设计。

【实验内容】
（1）使用 JSP 完成用户登录功能。
（2）使用 JSP+JavaBean 完成用户登录功能。
（3）使用 JSP+JavaBean+Servlet 完成用户登录功能。
（4）比较以上 3 种模式的优缺点。

实验八　JSP 数据库操作

【实验目的与要求】
（1）了解 JDBC 的概念和技术特点。
（2）掌握建立 JDBC 连接的方法。
（3）掌握通过 SQL 语句进行数据库的增删查改功能。
（4）掌握数据库连接池的作用与实现方法。

【实验内容】
（1）仿照第 8 章例题，实现网上商城系统的数据库连接代码。
（2）仿照第 8 章例题，实现网上商城系统的商品后台管理（商品的增删查改）代码。

实验九　JSP 高级程序设计

【实验目的与要求】
（1）了解 JSP 外置组件的作用和功能，掌握常用组件的用法。
（2）了解 AJAX 技术的工作原理和作用，掌握 AJAX 技术的基本用法。
（3）了解 jQuery 技术的工作原理和作用，掌握 jQuery 技术的基本用法。

【实验内容】
（1）仿照第 9 章例题，实现网上商城系统的商品查询时的提示功能。
（2）仿照第 9 章例题，实现网上商城系统的用户登录的信息校验代码。